U0224001

计算机系列教材

余强 周苏 主编

人机交互技术
（第2版）

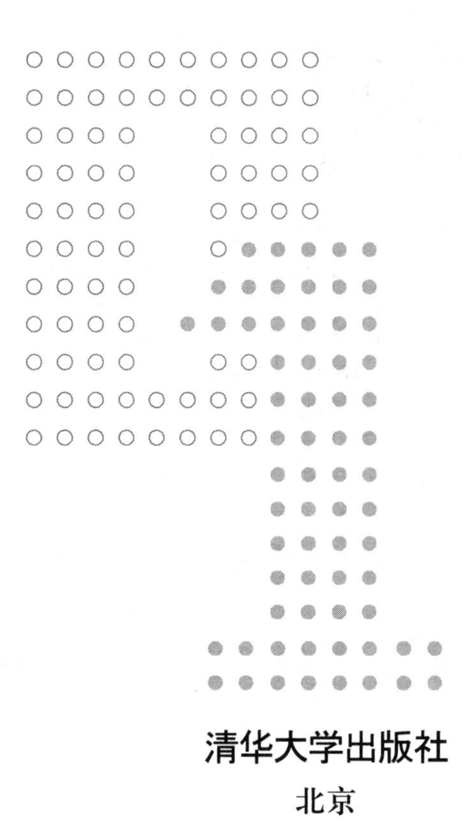

清华大学出版社
北京

内容简介

本书是为高等院校计算机科学与技术、软件工程、人工智能、大数据技术、信息管理等相关专业的“人机交互技术”或“人机界面设计”等课程编写的以实验和实践为主线开展教学的主教材。

全书通过一系列在网络环境下学习和实践的实验练习，把人机交互技术的概念、理论知识与技术融入实践中，加深读者对该课程的认识和理解。内容包括人机交互与用户体验，人机交互相关学科，人机交互界面，概念化交互，社会化交互，情感化交互，发现需求，交互设计过程，设计指南与原则，原型构建与敏捷设计，直接操纵与界面设计，命令、菜单与表格，用户文档与在线帮助，人机交互质量评估等，并安排了 14 个可供选择的实验与思考和 1 个课程学习与实验总结。

本书继承了第 1 版的跨学科特色，主要针对高校人工智能、交互设计、软件工程、数字媒体、信息系统与信息管理等专业的学生，也可作为该领域从业人员的有益参考读物。

图书在版编目(CIP)数据

人机交互技术/余强，周苏主编.—2 版. —北京：清华大学出版社，2022.2（2024.2 重印）
计算机系列教材
ISBN 978-7-302-60096-1

Ⅰ. ①人… Ⅱ. ①余… ②周… Ⅲ. ①人-机系统－高等学校－教材 Ⅳ. ①TP18

中国版本图书馆 CIP 数据核字(2022)第 017214 号

责任编辑：张 玥
封面设计：常雪影
责任校对：胡伟民
责任印制：沈 露

出版发行：清华大学出版社
网 址：https://www.tup.com.cn，https://www.wqxuetang.com
地 址：北京清华大学学研大厦 A 座 **邮 编**：100084
社 总 机：010-83470000 **邮 购**：010-62786544
投稿与读者服务：010-62776969，c-service@tup.tsinghua.edu.cn
质量反馈：010-62772015，zhiliang@tup.tsinghua.edu.cn
课件下载：https://www.tup.com.cn，010-83470236
印 装 者：三河市东方印刷有限公司
经 销：全国新华书店
开 本：185mm×260mm **印 张**：19 **字 数**：475 千字
版 次：2016 年 6 月第 1 版 2022 年 3 月第 2 版 **印 次**：2024 年 2 月第 5 次印刷
定 价：65.00 元

产品编号：093886-01

第 2 版前言

人机交互技术(Human-Computer Interaction Techniques)是指通过计算机输入输出设备,以有效的方式实现人与计算机对话。它是计算机用户界面设计中的重要内容,与认知学、人机工程学、心理学等学科领域有密切的联系。

本书第 1 版于 2016 年 1 月出版。几年来,该书受到教师和学生的普遍好评。随着物联网、大数据、人工智能技术的迅速发展,人机交互技术也有了长足的进步。因此,我们大幅度更新了书中的内容,以便让读者对快速发展、涉及多学科的交互设计技术有比较全面的了解。

本书包含传统的桌面、多媒体和 Web 界面内容,还包含大脑、手机、机器人、可穿戴设备、可共享设备、混合现实和多模态界面等话题。将一系列人机交互技术的丰富知识融入实践中,使学生保持浓厚的学习热情,加深对知识的认识、理解和掌握。

本书的内容设计包含了以下几个愿望。

- 通过基于因特网和多媒体应用环境的实验活动培养学生的自主学习能力。
- 通过针对常用人机交互技术的学习和实验活动培养学生的动手能力。

本书的教学内容与实验环节紧密结合。每章均设计了导读案例,留有习题、实验与思考等部分。最后的课程学习与实验总结还安排了"课程学习能力测评"环节,希望以此方便师生交流,加深学生对学科知识、实验内容的理解与体会,以及对学生的学习情况进行必要的评估。

本课程的教学进度设计见"教学进度表",该表可作为教师授课参考和学生课程学习的纲要。实际执行时,应按照教学大纲编排教学进度,按照校历考虑本学期节假日安排,以实际确定本课程的教学进度。

教学进度表

课程号:________ 课程名称: 人机交互技术 学分: 2.5

周学时: 3

总学时: 48 理论学时: 32 课内实践学时: 16

主讲教师:________

序号	校历周次	章 节	学时	教学方法	课后实验
1	1	引言与第 1 章 人机交互与用户体验	2+1	导读案例 课堂教学	
2	2	第 1 章 人机交互与用户体验	2+1	导读案例 课堂教学	第 1 章习题、实验与思考
3	3	第 2 章 人机交互相关学科	2+1	导读案例 课堂教学	

续表

序号	校历周次	章　节	学时	教学方法	课后实验
4	4	第2章 人机交互相关学科	2+1	导读案例 课堂教学	第2章习题、实验与思考
5	5	第3章 人机交互界面	2+1	导读案例 课堂教学	第3章习题、实验与思考
6	6	第4章 概念化交互	2+1	导读案例 课堂教学	第4章习题、实验与思考
7	7	第5章 社会化交互	2+1	导读案例 课堂教学	第5章习题、实验与思考
8	8	第6章 情感化交互	2+1	导读案例 课堂教学	第6章习题、实验与思考
9	9	第7章 发现需求	2+1	导读案例 课堂教学	第7章习题、实验与思考
10	10	第8章 交互设计过程	2+1	导读案例 课堂教学	第8章习题、实验与思考
11	11	第9章 设计指南与原则	2+1	导读案例 课堂教学	第9章习题、实验与思考
12	12	第10章 原型构建与敏捷设计	2+1	导读案例 课堂教学	第10章习题、实验与思考
13	13	第11章 直接操纵与界面设计	2+1	导读案例 课堂教学	第11章习题、实验与思考
14	14	第12章 命令、菜单与表格	2+1	导读案例 课堂教学	第12章习题、实验与思考
15	15	第13章 用户文档与在线帮助	2+1	导读案例 课堂教学	第13章习题、实验与思考
16	16	第14章 人机交互质量评估	2+1	导读案例 课堂教学	第14章习题、实验与思考
17	17	总复习、期末环节		课程学习与实验总结	

本课程的教学评测可以从以下几个方面入手:

① 每章的课前导读案例(14项)。

② 每章的习题(14项)。

③ 每章的实验与思考(14项)。

④ 期末课程学习与实验总结(第14章)。

⑤ 结合平时考勤。

⑥ 任课老师认为必要的其他考核方法。

本书的编写得到了浙江安防职业技术学院、温州商学院、浙江大学、浙大城市学院、浙江商业职业技术学院等多所院校师生的支持,王求真、余俊芳、倪宁、蔡锦锦、王文等参与了本书的部分编写工作,在此一并表示感谢!

周　苏

2021年于广西柳州

第 1 版前言

人机交互技术(Human-Computer Interaction Techniques)是指通过计算机输入输出设备,以有效的方式实现人与计算机对话的技术,是计算机用户界面设计中的重要内容,它与认知学、人机工程学、心理学等学科领域有密切的联系。

十多年来,结合软件工程、多媒体技术、数字媒体技术等课程的教学实践,我们在多家一流出版社编写出版了很多本相关教材,其中的《人机界面设计》(科学出版社,2007年第 1 版、2011 年第 2 版)更是为本教材的编写出版打下了良好的教学研究基础。当我们终于完成本书编写工作的时候,很高兴地看到,它至少在以下几个方面具有一定的特色。

(1) 内容新颖,技术先进,包含人机交互技术领域的最新知识内容。

(2) 结构合理,文字流畅,能够适合不同起点、不同层次读者的需要,并具有专业教育所必需的技术深度。

(3) 知识丰富,内容全面。全书内容包括人机交互与用户体验、人机交互的相关学科、人机交互设备、设计指南与原则、设计过程的管理、直接操纵与虚拟环境、命令/菜单与表格填充、人机界面的时尚设计、用户文档和在线帮助、人机交互的质量与测评、信息可视化等,共 11 章和 1 个课程实验总结。

(4) 理论先行,注重实际。结合一系列了解和熟悉人机交互技术丰富知识的学习和实验,把概念、理论和技术知识融入实践当中,使学生保持浓厚的学习热情,加深对人机交互技术知识的认识、理解和掌握。

本书可作为高等院校相关专业"人机交互技术""人机界面设计"等课程的教材,也可用作各专业学生学习软件工程技术知识的辅助教材。

在本书的设计编写中,包含以下几个愿望。

(1) 通过基于因特网和多媒体应用环境的实验活动,培养学生自主学习的能力。

(2) 通过针对常用人机交互技术的学习和实验活动,培养学生的动手能力。

教学内容与实验、实践内容紧密结合。每个实验均留有"实验总结""教师评价"等部分,最后安排了"课程学习能力测评"环节,希望以此方便师生交流对学科知识、实验内容的理解与体会,以及对学生学习情况进行必要的评估。

蔡锦锦、周志民、张泳等参加了本书的编写工作。本书的相关资料可以从清华大学出版社网站的下载区下载。

周　苏

2016 年 4 月于西子湖畔

目　　录

第1章　人机交互与用户体验

导读案例：苹果官方 iPhone X 人机界面指南

苹果公司的 iPhone X 采用了一块大尺寸、高分辨率、圆润、边到边的显示屏(图 1-1)，为用户提供了前所未有的丰富内容和沉浸式体验。下面来了解 iPhone X 是如何为新推出的全屏幕超视网膜显示屏优化应用和游戏的。

图 1-1　iPhone X 的显示屏

1. 屏幕尺寸

iPhone X 的显示屏宽度与 iPhone 6、iPhone 7、iPhone 8 的 4.7in 显示屏一致。但在纵向上比 4.7in 显示屏长 145pt (1pt=0.1776in)，导致垂直方向多出来大约 20%的区域，可以显示更多的内容。

iPhone X 搭配一块高清显示屏，可以显示文字和其他矢量图形。

2. 布局

设计 iPhone X 时，必须确保布局填满屏幕，并且不会被设备的圆角、上端传感器或用于访问主屏幕的指示条遮挡。大多使用标准的、系统提供的如导航栏、表格和集合等用户(User Inter face，UI)元素的应用会自动适应新屏幕。背景会延伸到显示屏边缘，而 UI 元件也会被适当地布置。自定义布局的应用也会支持 iPhone X，尤其是当应用使用了自动布局并遵守了安全区和边距布局规范时。

设计 iPhone X 的布局时，需要注意以下几方面内容。

① 提供全屏的体验。确保背景延伸到显示屏的边界，表格和集合等垂直可滚动的 UI 元素可以一直延展到底部。

② 插入必要内容，以防遮挡。一般来说，内容应该居中对称，以获得最佳效果。因此，所有应用都应遵循用户界面套件中定义的安全区和边距布局规范，以保障基于设备和内容的稳妥摆放。

③ 留心状态栏的高度。状态栏在 iPhone X 上比在其他 iPhone 上更高。如果应用采用了一个固定高度的状态栏，并将内容摆放在其下方，则必须更新为根据用户的设备来动态定位内容。

④ 复用现有视觉元素时，留心比例差异。iPhone X 具有不同于 4.7in iPhone 的长宽比，因此两款手机的全屏图像相互显示时会被裁剪或等比例缩放，以适应屏幕。因此设计

时要注意比例差异,确保重要的视觉内容在两种屏幕尺寸上都能很好地展示。

⑤ 避免将交互式控件摆放在屏幕的底部和角落。用户在显示屏底部使用滑动手势来访问主屏幕和进行多任务切换时,可能会干扰在此区域中的自定义手势。因此屏幕上方的两个角落并不是用户的操作舒适区。

⑥ 不要在关键显示区域搞花样。不要尝试通过在屏幕顶部和底部放置黑色色块来隐藏设备的圆角、传感器或主屏指示条。不要使用像括号、边框、形状或指示文字等视觉装饰在这些区域吸引用户注意力。

⑦ 谨慎允许自动隐藏主屏指示条。启用自动隐藏指示条时,如果用户几秒钟没有触摸屏幕,指示条将消失。当再次触摸屏幕时,指示条重新出现。这种行为应该只被用于播放视频或幻灯片的观看场景。

3. 颜色

iPhone X的显示屏支持的P3色彩空间(图1-2)拥有比sRGB色彩空间更丰富、更饱和的颜色。使用更丰富的颜色可以增强视觉体验。采用高色域的照片和视频会使图像更加栩栩如生,使用高色域的信息样式和状态指示会有更好的效果。

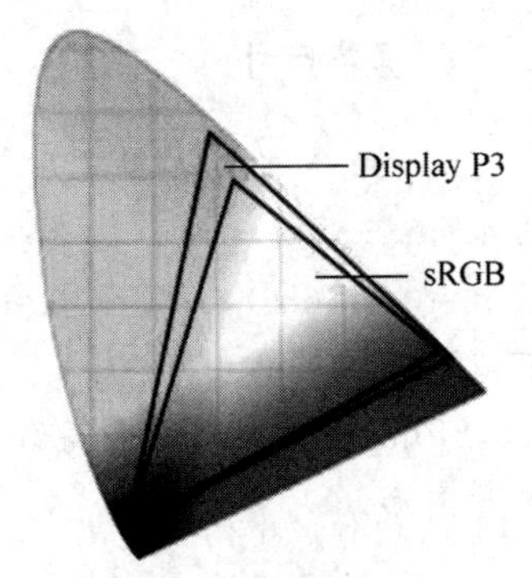

图1-2 iPhone X的显示屏支持P3色彩空间

4. 手势

iPhone X的显示屏使用屏幕边缘手势来访问主屏幕,进行多任务处理,设置通知中心和控制中心。

设计时应避免和系统级的屏幕边缘手势冲突,因为每个应用里都会使用这些屏幕边缘手势。

资料来源:知乎,https://zhuanlan.zhihu.com/p/29308142,有删改。

阅读上文,请思考、分析并简单记录:

(1) 作为世界上主要的智能手机产品之一,苹果iPhone经历了不断的迭代发展,优秀的用户界面设计就是它鲜明的特色之一。请回忆,在历代iPhone产品中,你印象深刻的是哪一个?为什么?

答: ______________________________

____

____

____

(2) 在为iPhone X作布局设计时,必须注意哪些问题?请简述之。

答: ______________________________

____

____

____

(3) 请通过网络搜索了解什么是智能手机的“手势”设计。

答：____

____

____

____

____

(4) 请简单记述你所知道的上一周内发生的国际、国内或身边的大事。

答：____

____

____

____

____

1.1 人机界面与人机交互

从狭义角度来看，人机界面分为自然的人机交互、计算机的使用与配置、人的身体特征、计算机系统与界面结构、发展过程等5个部分。而从广义角度来理解，可以结合设计艺术、计算机技术、人机工程、心理学等学科的知识，对人机交互技术作进一步研究。

1.1.1 人机界面

人机系统模型(图1-3)包括人、机和环境三个组成部分，它们相互联系，构成一个整体。其中，显示器显示操作过程，操作者首先要感知显示器上指示信号的变化，然后分析和解释显示的意义，并做出相应决策，再通过必要的控制方式实现对操作过程的调整。这是一个闭环人机系统。

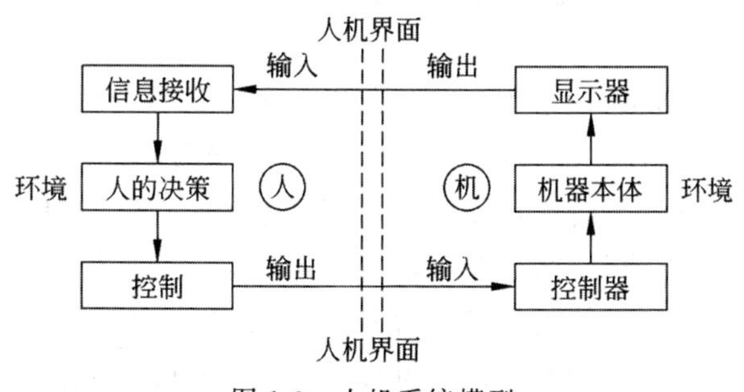

图1-3 人机系统模型

在人机系统模型中，人与机器之间存在着一个相互作用的“面”，即人机界面。计算机系统由计算机硬件、计算机软件和人共同构成，介于用户和计算机之间的人机界面是人与计算机之间传递、交换信息的媒介，是用户使用计算机的综合操作环境。机器的各种显示都“作用”于人，实现机-人信息传递；人通过视觉和听觉等感官接受来自机器的信息，经过人脑的加工、决策做出反应,实现人-机的信息传递。可见,人机界面的设计直接关系到人机关系的合理性,而研究人机界面则主要针对两个问题:显示与控制。

人机界面是计算机科学与心理学、图形艺术、认知科学和人机工程学的交叉研究领域。随着软件工程学的迅速发展、新一代计算机技术研究的推动以及网络技术的突飞猛进发展,人机界面设计和开发已成为计算机界最为活跃的研究方向之一。人机界面设计师处理的是人与硬件、软件界面的关系,而硬件界面与软件界面之间的关系则通过计算机技术来解决。

1.1.2 人机交互

传统的人机交互(Human Computer Interaction,HCI)是研究运用什么样的开发原理及方法,让人们方便地使用计算机系统的学科。也就是说,这是研究用户与计算机系统间往来的交互,最终设计和评估用户使用计算机方便程度的领域。

如图 1-4 所示,数字系统和人之间存在着一般的输入和输出装置,其间会发生一系列相互作用。这里,将人接触的数字系统输入输出装置以及这些设备上显示的内容作为用户界面(UI),界面设计就是指对针对这种装置的外观和内容的设计。例如,在界面上设计菜单栏,将按钮的颜色设计为红色,提供语音识别装置等都叫用户界面设计。由于界面侧重输入输出装置上的单一画面以及效果音设置等,所以和用户接触的时间较短。另外,可以把界面看成一个与输入输出装置有紧密关联的具体工具,所以界面和数字系统也有着紧密的关系。

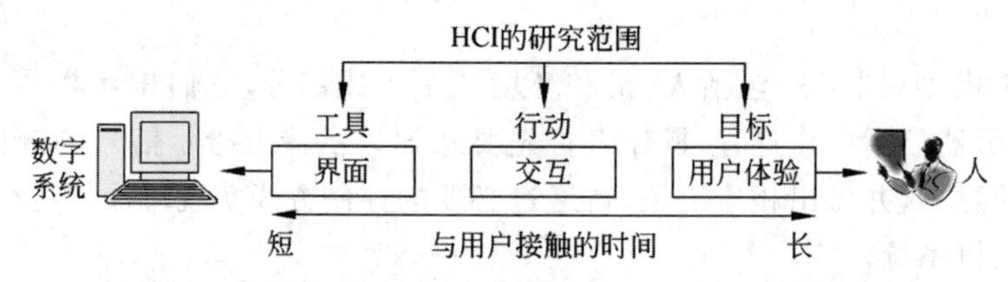

图 1-4 界面、交互、用户体验和人机交互之间的关系

信息交换的形式有多种,如键盘、鼠标、显示屏幕上的符号或图形,也可以用声音、姿势或身体的动作等。通常所说的人机交互是指用户与计算机相互之间的通信。实现人与计算机之间通信的硬、软件系统即为交互系统。这里的“交互”即信息交换,包括计算机通过输出或显示设备给人提供信息,以及人通过输入设备向计算机传达有关信息等。

人机交互可划分为人、计算机以及交互这三个要素。HCI 1.0 关注于人们可以亲眼看到、亲耳听到的界面设计或音效制作。例如,研究用哪个颜色作为计算机界面的背景、执行按钮要放在哪个位置等。HCI 2.0(图 1-5)使规定的范围得到了拓展,它特指从 2000 年年末开始流行的 Web 2.0 环境下的人机交互。

新的人机交互不仅是人们从计算机界面上看到的系统模样,还把多种系统与人类之间所有的交互当作人机交互的对象,这实际上意味着可以与人类发生交互的所有数字系统,如个人计算机、手机等数字产品、服务及数字信息都可以当作人机交互对象。而人,包

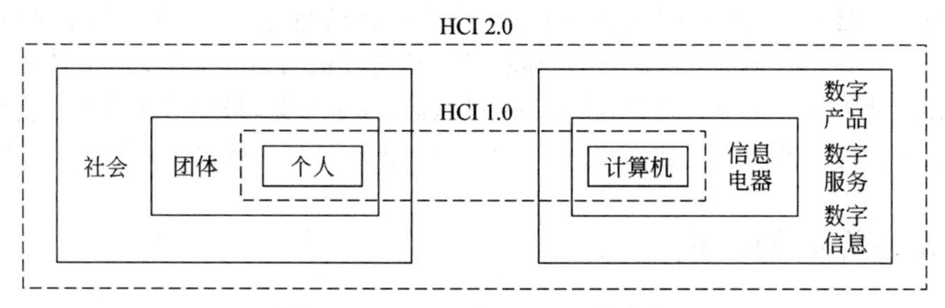

图 1-5 HCI 1.0 和 HCI 2.0 的定义

括使用数字系统的个人、使用系统的团体,甚至包括所有社会成员,这些参与在线环境的主体都可成为人机交互的对象。HCI 2.0 把多种数字系统与人们之间的用户体验当作研究对象,它可以被定义为研究个人或团体利用多种数字技术得到最佳使用体验的方法及原理的领域。

人机交互技术是 21 世纪信息领域需要发展的重大课题。例如,美国 21 世纪信息技术计划中的基础研究内容定为四项,即软件、人机界面、网络、高性能计算。其中,人机界面研究在信息技术中被列为与软件技术和计算机技术等并列的六项国家关键技术之一,并认为“对于计算机工业有着突出的重要性,对其他工业也很重要”。美国国防关键技术计划不仅把人机交互列为软件技术发展的重要内容之一,还专门增加了与软件技术并列的人机界面这项内容。

1.1.3 UX 和 UI 的差异性

用户体验(User Experience,UX)是指用户在和计算机的交互过程中建立的所有知识、记忆和感受。具体来说,它是指用户在使用数字产品或享受数字服务时建立的所有感受、知觉、认知印象等。好的人机交互界面美观易懂、操作简单,且具有引导功能,使用户感觉愉快,增强兴趣,从而提高使用效率。

用户体验和用户界面与人机交互的差异性表现在以下几方面。

第一,主观性。体验是人内心建立的一种感受。所以,即使两名用户使用相同的产品或服务,体验也有可能完全不同,因为体验受到用户本人特征以及产品使用过程的影响。

第二,整体性。用户界面可以用色彩、音效来区分;人机交互可以用菜单结构来区分;这些区分要素都是具体的。但由于体验是特定个体在特定时间的总体性感受,所以无法用具体的要素来区分。由于体验具有整体性,因此能对产品和服务的成败产生重要影响。因此,用户体验设计具有重要的战略意义。但是由于用户体验缺乏具体性,所以无法对特定的用户体验进行直接操作。在这种情况下,要对引发用户体验的相关人机交互和用户界面进行设计。

第三,情境性。对于特定的数码产品或服务的体验,并不仅仅取决于产品或服务的特征,也取决于产生人机交互时的环境或情境。由于用户环境和情境易变,因此用户体验也会频繁发生变化。这也意味着和人机交互与用户界面相比,建立用户体验的时间更长。

人机交互是为了向用户提供满足主观性与总体性的最佳体验，研究具体的用户界面与交互方法及程序的领域。因此，用户体验是人机交互的目标，用户界面是具体手段，交互是连接这两方面的纽带。总之，界面是基础，其次提供交互，最终形成体验。由此可得，人机交互可视为以界面为基础，通过交互向用户提供有价值的体验的领域。

1.2 人机界面的发展

人机界面的知识内容涉及面向人的学科和面向计算机的学科。随着机械化、自动化和电子化产品的高度发展，人的因素在生产中的影响越来越大，人机协调问题也显得越来越重要。

人机界面中面向人的知识和方法主要来自人机工程学、心理学、哲学、生物学、医学等，面向计算机系统的知识和方法主要来自物理、电学和电子工程、控制工程、系统工程、信息论和数理逻辑等，它们分别构成了现代计算机工业的两大基础领域：硬件工程和软件工程。计算机技术的发展为人机界面设计奠定了基础，并拓展了研究领域。

1.2.1 硬件人机界面

硬件人机界面的发展以人类社会的三次技术革命作为分水岭。

工业革命前，人造物的设计以手工业为主，并与人们的生产劳动、生活方式息息相关。

18世纪末，英国兴起了工业革命，机器生产逐渐取代手工生产，改变了人们的生产、设计方式。从此，为探索设计对人类的生产活动，对社会、文化的关系，包豪斯、流线型等各种设计思潮和流派层出不穷。

20世纪40年代末，晶体管的发明和电子技术的出现使电子装置的小型化成为可能，机器化大生产逐步向小型化、电子化方向发展；同时也为此后在自动化生产和信息处理中起关键作用的计算机的广泛使用开辟了道路。此时出现了各种设计风格，如现代主义、理性主义、后现代设计等，它们结合了越来越多的工程技术、社会学、心理学、人机工程学等多学科知识。

随着计算机技术和网络技术的逐步发展，信息化改变了人们的生活方式。此时的设计逐步从物质化设计转向信息化、非物质化设计。软件开发设计层出不穷，虚拟设计、网络化设计、并行工程逐步成为设计的主流。人与机器、人与人之间的交互走向多通道化、网络化、虚拟化。

1.2.2 软件人机界面

今天，计算机和信息技术的触角已经伸入到现代社会的每一个角落。相应地，计算机用户也发展为一支由各行各业的人组成的大军。于是，软件人机界面也随之迅速发展起来。

早期的计算机需要用二进制编码写程序，既耗费时间又容易出错，限制了计算机的应用。

第二代计算机时期出现了FORTRAN等高级程序设计语言,使人们可以用比较习惯的接近自然语言的方式描述计算过程,从而大大提高了程序开发效率,也使更多的人乐于投入计算机应用的开发工作中,软件产业由此诞生。

随着集成电路和大规模集成电路的相继问世,第三代计算机变得更小、功耗更低、速度更快。这时出现了操作系统,使得计算机在中心程序的控制协调下可以同时运行许多不同的程序;这个时期的另一项重大发展是图形技术和图形用户界面技术的出现。施乐公司Polo Alto研究中心(PARC)在20世纪70年代末开发了基于窗口菜单按钮和鼠标器控制的图形用户界面技术,使计算机操作能够以直观、容易理解的形式进行,为计算机的蓬勃发展做好了技术准备。1984年,苹果公司仿照PARC技术开发了麦金塔个人计算机,完全的图形用户界面取得巨大成功。这个事件和1983年IBM推出的PC/XT计算机、微软于20世纪90年代开始推出的Windows操作系统一起,推动了微型计算机的蓬勃发展。

至此,计算机专业人员开发出了容易使用的图形人机界面,并且开发出大量能够帮助普通人解决实际问题的应用程序。计算机的易用性能和有用性能的提高使更多的人能够接受它,愿意使用它,也不断提出各种各样的要求。其中最重要的是要求人机界面保持"简单、自然、友好、方便、一致"的特性。由此,人文因素成为计算机产品中越来越突出的问题。

1.3 交互设计

在日常生活中,许多产品都需要用户与其交互,如智能手机和健身手环。它们都是基于用户需求设计的,通常易于使用且用户乐于使用。而另外一些产品不一定基于用户需求而设计,相反,它们主要是被设计为执行某种功能的软件系统。例如,想给微波炉设置一个时间,需要按下多个按钮,然而产品没有明确指出这些按钮应该是一起按还是分开按——这些产品虽然可以有效地工作,却可能忽略了在真实世界中用户是如何学习使用它们的。

为了改善这种情况,使所有新产品的设计都可以致力于提供良好的用户体验,需要理解怎样在用户体验中增强积极因素(如愉悦和高效),同时减少消极因素(如沮丧和烦躁)。这意味着需要从用户角度来开发简单、高效且易于使用的交互式产品。

1.3.1 设计什么

设计交互式产品需要考虑用户对象、产品如何被使用以及它们的应用场合。另一个值得关注的问题是理解人们在与产品交互时所从事活动的种类。如何适当地选择不同类型的界面,以及如何合理地安排输入输出设备,取决于需要支持的活动类型。例如,如果需要提供在线银行服务,那么一个安全、值得信赖和易于浏览的界面是必不可少的。此外,可以让用户了解银行所提供服务的最新信息,且这些信息不会强加给用户。

越来越多的技术支持日益多样化的活动。例如,使用数字技术发送消息、收集信息、编写文章、控制发电厂、编写程序、绘画、制定计划、计算、监控、玩游戏;可用的界面和交互式设备包括多点触控显示器、语音系统、手持式设备、可穿戴设备和大型交互式显示器;用户与系统交互的设计方法也有很多,如通过菜单、命令、表格、图标、手势和可穿戴设备等。

物联网(Internet of Things,IoT)意味着许多产品和传感器可以通过互联网相互连接,这使它们能够相互通信。受欢迎的家用物联网产品包括智能供暖、智能照明以及家庭安全系统,用户可以通过手机上的应用程序控制,或通过门铃网络摄像头查看谁在敲门。

像照相机、微波炉、烤箱和洗衣机这样的日常消费品,过去常常属于物理产品设计领域,而现在则主要基于数字化(称为消费类电子产品)设计,这就需要进行交互设计。面对面交易向纯粹基于界面交易的转变带来了新的客户交互方式:在超市、图书馆进行自助结算正在成为一种常态,客户可以检查自己的物品或书籍,也可以在机场登记自己的行李。这虽然更具成本效益和效率,但也是非个性化的,并且把与系统交互的责任推给了人。这意味着交互设计师必须为不断增加的产品系列做出更多选择和决策。交互设计的一个关键问题是:如何优化用户与系统、环境或产品的交互,以使其以有效、可用和令人愉悦的方式支持用户的活动。

1.3.2 交互设计的组成

所谓"交互设计",指的是"设计交互式产品来支持人们在日常工作与生活中交流和交互的方式"。换句话说,交互设计就是创造用户体验,以增加人们工作、交流和互动的方式,是"为人类交流和互动设计出空间",是"使用计算机进行日常互动的原因和方式",而从艺术方面强调则是"通过产品和服务促进人与人之间相互作用的艺术"。

交互设计通常涵盖了产品不同方面的方法、理论和技术,包括用户界面、软件、以用户为中心、产品、网页、用户体验和交互系统等设计。人们将交互设计视为许多学科、领域以及研究和设计计算机系统的方法的基础(图1-6)。交互设计与其他学科之间的主要区别,很大程度上在于其研究、分析和设计产品的方法、理念和视角。另一种不同是其范围和所解决的问题。例如,信息系统关注计算技术在商业、健康和教育等领域的应用,而普适计算则关注快速发展的计算技术的设计、开发和部署以及它们如何促进社交互动和人类的体验。

1.3.3 交互设计的人员

为了创造有效的用户体验,设计者需要对用户、技术及其交互有广泛的了解。他们需要了解人们如何对事件采取行动和做出反应,以及他们之间如何互动。为了能够创造引人入胜的用户体验,他们也需要了解用户情绪,同时对美学、人的意愿以及在人类体验中的叙事作用有所了解。他们还需要了解业务、技术、制造和营销。显然,一个人很难精通

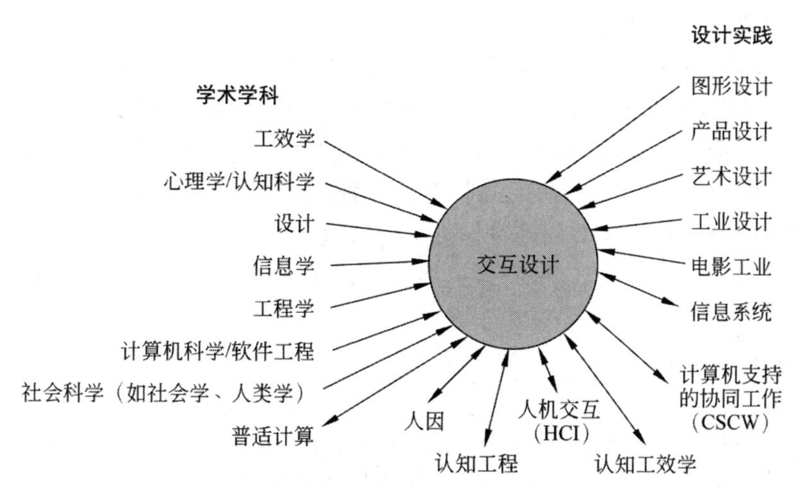

图 1-6　与交互设计相关的学科、设计之间的关系（双箭头表示交叉）

所有这些领域，并且很难知道如何将不同形式的知识应用到交互设计过程中。

在理想情况下，交互设计应该由跨学科团队来进行，其中包含工程师、设计师、程序员、心理学家、人类学家、社会学家、营销人员、艺术家、玩具制造商、产品经理等。将具有不同背景和经过不同训练的人聚集在一起的好处之一是可能会产生更多的想法，开发出新的更富创造性的原创设计，然而不利的是其涉及高昂成本。谁加入团队将取决于许多因素，包括公司的设计理念、规模、目的和产品线。

1.3.4　了解用户

更好地理解处在生活、工作和学习环境中的人们，可以帮助设计人员了解如何设计具有良好用户体验或满足用户需求的交互式产品。如一种用于太空任务的协同规划工具，其目标用户是在世界各地工作的科学家团队，它的需求就与针对客户和销售代理的工具有很大不同。因为存在个体差异，一种设计模式并不适合所有人，且对一个用户群体有效的方法可能完全不适合另一个用户群体。例如，相对于成年人，儿童对于他们想要学习或玩耍的方式有不同的期望。他们可能会发现互动式恶作剧和卡通人物可以高度激发自己的兴趣，而大多数成年人认为这很烦人。相反，成年人往往喜欢在事前进行讨论，而孩子们觉得这很无聊。交互式产品也应针对不同类型的用户进行设计。

1.3.5　无障碍和包容性设计

无障碍是指让尽可能多的人可以访问交互式产品，例如为残障人士提供助听器与内置屏幕阅读器工具。包容性则意味着公平、公开，对每个人平等，设计师努力使他们的产品和服务适应尽可能多的人。无障碍设计必然导致针对所有人群的包容性设计，它可以通过两种方式实现，即对技术的包容性设计和对辅助技术的设计。

导致残疾的障碍类型有多种形式，如：

(1) 感官障碍(如失聪和失明)。

(2) 身体障碍(身体的一个或多个部位丧失功能,如中风或脊髓损伤)。

(3) 认知障碍(如因老年阿尔茨海默症等疾病导致学习障碍或记忆/认知功能丧失)。

障碍亦可分为永久性(如长期轮椅使用者)、暂时性(如事故或疾病后的临时损伤)和基于情境(如嘈杂环境可能导致听不到)等。每种障碍都涉及人以及人的能力。例如弱视、色盲属于视觉障碍,需要不同的设计方法。通过包容性设计方法可以克服色盲障碍,设计师可以选择每个人都能区分的颜色,然而弱视或完全失明则通常需要设计辅助技术。

1.4 最佳用户体验

人机交互设计的最终目标,是要在人们使用数字产品或服务来工作或解决问题的过程中向他们提供最佳和流畅的体验。用户体验指的是产品在现实世界中的行为和使用方式,是“终端用户与公司以及公司的服务和产品互动的所有方面”。更具体地说,它是关于人们对产品的感受以及在使用、观看、拿起、打开或关闭产品时的愉悦和满足感。

用户体验的核心要素有可用性、功能性、美学性、内容、外观和感觉,以及在情感上的吸引力。此外,还包括乐趣、健康、社会资本和文化身份,如年龄、民族、种族、残疾、家庭地位、职业和教育。例如,德国大众汽车广告如图1-7所示,它们强调的主要卖点是乘车者的体验。当然,油耗很重要,具备各种驾乘设施也很重要,但是,最终目的是使人们在搭乘那辆车的过程中体验到快乐、方便和安全。因此,大众汽车通过风格奇特的广告来宣传,且由此强调它们在关注用户体验。

图1-7 强调用户体验的大众汽车广告

传统服务中也有类似的例子。游客看到动物园关怀动物,为动物提供舒适环境,以及动物满足于此的样子之后,也能够获得在园中的最佳体验。在野生动物园(图1-8),游客欣赏到自然环境中优哉地嚼食食物和散步的猛虎与雄狮,感到很愉悦,而这些体验很难从观看囚笼中的动物感受到。

1.4.1 有效性

有效性是有效地完成人们利用系统所要做的事,这是开发任何产品或服务时最优先的目的。图1-9为军用汽车“悍马”,此车型底盘高,具备军用车辆通过复杂道路的能力,

图 1-8 因用户体验成功的杭州野生动物园

它的机动性很高，并且能廉价大量生产。不但如此，车辆内外坚实，在执行各种任务时也很少出现故障。

图 1-9 强调有效性的“悍马”军用汽车

有效性的另外一个例子是在网上证券交易的数字服务系统。进行网上证券交易时，不管系统做得多么好，只要系统不稳定或登录不了，就不能说是有效的数字服务。而且，假如由系统能够获得的证券信息有限，用户找不到想要交易的证券信息，也无法说其是有效的数字服务系统。

1.4.2 可用性

可用性是有效使用数字产品或服务的过程。为了提高效率，人们使用数字产品或服务时期望以最小的付出来达到所期望的目的。此时，付出指的是金钱与非金钱上付出的总和。以证券交易为例，可用性较高的服务把人们常用的购买功能排在容易找到的位置，单击就能轻而易举地购买相应证券，同时妥善放置联机帮助，使初次使用系统的人也很容易学会。以移动游戏系统为例，人们容易将手机通话按钮当作游戏的开始按钮，或在手机界面上也能显示游戏的所有项目等。

可用性一般被视为有效性问题解决之后要解决的下一个问题。但事实上，可用性与有效性难以单独分开考虑。例如，利用手机来搜寻网上信息时，如果要将长长的网址输入手机，还需要按几十次按钮，那么即使有搜寻功能也无济于事。证券交易系统也是如此，有没有提供购买功能是可用性的问题，但如果提供的使用方式太难，那它就是没有用途的。也就是说，有效性与可用性同时满足才能向用户提供最佳体验。

1.4.3 感性

感性是指人们使用系统时心理上的感觉。为了满足感性要求，人们使用系统时要体验到符合其基本目的的各种感受。此时，感性是包括看到某个系统之后所接触到的审美印象和情绪，或是对象的个性等概念。

以网上证券交易系统来说，它的系统界面及其内容构成使人感觉可靠。有关金钱的服务，人们需要感到信任才可以放心地使用。又例如，针对儿童的在线游戏可设计成令人高兴的画面，针对成人的在线游戏可设计成使人感到神秘的画面。如今，感性被认为是适当满足有效性或可用性的必要条件。

1.4.4 三位一体的体验

使用特定系统时，要想获得最佳体验，系统必须同时具备有效性、可用性、感性。任天堂的 Wii 是一款将有效性、可用性和感性很好地结合在一起的数字产品（图 1-10）。除了具备主机游戏的功能之外，Wii 一改传统游戏的封闭形象，让人们多运动，多活动筋骨，在使人们恢复健康方面显示出有效性。在可用性方面，Wii 率先在家庭主机游戏领域采用能让身体运动起来的具有带动性的实体互动技术，使其成为一款老年人都能方便使用的便利型游戏。在感性方面，由于它有多种多样的游戏功能，所以可以吸引许多人一起参与，一家人在共同参与游戏的过程中增进亲情，感受温情。任天堂 Wii 将有效性、可用性、感性有机地结合在一起，为用户提供了最佳体验。

图 1-10　任天堂游戏机 Wii 将有效性、可用性、感性有机结合

这三个条件的相对重要性随系统性质的不同而不同。例如，在核电站中央控制室里

使用的系统，首先要保证安全，在地震或海啸这类自然灾害发生时能及时应对。在这种情况下，有效性是最重要的。与此相反，对儿童家居娱乐数字产品来说，较为重要的则是可用性和感性。而对办公室里的大部分电子设备来说，最重要的则是可用性。不过，尽管三者的相对重要性有所不同，但不能为了满足一个方面的条件而完全忽视其他条件。要想让用户在使用系统过程中获得最佳体验，就必须实现有效性、可用性、感性的三位一体。

1.4.5 用户体验中的技术负债

技术负债是软件开发中经常使用的一个术语，它指的是做出技术上的妥协，这种妥协在短期内是有利的，但在长期时间内会增加复杂性和成本。与金融负债一样，只要负债能够被迅速偿还，技术负债作为克服当前问题的短期办法就是可以接受的。让负债持续更长的时间会导致显著的额外成本。技术负债可能在无意中产生，但与时间和复杂性相关的压力也会导致设计权衡，从长期来看，这种权衡是昂贵的。

用户体验负债与技术负债非常相似，因为两者都要对项目的需要进行权衡。为了解决技术负债，必须采用重构原则，也就是说，要在当前压力消退之后快速修正任何实际的权衡。如果没有及时识别、理解和纠正这些权衡，就会出现重大难题，可能导致严重的用户体验负担，而纠正这种负担的代价是极其高昂的。在严重的情况下，用户体验负债会导致基础设施的改造和产品的完全更新。

1.5 人机交互与软件工程

人们通常将软件工程与人机交互视为两个相互独立的学科，这源于多方面的原因。首先，软件工程师与人机交互设计师关注的重点（图1-11）有很大不同。软件工程师经常以系统功能为中心，形式化方法在这里得到了广泛应用；而人机交互设计师则以用户为中心，对用户特性和用户需要执行的任务要有深入的了解。其次，交互设计的评估方式也与一般软件工程方法存在不同：交互评估通常基于真实用户，评价机制也往往来自于用户使用的直观感觉。再次，人机交互与软件工程经常是分开讨论的，软件工程较少提及交互团队在产品设计中的重要作用，人机交互也很少谈及其与软件工程的密切关系。

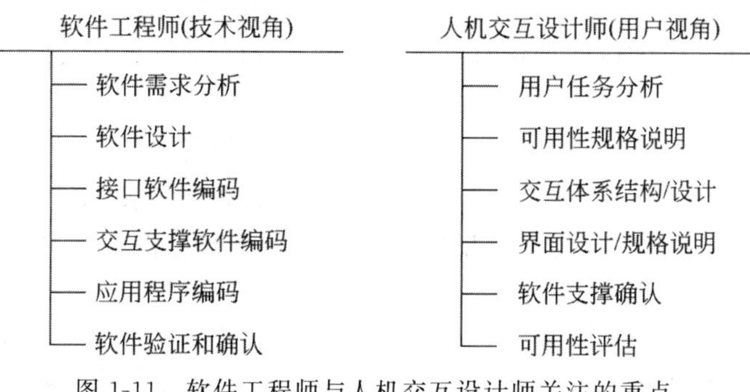

图1-11 软件工程师与人机交互设计师关注的重点

实际上,人机交互对软件工程技术的发展具有很大的促进作用。研究表明,现有的软件工程技术大多基于构建仅包含少量交互情况或根本不涉及用户交互的软件,在实现交互式系统过程方面存在天生的缺陷,举例如下。

(1) 没有提出明确的对用户界面及可用性需求进行描述的方法。

(2) 不能够在系统开发过程中对用户界面进行终端测试等。

因此,使用现有软件工程技术开发出来的交互式系统尽管具有完善的系统功能,但对用户而言,产品的可用性、有效性以及满意度并不高,相应地,产品很难取得市场上的成功。一项研究表明,程序开发过程中约80%的维护开销都与用户和系统的交互相关,这其中又有64%属于可用性问题。在软件开发过程中引入人机交互技术,可有效改进上述问题。

人机交互对软件工程的重要性已经得到越来越多的重视。学术界对人机交互技术在软件工程教学中的重要性也给予了足够重视,已经有越来越多的高等院校正在积极开设将软件工程与人机交互相结合的崭新课程。软件工程专业国际教学规范中将人机交互课程作为软件工程专业的必修课程之一,体现了人机交互学科在软件工程教学中的重要地位。人机交互与软件工程既相互区别又相互影响。只有将二者有机地结合,才能保证在有效时间和资源下开发出高可用性的软件产品。

习题

1. 从狭义的角度来看,人机界面分为计算机系统与界面结构、发展过程等5个部分。但(　　)不属于其中之一。

A. 自然的人机交互　　B. 计算机使用与配置

C. 人的身体特征　　D. 自然应用环境

2. 从广义的角度来理解,可以结合设计艺术等学科的知识对人机交互技术作进一步的研究。但(　　)不属于其中之一。

A. 机械工程　　B. 计算机技术　　C. 人机工程　　D. 心理学

3. 人机系统包括(　　)三个组成部分,它们相互联系构成一个整体。

A. 环境、能源、人　　B. 人、机和环境

C. 人、能源、机器　　D. 人、机、自然

4. 传统人机交互(HCI)是研究用户与计算机系统间往来交互、最终设计和(　　)的领域。

A. 媒体互动　　B. 增强现实

C. 虚拟操作　　D. 评估用户使用计算机方便程度

5. 用户体验(UX)是指日常生活里用户和计算机交互过程中,用户建立的所有知识、记忆和(　　)。

A. 兴趣　　B. 感受　　C. 理念　　D. 习惯

6. 用户体验和用户界面与人机交互的差异性表现在主观性、整体性和(　　)等几个方面。

A. 情境性　　B. 灵活性　　C. 新颖性　　D. 敏捷性

7. 在工业革命前，人造物的设计以(　　)为主，并与人们的生产劳动、生活方式息息相关。

A. 博彩业　　B. 半手工业　　C. 农业　　D. 手工业

8. 随着计算机技术和网络技术的逐步发展，信息化改变了人们的生活方式。此时的设计逐步从物质化设计转向(　　)设计。

A. 信息化、非物质化　　B. 产业化、智能化

C. 层次化、紧凑化　　D. 机械化、电气化

9. 所谓"交互设计"，是指设计交互式产品来支持人们在日常工作与生活中交流和交互的(　　)。

A. 操作　　B. 方式　　C. 能力　　D. 水平

10. 在理想情况下，交互设计应该由(　　)团队来进行。

A. 内部　　B. 外部　　C. 产业　　D. 跨学科

11. 无障碍设计必然导致针对所有人群的(　　)包容性设计，即意味着公平、公开，对每个人平等，努力使产品和服务适应尽可能多的人。

A. 包容性　　B. 排他性　　C. 美学性　　D. 感性

12. 用户体验有很多考虑方式，其核心要素有可用性、功能性、(　　)、内容、外观和感觉，以及在情感上的吸引力。

A. 包容性　　B. 排他性　　C. 美学性　　D. 感性

13. 在使用特定系统时，要想获得最佳体验，该系统必须具备有效性、可用性、(　　)，三者缺一不可。

A. 包容性　　B. 排他性　　C. 美学性　　D. 感性

14. 技术负债是软件开发中经常使用的一个术语，它指的是做出技术上的(　　)。它在短期内是有利的，但在长期时间内会增加复杂性和成本。

A. 服从　　B. 妥协　　C. 退让　　D. 认可

15. 软件工程师与人机交互设计师关注的重点有很大不同。软件工程师经常是以(　　)为中心，而人机交互设计师则以(　　)为中心。

A. 系统功能、用户　　B. 用户、系统功能

C. 程序语言、界面友好　　D. 模块功能、用户界面

实验与思考：人机交互的设计与用户体验

1. 实验目的

(1) 熟悉人机交互技术的基本概念和主要内容。

(2) 通过因特网搜索与浏览了解网络环境中主流的人机交互技术网站，掌握通过专业网站不断丰富人机交互技术最新知识的学习方法，尝试通过专业网站的辅助与支持来开展人机交互技术应用实践。

2. 工具/准备工作

在开始本实验之前,请认真阅读课程的相关内容。

需要准备一台带有浏览器、能够访问因特网的计算机。

3. 实验内容与步骤

(1) 在实践中,设计组的组成取决于交互式产品的类别。由此,你认为以下情况应该由何人参与设计?(提示:在理想情况下,每个团队都会有许多拥有不同技能的人。)

① 为科学展览馆设计一个提供展品信息的公共展亭。

答: ______________________________

____

② 为一部电视连续剧设计互动教育网站。

答: ______________________________

____

____

____

____

(2) 网站设计的主要原则之一是简单性。有专家建议设计者仔细检查所有的设计元素,并逐一取消它们。如果在取消一个元素后,该设计仍能很好地工作,则移除这个元素。你认为这是一个很好的设计原则吗?

答: ______________________________

____

____

____

(3) 寻找一个日常的手持设备,例如遥控器、数码相机或智能手机,查看它是如何设计的,特别要注意用户是如何与它进行交互的。

请记录: 你选择的手持设备是______________________________

① 根据你的第一印象,写下这个设备工作方式的优缺点。

答: ______________________________

____

____

② 描述与其进行交互的用户体验。

答: ______________________________

____

____

③ 根据本章所学知识和你获得的其他资料,列出适合评估此设备的可用性目标和用户体验目标。指出其中最重要的目标,并说明原因。

答：

④ 把你的每一套可用性目标和用户体验目标转化为 2～3 个具体的问题。然后用它们来评估该设备的价值。

答：

⑤ 最后，基于上述获得的答案，提出此界面的改进意见。

答：

4. 实验总结

5. 实验评价（教师）

第2章　人机交互相关学科

导读案例：德雷夫斯与人机工程学

亨利·德雷夫斯(1903—1972)是人机工程学的奠基者和创始人。

1. 为贝尔设计电话

亨利·德雷夫斯最初的职业是舞台设计。1929年，他建立了自己的工业设计事务所。他坚持设计工业产品应该考虑高度舒适的功能性。

德雷夫斯与贝尔电话公司有密切联系，是影响现代电话形式的最重要的设计师之一。从1930年起，德雷夫斯与贝尔公司的工程技术人员一起，提出了“从内到外”的设计原则。经过他的反复论证，公司同意按照他的方式设计电话。贝尔公司一直都是美国最大的电话公司，由于当初电话服务具有相当高的垄断性，基本没有竞争威胁，因此电话机的发展没有市场压力，使得德雷夫斯可以较少考虑外形设计的市场竞争，而将精力更多地集中在电话机的完美功能性设计上。

1927年，贝尔公司第一次引进横放电话筒设计。1937年，德雷夫斯提出从功能出发，采用将听筒与话筒二合一的设计，被贝尔公司采用。他设计的300型电话机首次把过去分为两部分、体积很大的电话机缩小为一个整体，听筒和话筒合二为一(图2-1)。这个设计的成功，使德雷夫斯赢得了贝尔公司的长期设计咨询合约。

图2-1　拨盘电话

电话机开始是金属材质的，20世纪50年代初期转为塑料材质，奠定了现代电话机的造型基础。20世纪50年代，德雷夫斯已经设计出一百多种电话机，它们走入美国和世界的千家万户，成为现代家庭的基本设施。

2. 首创人机工程学

德雷夫斯的一个强烈信念是：设计必须符合人体的基本要求。他认为适应于人的机器才是最有效率的机器，因而开始研究人机工程学数据。基于多年的潜心研究，1955年，他出版了《为人的设计》一书，书中收集了大量的人体工程学资料(图2-2)。1961年，他出版了《人体度量》一书，为设计界奠定了人机工程学这门学科的基础。德雷夫斯成为最早把人机工程学系统运用在设计过程中的设计家，对这门学科的进一步发展起到积极的推动作用。

德雷夫斯的人机工程学研究成果体现在1955年以来他为约翰·迪尔公司开发的一

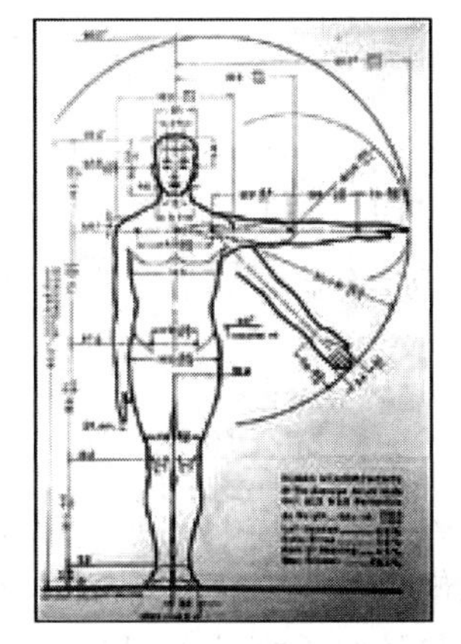

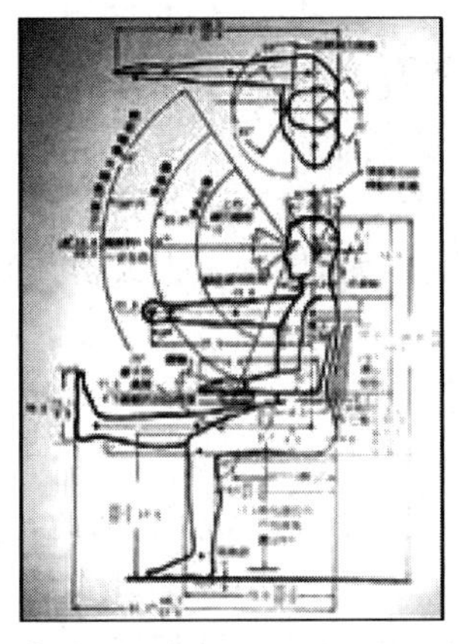

图 2-2　人机工程学资料

系列农用机械中，这些设计围绕建立舒适的、以人机学计算为基础的驾驶工作条件这一中心。外形简练、与人相关的部件设计合乎人体的基本适应要求，是工业设计的一个非常重要的进步与发展。

资料来源：世纪在线中国艺术网，http://cn.cl2000.com，有删改。

阅读上文，请思考、分析并简单记录：

(1) 请通过网络搜索了解人机工程学的主要应用领域，并记录。

答：____

(2) 1937 年，德雷夫斯从功能出发，将电话机的听筒与话筒进行二合一的设计。请通过网络搜索了解电话机的发展历史，简单描述其中让你印象最深的电话机产品，并说说你的理由。

答：____

(3) 请简述：德雷夫斯为什么多年来一直潜心研究有关人体的数据以及人体的比例及功能，发展人机工程学的数据？

答：____

(4) 请简单记述你所知道的上一周内发生的国际、国内或者身边的大事。

答：____

2.1 与人机交互相关的领域

人机交互是一个交叉性很强的跨学科、综合性科学，它的研究覆盖领域很广，如软硬件界面所处的环境、界面对人(个人或群体)的影响、人机界面开发工具等。

2.1.1 人文领域

人机交互的重要因素之一是人，因此，以研究人为目标的心理学，特别是认知心理学，就成为人机交互的一个重要理论学科背景。认知科学是对人的大脑以及计算机系统完成的智能过程进行研究的领域。该领域研究人如何接收外部信息，如何进行内部处理，如何采取智能行动。为了开发使用便捷的系统，需要了解人的优点，然后充分利用这些优点，同时需要对人的弱点进行有效补充。此外，随着计算机使用环境的多元化，环境心理学和社会学也变得日益重要。随着移动互联网和普适计算的普及，分析这类环境的文化和民俗学方法也受到越来越多的关注。人机交互为了给用户提供最佳体验，不仅要知道人的认知特点，还要了解人的身体和精神方面的特征。所以，精神科学也成为其研究的热门学科。

社会学主要涉及人机系统对社会结构影响的研究，而人类学则涉及人机系统中群体交互活动的研究。人机交互技术要研究人类的文化特点、审美情趣以及个人、群体的爱好偏向等。从广泛的意义来看，人类和计算机的交互是一种交流沟通，那么着重关注人之间的沟通以及人和媒体沟通的大众传媒也和人机交互有密切关系，人机交互对交互的理论基础就来自于对大众传媒学的长期研究。另外，伴随着网络的发展，人与系统的相互作用过程大部分是在海量信息中检索信息的过程，因此文献信息学和人机交互有着密切联系，需要构造和设计人们容易理解的信息结构。

2.1.2 技术相关领域

人机交互的结果最终要通过以计算机为基础的数字系统来实现。在计算机科学中，尤其是与计算机输入输出的相关领域和人机交互密切相关。在分析人的任务方面，工业工程学是人机交互的重要背景领域。认知工程学基于认知科学，着重研究头脑活动，以对人类认知活动的研究成果为基础设计系统，以让人能更简单方便地进行认知。生命工程学是对和人类活动的环境、使用的工具以及方法步骤等相关的系统进行设计的领域，着重研究人的身体活动，尤其是在可用性方面，为人机交互提供了必要的、经过实证的基础。因此，认知工程学和生命工程学在提高用户体验方面有着密不可分的联系。随着计算机越来越多地被搭载在通信设备、显示设备内，电气电子和机械工学领域也越来越受重视，尤其是二者融合的机器人工程学在人机交互中占的比重越来越大。

人机交互的形式定义中使用了多种类型的语言，包括自然语言、命令语言、菜单语言、填表语言或图形语言等，计算机语言学就是专门研究这些语言的科学。随着人工智能技术的成熟和介入，智能人机界面的研究也非常活跃，其中包括用户模型、智能人机界面模型、智能用户界面管理系统、专家系统、智能对话、智能网络界面、帮助和学习、智能前端系统、自适应界面、自然语言、多媒体界面等。

2.1.3 设计相关领域

美学与创造最佳用户体验的三个先决条件之一的感性密切相关。美学不仅研究美，还研究和艺术相关的各种形态的情感。因此，为了设计出让用户在和数字系统交互过程中产生特定感受的系统，必须以美学理解为基础。在和美学密切相关的众多领域里，有一种是最近不断取得发展的感性工学，它主要研究设计富有亲切感的手机或者舒适感的汽车坐垫类产品，从而给用户带来特定的感受。此外，视觉设计以及产品设计也是和人机交互有着密切关系的领域，因为人机交互最终要将概念形象化，从视觉上表现出来，给用户提供实际的体验。

此外，管理学和创造最佳用户体验的先决条件之一的有效性有着密切关系，尤其是管理学中的创新管理、服务科学、市场营销等领域和人机交互的联系很密切。

2.2 认知心理学

认知心理学研究人的高级心理过程，主要是认识过程，如注意、知觉、表象、记忆、思维和语言等。它是从心理学的观点来研究人机交互的原理，包括如何通过视觉、听觉等接受和理解来自周围环境的信息的感知过程，以及通过人脑进行记忆、思维、推理、学习和解决问题等人的心理活动的认识过程。其中人脑的认知模型——神经元网络及其模拟，已经成为新一代计算机和人工智能等领域中最热门的研究课题之一。

2.2.1 感知

感知(图 2-3)是指通过视觉、听觉、味觉、嗅觉和触觉等感觉器官从环境中获取信息，并将其转化为物体、事件、声音和味道的体验。此外，人们还有额外的运动觉，它涉及通过位于肌肉和关节中的内部感觉器官(称为本体感受器)对身体各部位的位置和运动的认识。感知很复杂，它涉及其他认知过程，如记忆、注意力和语言。对于视力正常的人来说，视觉是最主要的感觉，其次是听觉和触觉。交互设计重要的是以预期的、容易感知的方式来呈现信息。

以信息加工观点研究认知过程是现代认知心理学的主流。它将人看作一个信息加工的系统，认为认知就是信息加工，包括感觉输入的变换、简化、加工、储存和使用的全过程。按照这一观点，认知可以分解为一系列阶段，每个阶段是一个对输入的信息进行某些特定操作的单元，而反应则是这一系列阶段和操作的产物。信息加工系统的各个组成部分之间都以某种方式相互联系。从逻辑能力的角度看，计算机接受符号输入，进行编码，对编码输入加以决策、储存，并给予符号输出，这与人加工信息的全过程类似。

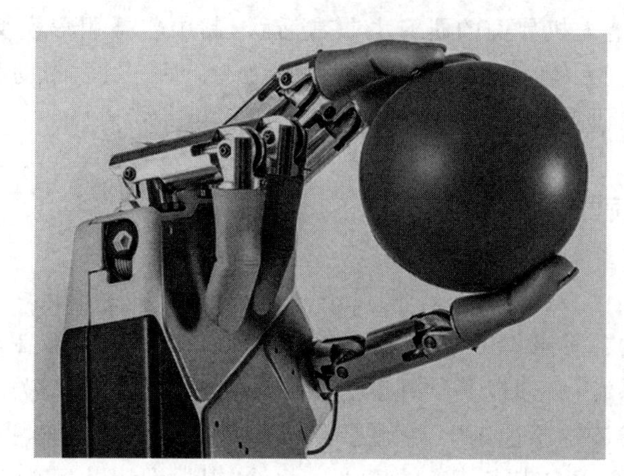

图 2-3　感知

1. 感觉信号的检测

感觉信号的检测是信息加工的第一步。人们对世界现象的视、听、嗅、味、触觉等,可被视为一串连锁事件中的第一环节,包括信息的编码、储存、转换和思维等,最后对信息做出反应;反过来,这种反应又提供新的感觉线索,引起新的循环。在人类所能检测的有限范围内的物体能刺激感觉系统,可被转换成神经能,短暂地留在感觉库中,并可能被传送到记忆系统中进行加工,其结果引起反应,又可以成为进一步加工的刺激场的一部分(图 2-4)。

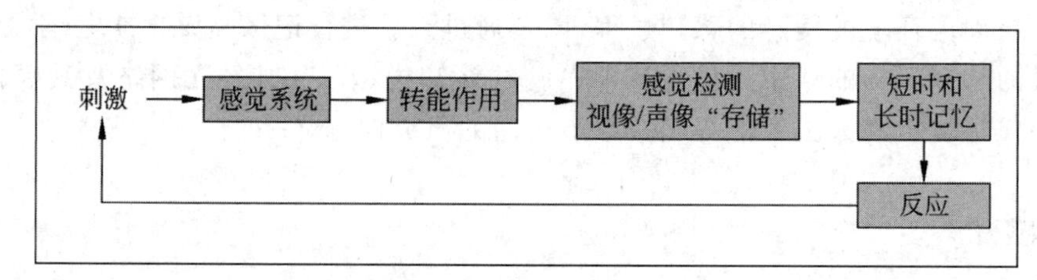

图 2-4　信息加工的阶段

2. 视觉

视觉是人与周围世界发生联系的最重要的感觉通道。人类感知外界 80%的信息都是通过视觉获得的,因而视觉显示器也是人机系统中用得最多的界面之一。

(1) 视敏度和色彩感知。视敏度又称视锐度或视力,是指眼睛能辨别物体很小间距的能力。在一定视距条件下,能分辨物体细节的视角越小,视敏度就越大。视敏度是评价人的视觉功能的主要指标,它受图像本身的复杂程度、光的强度、图像的颜色和背景光等的影响。光的强度过低会使图像很难分辨,而增加照明则可以提高视敏度,因此,视屏显示器应配备良好的照明系统。但是,如果光太强,又会引起瞳孔收缩,从而降低视敏度。同时,亮度的增加使视屏显示器的闪烁更加明显,人们直视荧光屏会很不舒服。

视敏度也可以用闪光融合频率来测量。闪光融合频率是由于眼睛要在一个短的时间内分辨图像的变化引起的。如果变化得足够快,使眼睛看到连续的状态,且不能区分每一幅图像的差异,大约需要每秒 32 幅图像。变化较慢时,眼睛开始感到差异,视屏显示器的闪烁会令人烦恼,其闪烁效果取决于它的刷新速度,也即 1 秒钟内荧光屏的扫描次数和图像的重画次数。

另外,人们能感觉到不同的颜色,是眼睛接受不同波长的光的结果。各种波长的光从带色的物体表面或有色光源反射出来。但视网膜对不同波长的光的敏感程度不同,颜色不同而具有同样强度的光,有的看起来会亮一些,有的看起来会暗一些。

(2) 视觉模式识别。这涉及较高级的信息加工过程。其中既要有当时进入感官的信息,也要有记忆中存储的信息,只有在所存储信息与当前信息比较的加工过程中,才能够实现对视觉模式的识别。

外界刺激作用于感觉器官,人们辨认出对象的形状或色彩时,就完成了对视觉模式的识别。例如,针对视觉模式识别过程的格式塔心理学,又称完形心理学,其模式识别是基于对刺激的整个模式的知觉,其中主要原则如下。

① 接近性原则:某些距离较短或互相接近的部分,容易组成整体。例如,图 2-5(a)中距离较近而毗邻的两条线段,自然而然地组合起来成为一个整体。图 2-5(b)也是如此,因为黑色小点的竖排距离比横排更为接近,所以人们认为它是六条竖线而不是看成五条横线。

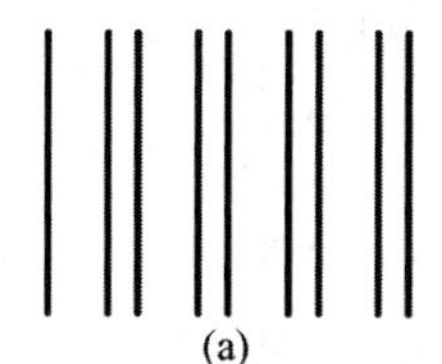

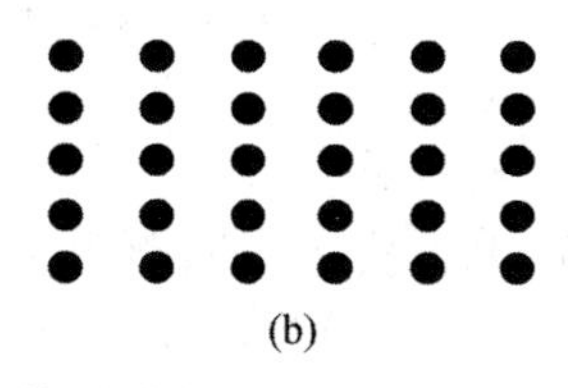

图 2-5 格式塔接近性原则的图示

② 相似性原则:人们容易将看起来相似的物体看成一个整体。如图 2-6 所示,“○”为白点,“●”为黑点,观察者倾向于将其看作纵向排列,而非横向排列。

③ 连续性原则:是指对线条的一种知觉倾向。如图 2-7 所示,人们多半把它看成两条线,一条从 a 到 b,另一条从 c 到 d。由于从 a 到 b 的线条比从 a 到 d 的线条具有更好的连续性,因此不会产生线条从 a 到 d 或者 c 到 b 的知觉。

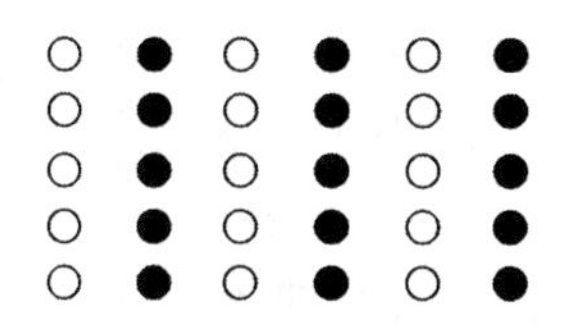

图 2-6 格式塔相似性原则的图示

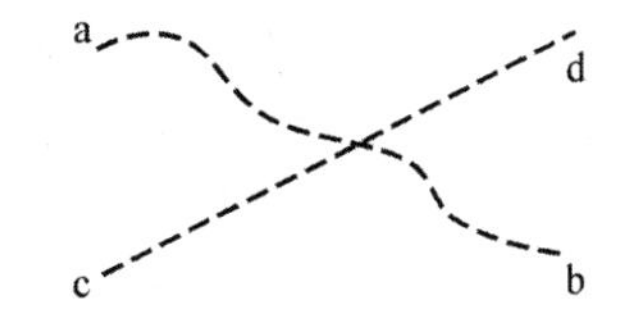

图 2-7 格式塔连续性原则的图示

④ 完整和闭合性原则:彼此相属的部分,容易组合成整体;反之,彼此不相属的部分,则容易被隔离开来。如图 2-8 所示,12 个圆圈排列成一个椭圆,旁边还有一个圆圈,

尽管按照接近性原则,它靠近12个圆圈中的其中一个,但我们还是把12个圆圈当作一个完整的整体来知觉,而把单独的一个圆圈作为另一个整体来知觉。这说明知觉者的一种推论倾向,即对一种不连贯的有缺口的图形,尽可能地在心理上使之趋合,即闭合倾向。完整和闭合性原则在所有感觉通道中都起作用,它为知觉图形提供完整的界定、对称和形式。

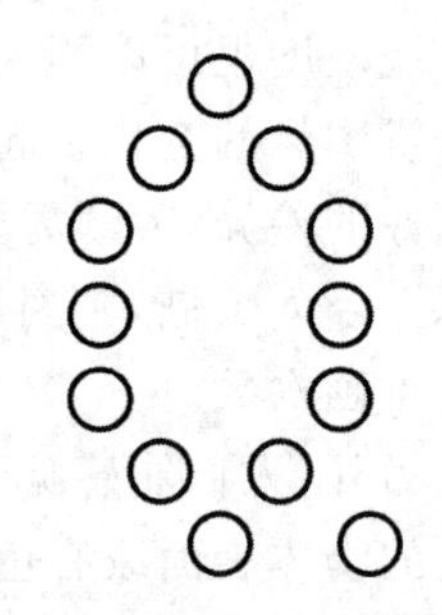

图2-8 格式塔完整和闭合性原则的图示

⑤ 对称性原则:比较一下图2-9中所示的(a)模式和(b)模式,(a)模式似乎是"好"得多的模式,因为它是对称的。格式塔的对称性原则能够反映人们知觉物体时的方式。例如(c)模式,我们多半将(c)知觉为由菱形和垂直线组成的图形,而不把它看成由许多字母"K"组成的图形,尽管图中有很多正向的"K"和反向的"K"。这是因为图中的菱形是对称的,而"K"不是对称的。

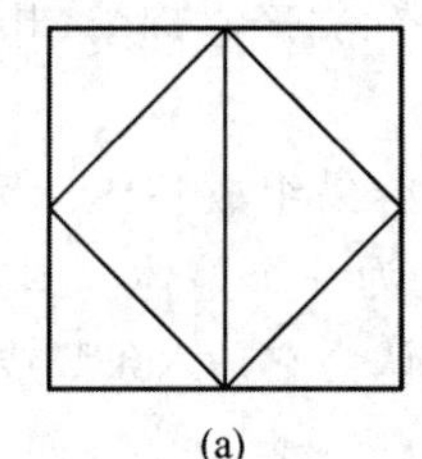

(a)

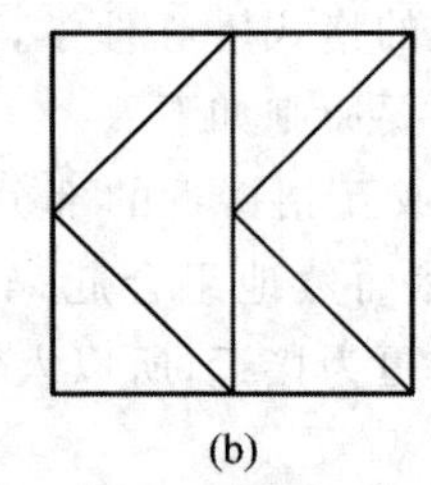

(b)

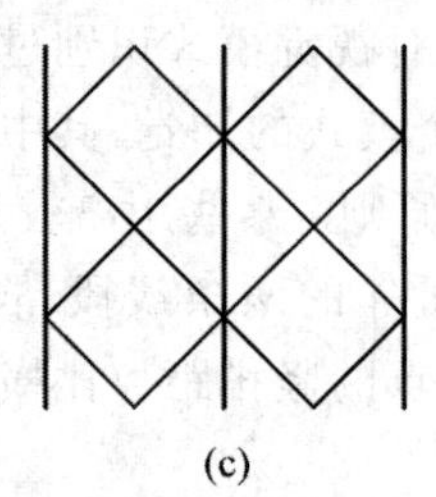

(c)

图2-9 格式塔对称性原则的图示

(3) 视错觉。一般来讲,形态要素并不是单一存在的,当所处环境不同,受某些光、形、色等因素的干扰,自身部分之间的相互作用以及透视感等将引起某些图形产生不同状况的变化。再加上人自身心理状态的影响,人们对形态的视觉感往往发生"错觉"。这种错觉具有普遍性,是人们所具有的共同生理特性。

视错觉产生的原因主要有两个:一是人的生理特征所致,即它与眼睛的视觉通道的构造有关,以及与观察不同的物体而发生的变化因素有关;二是由心理的知觉所致,是知觉恒常性的颠倒,从而形成"受骗"的现象。设计师必须理解和辩证处理各种视错觉现象,根据不同的要求加以灵活应用。

图2-10是有名的莱亚错觉:两条线段本来是等长的,但由于其中一条线(右侧)的末端加上了向内的箭头,就比末端加上向外箭头的线段显得短些。

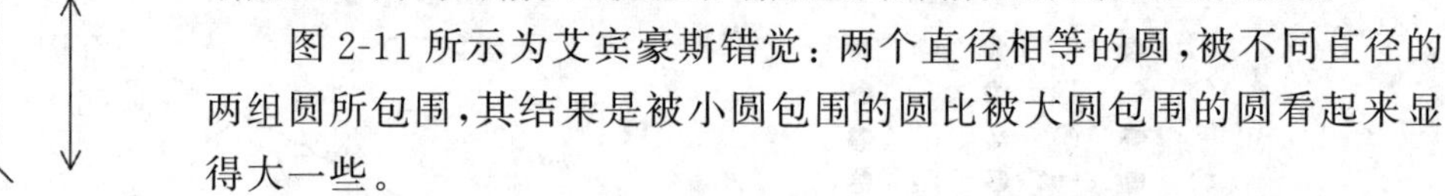

图2-10 莱亚错觉

图2-11所示为艾宾豪斯错觉:两个直径相等的圆,被不同直径的两组圆所包围,其结果是被小圆包围的圆比被大圆包围的圆看起来显得大一些。

视错觉的另一种现象是含糊图像。含糊的图像可以有多种解释,不同的人根据自己的视角和理解,会看到不同的图像,这是因为每个人都把自己的理解附加到所看到的东西上。设计时尤其要注意这些容易造成视觉和语义上错觉的图形、图标,以免造成界面隐喻上的错误。

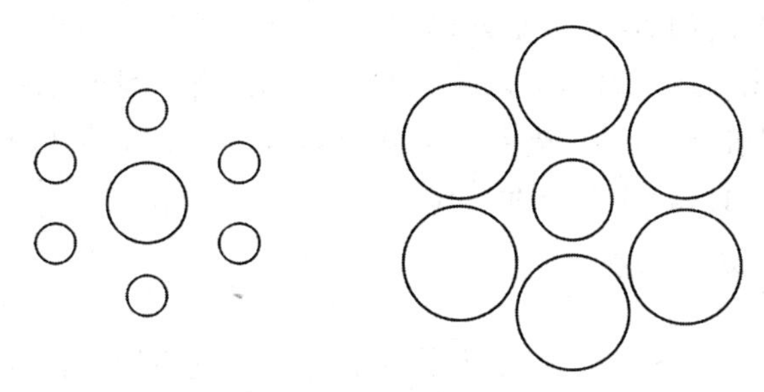

图 2-11 艾宾豪斯错觉

3. 听觉

人类从外界获得的信息有近 15%是通过耳朵得到的。听觉涉及的问题和视觉一样，即接受刺激，把它的特性转化为神经兴奋，并对信息进行加工，然后传递到大脑。

(1) 听觉的预处理和听觉系统。音波是一种机械波，它是声源的振动在介质中的传播。听觉可以感知到频率范围为 20～20000Hz 的音波。音波在 0℃空气中的传播速度为 331m/s，温度每增高 1℃，音速将增加 0.6m/s。

听觉的器官是耳朵。听觉的感受性在 1000～4000Hz 时最高。500Hz 以下和 5000Hz 以上的声音，需要大得多的强度才能被听到。20Hz 以下和 20000Hz 以上的音波，在一般情况下是听不到的。当音强超过 140dB 时，所引起的不再是听觉，而是痛觉。人可以辨认的语音频率范围是 260～5600Hz，电话只传送 300～3000Hz 的声音，这对于听清语言来说已经足够了。

(2) 声音的解释。这与语言的理解完全联系在一起，两种功能都是在大脑的听觉皮层中完成的。为了解释声音，听觉系统必须把输入分成三类：噪声和可以忽略的不重要的声音；被赋予意义的非语言声音，如动物的叫声；用来组成语言的有意义的声音。就像视觉系统一样，听觉系统利用以前的经验来解释输入。口语中充满着发错音的单词、不完整的句子和中断，而且口语说得很快，讲话的速度为每分钟 160～220 个单词，因此解释机制必须跟得上输入。

2.2.2 注意力

注意力是日常生活的中心，它涉及在某个时间点从可能的范围中选择要集中精力的事情，使人们能够关注与正在做的事情相关的信息。例如，它能让我们在过马路时不被车辆撞到，注意到有人在叫我们的名字，还能让我们一边看电视一边发短信。这个过程是容易还是困难，取决于我们是否有明确的目标和所需要的信息在环境中是否突出。

1. 明确的目标

如果确切知道需要找什么，就可以把可获得的信息与目标相比较。当不太清楚究竟要找什么时，就可能泛泛地浏览信息，期望被引导发现一些有趣或醒目的东西。例如，去餐馆时，我们有一个笼统的目标，就是吃饭，但对吃什么并没有明确的想法。因此，我们仔细阅读菜单，看有什么菜适合自己的口味。看完菜单并有了设想之后（当然还要考虑其他因素，如价格、与谁用餐、服务员的推荐等），才可以做出决定。信息的显示方式也会极大地影响人们捕捉到适当信息片段的难易程度。

2. 多任务和注意力

许多人都会进行多任务工作，将他们的注意力转移到不同的任务中。研究发现，多任务处理对记忆和注意力的影响取决于任务的性质以及每个人需要多少注意力。例如，工作时听轻柔的音乐可以帮助人们屏蔽背景噪音，并帮助他们专注正在做的事情。但是，如果音乐很吵，则会分散注意力。

人们还发现了个体差异。多任务是把双刃剑——这取决于让你分心的事情以及它与手头的任务有多相关。例如，虽然频繁进行多任务工作的人很容易分心，但如果分散注意力的资源与手头的任务相关，他们也可以很好地利用它。

人们将注意力从正在进行的工作转移到另一条信息之后，需要额外的努力才能回到刚才的任务中，并记住他们在刚才活动中的位置，因此完成任务的时间会显著增加。对课程完成率的研究发现，参与即时交流的学生阅读教科书中的段落所花费的时间比阅读时没有即时交流的学生要长50%。

多任务处理也可能导致人们失去思路、犯错误或需要重新开始。因此，在很多情况下，多任务可能产生负面影响，例如在开车时发短信或打电话。转换注意力的成本因人而异，也随着在哪些信息资源之间切换而不同。在开发新技术以便为工作环境中的人们提供更多信息时，需要考虑如何最好地支持他们，以便他们可以轻松地在多个显示器或设备之间来回切换注意力，并能够在中断（如接电话）后轻松地返回到刚刚正在做的事情中。

2.2.3 记忆

从视觉的图像识别到听觉的声音解释，都涉及过去经验的参与，而过去经验是指保持在大脑中的以前曾经感知过的东西，即记忆中的东西。记忆涉及回忆各种知识，以便采取适当的行动。例如，它允许我们识别某人的脸，记住某人的名字，回忆起上次见面是什么时候，并知道我们最后对他说了什么。

1. 记忆的“过滤”过程

我们不可能也没有必要记住所有看到的、听到的、尝到的、闻到的或触摸到的东西，这就需要一个“过滤”过程，以决定需要进一步处理和记住哪些信息。这个过滤过程首先是编码处理，它决定要关注环境中的哪些信息以及如何解释它们。

编码处理的程度能够影响我们日后能否回忆起这个信息。对事物的关注越多，在对事物的思考和与其他知识的比较方面处理得越多，将其回忆起来的可能性就越大。例如，学习某个课程时，最好是仔细琢磨它，进行练习，与他人讨论，做笔记，而不仅仅是被动地阅读或观看视频讲解。因此，如何解释所遇到的信息，对信息在记忆里如何表示以及日后检索信息的容易程度有很大影响。

另一个能够影响信息日后检索程度的因素是信息编码的情境。人们有时难以从当前所处情境回想起某些在不同的情境中编码过的信息。人们识别事物的能力要远胜于回忆事物的能力，而且某些类型的信息要比其他类型的信息更易于识别。特别地，人们非常善于识别数千张图片，即使以前只是匆匆浏览过它们。相比之下，人们记不住拍摄照片时的地点细节。我们拍摄照片时，会比用肉眼观察时记住的对象少。其原因是，参与者似乎更关注照片的构图而不是被拍照对象的细节。

人们越来越依赖互联网和智能手机来充当认知工具，使之成为大脑不可或缺的延伸。人们期望能够随时访问互联网，以减少对信息本身的需要，从而减少尝试记住信息本身的程度，增强他们的记忆，以便知道在哪里可以找到信息。

2. 三种记忆

记忆一般分为感觉记忆、短时记忆和长时记忆，信息在这三种记忆之间的流动和转化是认知过程的基础。

(1) 感觉记忆。这是人的信息加工的第一个阶段。在这个阶段中，关于刺激的一定信息以真实的形式(即与原来呈现的刺激几乎相同的形式)短暂地记录在感觉记忆中。接着，刺激通过模式识别过程转化为新的形式，并传递到系统的另一个部分。刺激的信息短暂停留在“寄存器”中，会迅速“衰变”，保留大约1s时间；另一方面，原有的刺激信息也会由于新的刺激信息进入“寄存器”而被掩蔽和抹掉。模式识别是介于感觉记忆和短时记忆之间的一个过程，它是把进入系统的感觉信息与先前掌握的、存储在长时记忆中的信息进行匹配的过程，它把粗糙的、对系统来说相对无效的感觉信息转化成某种对系统来说有意义的东西。

(2) 短时记忆，也叫“工作记忆”。相当于计算机中的RAM，在这里存储的信息已经不是关于刺激的一种粗糙的感觉形式了。

短时记忆的能力相当有限，一般为7±2个项目，保持的时间也较短，一般为30s左右。短时记忆的信息容量为7b。这里的1b，可能是1个字母，也可能是1个数字，甚至是1个象棋布局，总之是一个熟悉的“内容”。不熟悉的内容，例如电话号码，也许要占6~8b的存储容量。而熟悉的电话号码，无论几位数字，都只占1b的存储容量。因此，为了保证短时记忆的作业效能，一方面不能超过信息容量，另一方面作业者要十分熟悉自己的工作内容或信息编码。

短时记忆中的信息是以组块的形式存储的，包括从简单的字母和数字到复杂的概念和图像。例如，记忆536436326这个数字很难，但如果按其读音规律分为536、436、326这样3组数字，就好记得多；又如11位数的电话号码73287973204一般很难记住，但如果把这一号码分成几个小一点的单元，如732(地区代号)、8797和3204，就容易记忆了。即一定“模式”的信息有利于记忆。

记忆内容在系列中所处的位置对短时记忆也有影响。如果记忆的内容是7个字母，例如在抄写、读数、计算机输入等作业中，出现错误可能性较大的位置是第5个字母。而对只有5个字母的系列，由于低于短时记忆的容量，几乎不受系列位置的影响。

短时记忆可以借助“复述”过程，把信息“长时间”地保存下来，这种“复述”过程使记忆项目一次又一次地穿过短时记忆，反复循环，重复地把某个记忆项目重新存入短时记忆，从而使信息的强度更新，而不产生衰变。“复述”的第二个功能是有助于信息向长时记忆传递，加强记忆信息向长时记忆的转移和存储，加强记忆项目在长时记忆中的强度，使该记忆项目在日后能够经得起回忆（信息提取）的检验。

视觉材料和听觉材料的记忆也不同。听觉材料的开头和结尾部分比较容易记忆，而视觉材料的前面部分较之后面部分容易记忆。

（3）长时记忆。这实际上是一个有关知识的永久性仓库。一方面，进入系统的刺激被识别而传递到短时记忆后，再转移到长时记忆中，被长期地保留在人的头脑里面；另一方面，系统在进行加工活动时，要从长时记忆中提取（检索）有关知识（包括数据和程序），以供加工和活动使用。例如，进行模式识别时，就要从长时记忆中提取有关数据，与刺激进行匹配，以便把刺激识别为某个已知的东西。存储在长时记忆中的信息对识别一个客体起着决定性的作用。

长时记忆的信息容量几乎是无限的。长时记忆中的信息存储和提取有两种方式，即基于规则和基于知识。只有与长时记忆内的信息容易连结的新信息才能够进入长时记忆，这说明长时记忆存储信息时有赖于信息的结构，而并非是杂乱无章的。

长时记忆的信息有时也无法“提取”，也就是通常所说的“遗忘”。事实上，长时记忆的信息很难说丧失了，遗忘只能看作是失去了提取信息的途径，或者原来的联系受到了干扰，导致新的信息代替了旧的信息。图2-12展示了信息在人的记忆中的处理过程模型。

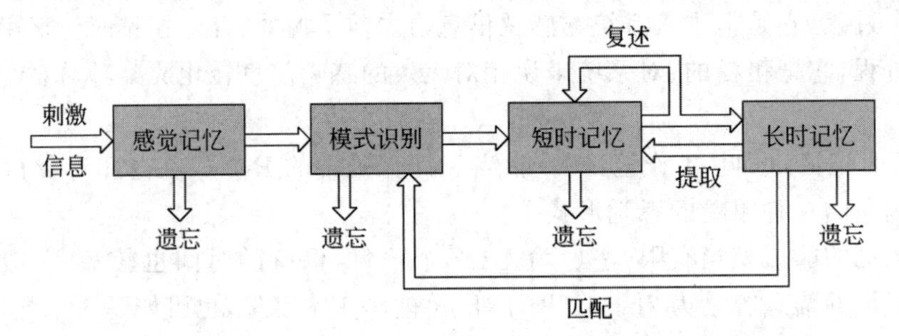

图2-12 信息在人的记忆中的处理过程模型

（4）三种记忆的比较。许多实验指出，长时记忆是以比较高水平的语义编码形式来储存信息的，而短时记忆则是在感觉记忆的基础上主要以语音听觉的编码形式来储存信息的。当然，这种区分是相对的。长时记忆的遗忘机制主要是干扰，而短时记忆的遗忘机制主要是迅速衰退。从长时记忆中提取信息需要较长的搜索时间，而从短时记忆中提取信息则只需要极短的时间。短时记忆中的信息或者经不断的复述而进入长时记忆，或者迅速衰退而遗忘，而长时记忆中的项目能经久不衰，甚至终生难忘。

在人机交互设计中，要尽量减少必须学习的信息总量，当学习无法避免时，应该用记忆线索来帮助回忆。人们用规则和分类来处理世界上的复杂事物，界面设计人员应该在设计中利用结构性来支持这一过程，这是人机交互的基本原理之一。用分级的方法把复杂的事物分解成较简单的组成部分，可以帮助人们理解和记忆复杂的信息。人们能够对一批信息赋予的分类和结构性越多，信息也就越容易学习。

2.2.4 学习

学习与长时记忆密切相关，学习来的信息必须存储在长时记忆内，作为经验积累。

1. 学习迁移

学习迁移造成的对记忆的干扰可以分为两类，即先学干扰和后学干扰。

先学干扰是指某人先学A事物，后学B事物，另一人只学B事物，结果后者做B事物的成绩要优于前者，这叫作先学干扰，即先学的事物阻碍了后学事物的学习。例如，会骑自行车的人学蹬三轮车，比不会骑自行车的人学起来要困难些。也可以说，人们先学A后学B时，趋向于遗忘与事物A有联系的事物B的一部分，并可能以A事物代替B事物。

后学干扰是指后学事物对先学事物的干扰。在后学干扰中，人们先学事物A，后学事物B，但做事物A的成绩不如只学了事物A的人。后学干扰与先学干扰虽然干扰方向不同，但都不利于作业。界面设计师必须了解作业性质，控制技能学习的过程，防止学习迁移的干扰。

2. 偶然学习与有意学习

在认知心理学中，学习被分为偶然学习和有意学习。偶然学习是指没有学习的意图，例如了解世界（如识别面孔、街道和物体）以及你日常所做的琐事。相比之下，有意学习以目标为导向，这个目标能够记住，例如为了考试而学习、学习外语和学习烹饪，这种学习更难实现。因此，开发人员不能假设用户可以轻松地学会如何使用应用程序或产品，这往往需要很多有意识的努力。

此外，人们很难通过阅读手册中的一组说明来学习。相反，他们更喜欢通过动手做来学习。图形用户界面和直接操作界面就是通过支持探索性交互来支持这种主动学习的良好环境，它们甚至允许用户撤销其操作，返回到先前状态。

人们已经进行了许多尝试，以利用不同技术的能力来支持有意学习，例如在线学习、多媒体和虚拟现实。它们提供了通过与信息交互来学习的替代方式，这是传统方法（如书籍）无法实现的。例如，多媒体模拟、可穿戴设备和增强现实旨在帮助教授学生难以理解的抽象概念（如数学公式、符号、物理定律、生物过程）。相同过程的不同表示（如图形、公式、声音或模拟）以不同的方式显示和交互，使得学习者可以更清晰地了解它们之间的关系。

2.2.5 阅读、说话和聆听

阅读（图2-13）、说话和聆听这三种语言处理形式既具有相似性，也具有不同属性。其相似性之一是，不论以哪一种形式表达，相同句子或短语的意思都是相同的。例如，不论是读到、听到还是说出“计算机是一个伟大的发明”，这个句子的意思都是相同的。但是,人们可以阅读、聆听或说话的容易程度取决于人、任务和背景。例如,许多人认为聆听要比阅读容易得多。

图 2-13　阅读

阅读、聆听和说话这三种形式的不同之处如下。

(1) 书面语言是永久性的,而聆听是暂时性的。若第一次阅读时没有理解,可以再读一遍,但广播消息则无法做到这一点。

(2) 阅读比聆听、说话更快。人们可以快速浏览书面文字,但只能逐一听取他人所说的词语。

(3) 从认知角度看,聆听要比阅读和说话更容易。例如,儿童尤其喜欢观看基于多媒体或网络的叙述性学习材料,而不是阅读在线文字材料。有声读物的流行表明成年人也喜欢听小说。

(4) 书面语言往往是合乎语法的,而口头语言常常不符合语法。例如,人们经常话说一半即停止,但其意思大家也都懂了。

(5) "诵读困难"患者很难理解和识别书面文字,因此很难正确拼写,或写出符合语法的句子。

人们开发的许多应用程序,要么是利用人们的阅读、书写和聆听的能力,要么是弥补人们在这方面的不足,或帮助人们克服这方面的困难。这些应用程序包括:

(1) 帮助人们阅读或学习外语的交互式书籍和应用程序。

(2) 允许人们通过使用语音命令与其进行交互的语音识别系统。

(3) 使用人工生成语音的语音输出系统(如针对盲人的书面文本-语音转换系统)。

(4) 自然语言界面,使人们能够输入问题并获得书面回复(如聊天机器人)。

(5) 旨在帮助难以阅读、书写或说话的人的交互式应用程序。允许各种残障人士访问网络并使用文字处理器和其他软件包的定制的输入和输出设备。

(6) 允许视障人士阅读图表的触觉界面(如盲文地图)。

2.2.6　疲劳

疲劳(图 2-14)通常是由于长时间地执行监控任务、连续的心理活动或执行十分困难的任务时,精神高度集中所引起的。

图 2-14　疲劳

疲劳会导致心理机能的紊乱，主要反映在以下几方面。

(1) 注意的失调：即注意力容易分散，怠慢、少动；或者正相反，产生杂乱无章、好动、游移不定的行为。

(2) 感觉方面的失调：参与活动的感觉器官的功能紊乱。如果一个人不间歇地长时间读书，会感到眼前的文字变得模糊不清。又例如，手工作的时间过长，会导致触觉和运动知觉敏感性减弱。

(3) 动觉方面的紊乱：动作节律失调，动作滞缓或者忙乱，动作不准确、不协调，动作自动化程度降低。

(4) 记忆和思维故障：忘记与工作有关的操作规程，而对与工作无关的东西则熟记不忘，理解能力降低，头脑不够清醒。

(5) 意志衰退：人的决心、耐性和自我控制能力减退，缺乏坚持不懈的精神。

为避免和减缓疲劳，人机界面设计要保证以下内容。

(1) 尽量避免长时间执行单调的任务。

(2) 在执行长时间的连续任务期间有适当的休息间隔，使用户的心理疲劳得以恢复。但任务的复杂性并不一定导致疲劳的增加。富有挑战性的任务可以在相当长的时间内吸引人的注意，延迟疲劳的发生，例如复杂的游戏。单调乏味、无刺激性的任务肯定会引起用户疲劳，如果无法避免，则应采取高频率的休息间隙，从而缓解因被迫完成无兴趣的任务而引起的精神紧张。

(3) 疲劳还有可能是因为感觉因素而引起的。强刺激，如强光、艳丽的色彩、强噪音等都能引起感官的超负荷，从而产生疲劳。人机界面设计应该避免太多强刺激。

2.2.7　人为失误

在人机工程学中，人的失误被定义为“人未发挥自己本身所具备的功能而产生的失误，它可能降低人机系统的功能”。人为失误和出错是人的弱点之一，例如在键盘输入时敲错键等。人的易出错性的原因，一方面是人具有功能和行动上的自由度，可以对各种情况进行分析、判断，并采取随机应变的措施，而判断的错误以及动作的失误都会导致产生错误;人为出错的另一原因是工作时注意力不集中、开小差、训练不足及素质较差等。

为了避免人为的失误,可以在主、客观两方面采取措施。在主观方面,增强人的责任心,增加训练,提高人员素质;在客观方面,可以在人、机、环境及管理上加以改善。

2.3 认知理论

认知理论是用认知结构及其组织特性解释学习的心理机制的一种学习理论。认知结构就是学习者全部观念的内容和组织。认知理论认为学习是学习者依赖自身的内部状态,对外界情境进行知觉、记忆、思维等一系列认知活动,从而导致认知结构发生变化的过程。

人们开发了许多基于认知理论的概念框架来解释和预测用户的行为。心智模型和信息处理是主要关注心理过程的方法;分布式认知、外部认知和具身交互是三个解释人类如何在其发生的背景下交互和使用技术的方法。

2.3.1 心智模型

在认知心理学中,心智模型理论(图2-15)基于一个试图对某事做出合理解释的个人会发展可行的方法的假设,在有限的领域知识和有限的信息处理能力上产生合理的解释。心智模型是对思维的高级建构,表征主观知识,通过不同的理解解释了心智模型的概念、特性、功用。

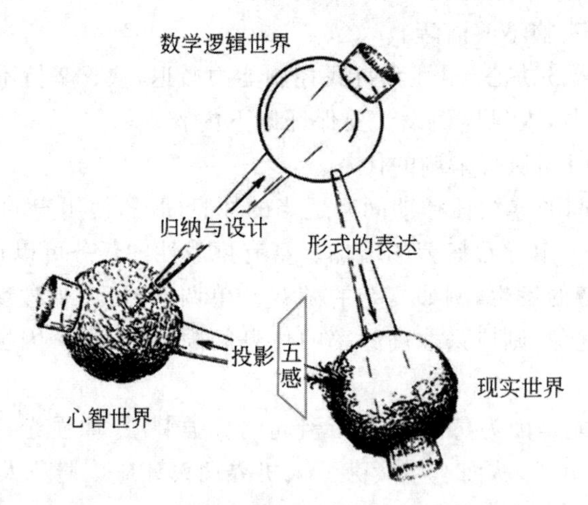

图2-15 心智世界与现实世界的映射关系

当人们需要对技术进行推理时,尤其是在遇到意外的事情或第一次遇到不熟悉的产品时,就会使用心智模型来试图思考该怎么做。一个人对产品及其功能的了解越多,他的心智模型就越发散。例如,宽带工程师对WiFi网络的工作方式具有深刻的心智模型,以帮助他们确定如何设置和修复WiFi网络。相比之下,普通人可能对在家中使用WiFi网络有一个相当不错的心智模型,但对其工作原理的心智模型较弱。

实际上,使用不正确的心智模型来指导行为的现象是比较常见的。人们不愿意花很多时间去了解事物是如何工作的,特别是当涉及阅读手册或其他文档时。因此,应该设计更为透明的技术,以便用户更容易学习它们是如何工作的以及在故障发生时应如何应对。

2.3.2 信息处理

用于概念化心智工作方式的另一个经典方法是使用隐喻和类比来描述认知过程。人们已经提出了各种各样的比拟,包括将心智概念化为储藏库、电话网络、数字计算机和深度学习网络。有一个很流行的源于认知心理学的隐喻,把心智视为一个信息处理机,信息通过一系列有序的处理阶段进出心智。在这些阶段中,心智需要对心智表征(包括图像、心智模型、规则和其他形式的知识)进行各种处理(包括比较和匹配)。

人类信息处理模型(图 2-16)为预测人类执行任务的效率提供了基础。可以推算,人们感知和响应某个刺激要花费多长时间(也称为"反应时间"),信息过载会产生什么样的瓶颈现象。

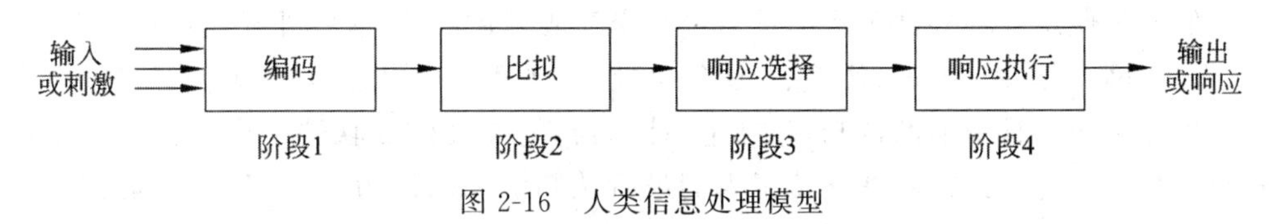

图 2-16 人类信息处理模型

信息处理方法是基于对仅在头脑内部发生的心智活动进行建模的模型。如今,在认知活动发生的背景下了解认知活动,分析在野外发生的认知活动,已变得更加普遍。其中目标之一是研究环境中的结构如何既可以帮助人类认知,又可以减少认知负担。

2.3.3 分布式认知

大多数认知活动涉及人们与外部类型的表示(如书籍、文档和计算机)进行交互,以及相互之间的交互。例如,当我们从任何地方回家时,不需要记住路线的细节,因为我们依赖于环境中的线索(如在红房子处左转、到达丁字路口时右转等)。同样,在家时,我们不必记住任何事物的具体位置,因为信息是随时可用的。我们通过观察冰箱中的物品来决定要吃什么,通过看窗外来确认是否下雨等。同样,我们总是出于很多原因创建外部表示,不仅因为这样有助于减少记忆负担和计算任务的认知成本,还可以扩展我们做的事。

分布式认知方法研究认知现象在个体、物品、内部及外部表征中的性质。它通常描述认知系统中发生了什么,其中涉及人员之间的交互、人们使用的物品以及工作环境。例如,飞机驾驶舱就是一个认知系统,飞行员的首要目标就是要驾驶飞机。

这个活动涉及以下内容。

(1) 驾驶员、机长和空中交通管制员之间的交互。

(2) 驾驶员、机长和驾驶舱中的仪器之间的交互。

(3) 飞行员、机长和飞机飞行的环境(即天空、跑道等)之间的交互。

分布式认知方法的主要目的是根据不同媒介传播信息来描述这些交互。也就是说,它考虑的是信息如何表示,以及信息在活动中流经不同个人以及使用不同工件(如地图、仪表读数、涂写和话语)时如何重新表示。这类信息的转变称为表征状态的转变。

这种描述和分析认知活动的方式不关注个人头脑内部发生的事情,而是着眼于由个人和工件组成的系统中发生的事情。例如,在驾驶舱认知系统中,飞机飞至更高高度的活动涉及许多人员和工件。空中交通管制员最初会告诉驾驶员何时可以安全地上升到更高的高度,然后驾驶员通过移动仪表板上的旋钮来警告正在驾驶飞机的机长,确认现在可以安全上升。

因此,与该活动有关的信息通过不同媒介(无线电、飞行员以及改变仪器的位置)进行了转换。这种分析可用于得出设计建议,建议如何更改或重新设计认知系统的一个方面。

2.3.4 外部认知

人们通过使用各种外部表示与信息进行交互或创建信息,这些外部表示包括书籍、多媒体、报纸、网页、地图、图表、便笺、绘图等。此外,在整个历史过程中,人们开发了一系列令人印象深刻的工具来辅助认知,包括笔、计算器、电子表格和软件工作流程。外部表示和物理工具的结合大大扩展并支持了人们进行认知活动的能力。确实,它们是我们认知活动中不可或缺的一部分,很难想象如果没有它们,我们将如何度过日常生活。

外部认知关注的是解释我们与不同的外部表示(如图形图像、多媒体和虚拟现实)进行交互所涉及的认知过程。其主要目标是解释针对不同的认知活动和所涉及的过程使用不同的表示形式所带来的认知益处。

1. 外化以减轻记忆负担

人们已经开发了许多策略,用于将知识转换成外部表示,以减轻记忆负担。其中一个策略是将我们难以记住的东西具体化,如生日、约会和地址。日记、个人提醒和日历就是通常用于此目的的认知工件,它们用作外部提醒,提醒在既定时间需要做什么。

人们经常采用的其他种类的外部表示还有笔记,如便签、购物清单和待办事项清单。这些东西放置的环境也是至关重要的。例如,人们经常将便签放在明显的位置(如墙上、计算机显示器的侧面、门上,有时甚至写在手上),目的是确保它们能起到提醒作用。人们还会把东西放在办公室和门边的不同文件堆中,表明哪些需要紧急处理,哪些可以稍后处理。

因此,外化可以使人们相信自己会被提醒而不必自己记住。这是一个显而易见的领域,其中可以设计技术来帮助备忘。

2. 计算分流

当使用工具或设备以及外部表示来帮助计算时,就会发生计算分流。一个例子是使用笔和纸解决数学问题,如用纸和笔计算 21×19。现在,再次尝试使用罗马数字进行运算：XXI×XIX。除非你是使用罗马数字的专家，否则这将非常困难——即使在这两种情况下的问题都是相同的。其原因是，这两种不同的表示将任务分别转换为一个简单的任务和一个难度更大的任务。所使用的工具的种类也可以使任务的性质变得更容易或更困难。

3. 标注和认知追踪

外化认知的另一种方式是通过修改表示来反映我们要标记的变化。例如，人们经常将事情从待办事项列表中划掉，以标记已完成的任务。随着工作性质的变化，还可以通过创建不同的堆来重新排序环境中的对象。这两种类型的修改称为标注和认知跟踪，注释涉及修改外部表示，如划掉项目或为项目加下画线，认知追踪涉及从外部重新安排项目的顺序或结构。

人们去购物时经常使用标注。购物前通常会计划要购买的商品，查看橱柜和冰箱，以确定需要补充什么。但是，许多人意识到他们无法记住所有这些内容，因此经常将其外化为书面购物清单。书写行为也可能使他们想起需要购买的其他物品，而当他们翻看橱柜时，可能没有注意到这些。实际购物时，他们可能会划掉清单中已放在购物车中的物品。这就提供了标注的外化，使他们可以一目了然地看到清单上还有哪些物品需要购买。有许多数字标注工具，使人们使用钢笔、手写笔或手指来标注文档，如圈出数据或书写笔记。标注可以与文档一起存储，使用户可以重新访问自己或其他人的标注。

认知追踪在人处于不断变化的状态下并且正在尝试优化其位置的情况下很有用，如在玩游戏时。它也用作一种交互功能，如让学生知道他们在在线学习包中已学过的内容。交互式图表可用于突出显示所有已访问的节点、已完成的练习及尚待学习的单元。

2.3.5 具身交互

描述我们与技术和世界互动的另一种方式是将其具身化，即与社会和自然环境进行实际接触。这涉及通过与物理事物(包括杯子、勺子等平凡的物体以及诸如智能手机和机器人之类的技术设备)进行互动来创造、操纵和产生意义。工件和技术通过指示它们如何与世界耦合使人们清楚应如何使用它们。例如，桌子上一本打开的书可以提醒人们在第二天完成其未完成的任务。

在人机交互中，具身交互的概念被用来描述身体如何介导(指以一个中间步骤来传递或起媒介的作用)我们与技术的各种互动以及我们的情感互动。以这些方式对具身交互进行理论化，已帮助研究人员发现了在使用现有技术时可能出现的问题，同时还为新技术在其使用环境中的设计提供了信息。例如，编舞者和舞者通常通过使用简短的动作和小的手势来对舞蹈进行部分建模(称为标记)，而不是进行完整的训练或在脑海中模拟该舞蹈。人们发现，与其他方法相比，这种标记是一种更好的实践方法。这样做并非在于节省能量或防止舞者在情感上变得筋疲力尽，而是使他们能够复习和探索某个小节或动作的特定方面，而无须花费大量精力进行完整的训练。人们在生活中应用具身化，通过标记等过程可以更好地教授新的过程和技能,即在学习过程中,学习者通过创建事物的小模型或使用自己的身体进行训练。例如,与其开发用于学习高尔夫球、网球、滑雪等的完全成熟的虚拟现实模拟,不如使用增强现实作为具身标记的形式来教授一些简化动作集。

2.4 人机工程学

人机工程学是运用生理学、心理学和医学等有关科学知识研究人、机器、环境相互间的合理关系,以保证人们能安全、健康、舒适地工作,达到提高整个系统工效的边缘科学。与认知心理学相比,人机工程学更多地从人本身和系统的角度出发来研究人机关系。图2-17所示为人机工程学3D鼠标。

图 2-17 人机工程学 3D 鼠标

从诞生起,人机工程学就与工业界紧密地联系在一起。人们逐渐认识到,对制造出来的各种高效能的机器系统进行操纵和控制时,整体系统的工作效率在很多情况下是由人的活动来决定的。若设备的全部潜力没有发挥出来,大部分原因是操纵人员不能掌握对这一设备的复杂操作。经验和教训提醒人们比以往任何时候都更加重视机器设计,使得对机器的操作能够适应大多数普通人的能力范围(可操作性)。这种机器适应人的策略,引起了特定领域内的工程师和生物学界科学家的广泛合作。

人机工程学又称为人类工程学、人因工程学、人类工效学等。人机工程学的不同命名充分体现了该学科是“人体科学”与“工程技术”的结合,是人体科学、环境科学不断向工程科学渗透和交叉的产物。它以人体科学中的人类学、生物学、心理学、卫生学、解剖学、生物力学、人体测量学等为“一肢”,以环境科学中的环境保护学、环境医学、环境卫生学、环境心理学、环境监测技术等学科为“另一肢”,而以技术科学中的工业设计、工业经济、系统工程、交通工程、企业管理等学科为“躯干”,形象地构成了本学科的体系。

国际人机工程学会对本学科所下的定义为:**人机工程学是研究人与系统中其他因素之间的相互作用,以及应用相关理论、原理、数据和方法来设计,以达到优化人类和系统效能的学科**。人机工程学专家旨在设计和优化任务、工作、产品、环境和系统,使之满足人们的需要、能力和限度。从科学性和技术性方面看,人机工程学是研究“人-机-环境”系统中人、机、环境三大要素之间的关系,为解决系统中人的效能、健康问题等提供理论与方法的科学。

人机工程学着重研究以下问题。

（1）人机之间的分工与配合。任何一个系统都离不开人的参与，人机系统中的人机相互作用、相互配合、相互制约、协同工作，完成确定的工作。因为机是从属于人的，由人来控制和使用，要执行人的意志，按人的意图和目的去办事，所以，在人机分工与协同工作中，首先应该充分考虑人的生理和心理特点，使人与机充分发挥各自的特点与优势；其次，应该让机具更多地代替人的工作；最后，考虑经济上的投资与效益。

（2）机具如何能更适合人的操作和使用，以提高人的工作效率，减轻人的疲劳和劳动强度。机具结构及操作要符合人的生理、心理规律及人的需要，使人能方便、省力、安全地操作和使用，减轻人的脑力记忆及体能操作负担，减轻人的疲劳效应。

（3）人机系统的工作环境对操作者的影响，目标是使工作环境安全、舒适。不合适的操作环境会使工效降低，差错频繁发生，并极易产生疲劳。环境因素包括大气环境、照明、噪声、色彩等。

（4）人机之间的界面、信息传递以及控制器和显示器的设计。人机界面负责人机之间的信息传递，人通过控制器向机器输入控制信息，而机器通过显示器向人输出运行结果。良好的显示器和控制器设计将使操作者能够方便正确地操纵机器。

人机工程学对人机界面设计的作用可以概括为以下几个方面。

（1）为考虑“人的因素”提供人体尺度参数。应用人体测量学、人体力学、生理学、心理学等学科的研究方法，对人体结构和机能特征进行研究，提供人体各部分的尺寸、体重、体表面积、比重、重心，以及人体各部分在活动时的相互关系和可及范围等人体结构特征参数，提供人体各部分的发力范围、活动范围、动作速度、频率、重心变化以及动作时的惯性等动态参数，分析人的视觉、听觉、触觉、嗅觉以及肢体感觉器官的机能特征，分析人在劳动时的生理变化、能量消耗、疲劳程度以及对各种劳动负荷的适应能力，探讨人在工作中影响心理状态的因素，以及心理因素对工作效率的影响等。人体工程学的研究，为工业设计全面考虑“人的因素”提供了人体结构尺度、人体生理尺度和人的心理尺度等数据，这些数据可有效地运用到工业设计中去。

（2）为“机”的功能合理性提供科学依据。解决“机”与人相关的各种功能的最优化问题，创造出与人的生理和心理机能相协调的“界面”，如信息显示装置、操纵控制装置、工作台和控制室等部件的形状、大小、色彩及其布局等，都是以人体工程学提供的参数和要求为设计依据的。

（3）为考虑“环境因素”提供设计准则。通过研究人体对环境中各种物理因素的反应和适应能力，分析声、光、热、振动、尘埃和有毒气体等环境因素对人体的生理、心理以及工作效率的影响程序，确定人在生产和生活活动中所处的各种环境的舒适范围和安全限度，从而保证人体健康、安全、合适和高效的工作状态。

（4）为进行人-机-环境系统设计提供理论依据。人机工程的显著特点是，在认真研究人、机、环境三个要素本身特性的基础上，不单纯着眼于个别要素的优良与否，而是将使用“机”的人和所设计的“机”，以及“机”所共处的环境作为一个系统来研究。

习题

1. 认知科学是对人的大脑以及计算机系统完成的（　　）过程进行研究的领域。该领域研究人如何接收外部现象，如何在内部处理，如何采取智能行动。

A. 实践　　B. 智能　　C. 逻辑　　D. 自然

2.（　　）主要涉及人机系统对社会结构影响的研究，而（　　）则涉及人机系统中群体交互活动的研究。

A. 社会学，人类学　　B. 人类学，社会学

C. 逻辑学，心理学　　D. 逻辑学，社会学

3.（　　）基于认知科学，着重研究头脑活动，以对人类认知活动的研究成果为基础，设计系统以让人能更简单方便地进行认知为原则。

A. 工业工程学　　B. 认知工程学

C. 生命工程学　　D. 社会工程学

4.（　　）是对和人类活动的环境、使用的工具以及方法步骤等相关的系统进行设计的领域，着重研究身体活动，尤其是在可用性方面，为人机交互提供了必要的、经过实证的基础。

A. 工业工程学　　B. 认知工程学　　C. 生命工程学　　D. 社会工程学

5. 美学与创造最佳用户体验的三个先决条件之一的（　　）密切相关，它不仅研究美，还研究和艺术相关的各种形态的情感。

A. 理性　　B. 知性　　C. 逻辑　　D. 感性

6. 认知心理学研究人的高级心理过程，主要是（　　），如注意、知觉、表象、记忆、思维和语言等。

A. 学习过程　　B. 推理过程　　C. 认知过程　　D. 思维过程

7.（　　）是指如何通过五个感觉器官（视觉、听觉、味觉、嗅觉和触觉）从环境中获取信息，并将其转化为物体、事件、声音和味道的体验。

A. 感知　　B. 表象　　C. 记忆　　D. 逻辑

8. 感觉信号的（　　）是信息加工的第一步，指人们对世界现象的视、听、嗅、味、触觉等。

A. 挖掘　　B. 检测　　C. 输出　　D. 控制

9. 视觉是人与周围世界发生联系的最重要的感觉通道，外界（　　）的信息都是通过视觉获得的。

A. 20%　　B. 50%　　C. 80%　　D. 15%

10. 接近性原则是指（　　）。

A. 某些距离较短或互相接近的部分，容易组成整体

B. 人们容易将看起来相似的物体看成一个整体

C. 对线条的一种知觉倾向

D. 彼此相属的部分，容易组合成整体；反之，彼此不相属的部分，则容易被隔离开来

11. 相似性原则是指(　　)。

A. 某些距离较短或互相接近的部分,容易组成整体

B. 人们容易将看起来相似的物体看成一个整体

C. 对线条的一种知觉倾向

D. 彼此相属的部分,容易组合成整体;反之,彼此不相属的部分,则容易被隔离开来

12. 连续性原则是指(　　)。

A. 某些距离较短或互相接近的部分,容易组成整体

B. 人们容易将看起来相似的物体看成一个整体

C. 对线条的一种知觉倾向

D. 彼此相属的部分,容易组合成整体;反之,彼此不相属的部分,则容易被隔离开来

13. 完整和闭合性原则是指(　　)。

A. 某些距离较短或互相接近的部分,容易组成整体

B. 人们容易将看起来相似的物体看成一个整体

C. 对线条的一种知觉倾向

D. 彼此相属的部分,容易组合成整体;反之,彼此不相属的部分,则容易被隔离开来

14. 人类从外界获得的信息有近(　　)是通过耳朵得到的。

A. 20%　　B. 50%　　C. 80%　　D. 15%

15. (　　)是日常生活的中心,它涉及在某个时间点从可能的范围中选择要集中精力的事情,使我们能够关注与正在做的事情相关的信息。

A. 执行力　　B. 注意力　　C. 体力　　D. 重力

16. 人们不可能也没有必要记住所有看到的、听到的、尝到的、闻到的或触摸到的东西,这就需要一个(　　)过程,以决定需要进一步处理和记住哪些信息。

A. 过滤　　B. 综合　　C. 重复　　D. 完善

17. (　　)记忆是人的信息加工的第一个阶段。在这个阶段中,关于刺激的一定信息以与原来呈现的刺激几乎相同的形式短暂地记录在感觉记忆中。

A. 长时　　B. 综合　　C. 感觉　　D. 短时

18. (　　)记忆是一种特殊形式的记忆,其能力相当有限,保持的时间也较短。

A. 长时　　B. 综合　　C. 感觉　　D. 短时

19. (　　)记忆实际上是一个有关知识的永久性仓库,其信息容量几乎是无限的。

A. 长时　　B. 综合　　C. 感觉　　D. 短时

20. 学习与(　　)记忆密切相关,学习来的信息必须存储在其内,作为经验积累。

A. 长时　　B. 综合　　C. 感觉　　D. 短时

21. 疲劳是由于长时间地执行监控任务、连续的心理活动或执行十分困难的任务时,(　　)高度集中所引起的。

A. 能力　　B. 知识　　C. 精神　　D. 事务

22. 认知理论认为(　　)是学习者依赖自身的内部状态,对外界情境进行知觉、记忆、思维等一系列认知活动,从而导致认知结构发生变化的过程。

A. 思维　　B. 学习　　C. 工作　　D. 实践

23. (　　)是运用生理学、心理学和医学等有关科学知识研究人、机器、环境相互间的合理关系,以保证人们能安全、健康、舒适地工作,达到提高整个系统工效的边缘科学。

A. 认知心理学　　B. 医学工程学

C. 人机工程学　　D. 人类工程学

实验与思考:熟悉人机交互的学科知识

1. 实验目的

(1) 了解与人机交互技术相关的知识领域。

(2) 熟悉认知心理学的基本概念和主要内容。

(3) 熟悉认知理论,了解心智模型、执行和评估鸿沟、信息处理等关注心理过程的方法,了解分布式认知、外部认知和具身交互等使用交互技术的方法。

(4) 熟悉人机工程学的基本概念和主要内容。

2. 工具/准备工作

在开始本实验之前,请回顾课文的相关内容。

需要准备一台能够访问因特网的计算机。

3. 实验内容与步骤

(1) 查阅有关资料,根据你的理解和看法分析“认知心理学”的主要研究内容。

答: ________________

____

____

(2) 查阅有关资料,根据你的理解和看法给出“人机工程学”的定义。

答: ________________

____

____

(3) 请简单叙述“格式塔”心理学的主要原则。

① 接近性原则: ________________

② 相似性原则: ________________

③ 连续性原则: ________________

④ 完整和闭合性原则: ________________

____

⑤ 对称性原则：______

______

(4) 通过阅读和查阅资料，简单解释以下概念。

感觉记忆：______

______

______

短时记忆：______

______

______

长时记忆：______

______

______

(5) 请简单叙述："疲劳"主要反映在哪五个方面？

① ______

② ______

③ ______

④ ______

⑤ ______

(6) 尝试记住你所有家庭成员和你最亲密朋友的生日，看看能记住多少。然后尝试描述最新下载的应用程序的图像或图形画面。

答：______

______

______

______

______

(7) 请分析：通常银行是如何在克服安全系统问题的同时，为想要使用在线和手机银行的用户减少记忆负担的。

答：______

______

______

(8) 以下两个场景能够说明人们在日常生活中是如何使用心智模型的。

① 你在一个寒冷的冬夜从度假地回到家中，家里很冷，你需要尽快让房子暖和起来。你的房子使用的是中央供暖系统，但没有可以远程控制的智能恒温器。你是将恒温器设置为最高温度，还是将其调至所需温度(例如 21℃)？

答：______

______

______

② 凌晨回到家中，你感到很饿。你看了看冰箱，只找到剩下的一个冷冻永康麦饼。

包装上的说明显示,要将烤箱加热至190℃,然后将麦饼放在烤箱中烤20min。你的烤箱是电动的。你会如何加热它?是将其调到指定的温度还是最高温度?

答:

4. 实验总结

5. 实验评价(教师)

第3章　人机交互界面

导读案例：芯片植入猪脑，实时读取信息

人们熟知科技大亨埃隆·马斯克(图 3-1)，主要是因为他拥有几家知名公司，例如SpaceX和特斯拉，这两家公司分别参与了航天飞行和电动汽车的发展。马斯克以发表大胆、超前的技术宣言而著称，但从SpaceX和特斯拉的经验来看，其最终完成目标的时间远比计划设想的要长得多。不过，任何宏伟计划的实现都起源于最初的设想，关键是看你敢不敢想。2016年，科技怪侠马斯克还创建了另一家研发脑机对接技术的Neuralink公司。

1. Neuralink 设备植入猪脑

2020年8月28日，马斯克通过在线直播展示了几头小猪，其中一头是在两个月前大脑被植入脑机接口设备的小猪格特鲁德(图 3-2)。它状态良好，受到全球科技界的关注。马斯克称，"大约一枚硬币大小"的Neuralink设备(图 3-3)能够读取大脑活动，不会对大脑造成任何持久损害。该设备的电池续航时间为一整天，可以直接连接到相关的智能手机上。

图 3-1　埃隆·马斯克

图 3-2　小猪格特鲁德

2019年展示的设备置于生物的左侧耳后，而新一代的Neuralink设备是完全无线的，使用感应充电，被置于头脑顶部的位置(图 3-4)。

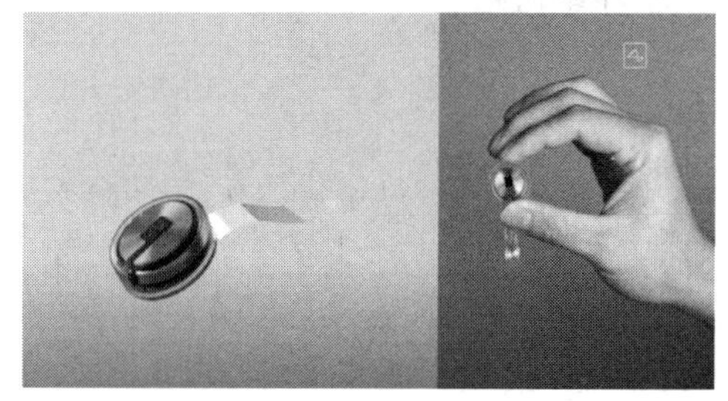

图 3-3　Neuralink 设备

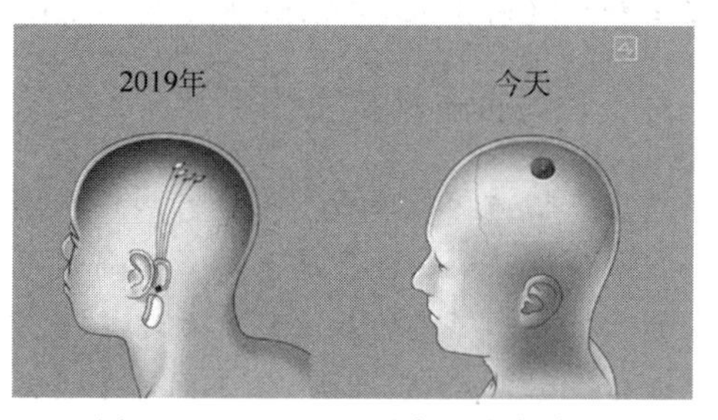

图 3-4　Neuralink 设备的安装位置

2. 新一代 Neuralink 机器人

Neuralink 机器人(图 3-5)是一个“神经外科手术机器人”,负责植入 Neuralink 设备,据说它每分钟可以将 192 个电极插入大脑。马斯克表示,植入过程可以在 1 个小时内完成,不需要全身麻醉。

图 3-5　Neuralink 机器人

直播现场展示了小猪格特鲁德的脑部活动信号可以被实时读取。当猪的鼻子触碰到物体时,实时无线传输的图像上出现了噪音(图 3-6)。

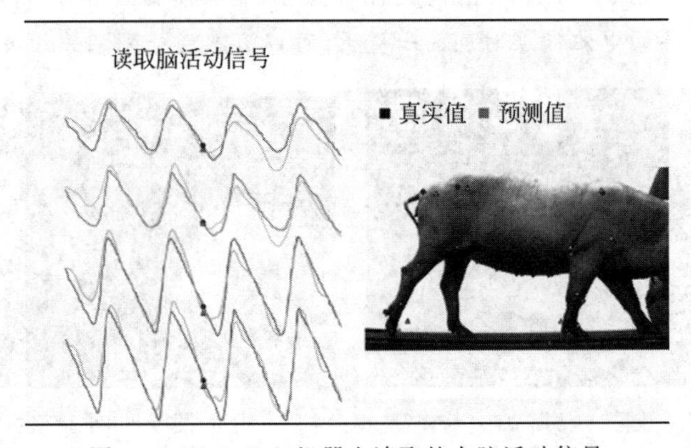

图 3-6　Neuralink 机器人读取的大脑活动信号

马斯克声称,Neuralink 的最终潜力几乎是无限的。例如,可以用心灵感应召唤一辆自动驾驶中的特斯拉,可以解决失明、瘫痪、听力障碍等问题。

3. 人脑与机器对接技术

这次直播活动意味着人类在利用植入设备治疗记忆力衰退、颈脊髓损伤、中风和成瘾等疾病方面又迈进了一步。患有神经疾病的人,未来有可能通过脑机连接技术来控制智能手机或计算机。马斯克的长远目标是迎接“超人认知”时代的到来,他认为人类需要与人工智能结合为一体,以避免未来 AI 变得过于强大,以致摧毁人类这一最糟情况的出现。

2019 年 7 月 17 日,Neuralink 首次对外宣布一款脑机接口系统,其原理是用长得像缝纫机一样的机器人向大脑中植入超细柔性电极来监测神经元活动。系统包含一个微型探头，上面的3000多个电极与比头发丝还细的柔性细丝相连。Neuralink定制了一款微小芯片，可以通过有线连接方式传输数据。据Neuralink称，该装置一次可以监测1000多个神经元的活动。在计算机视觉软件的帮助下，手术机器人可以避免撞击血管，减少大脑损伤和疤痕组织的形成。

Neuralink曾对一只猴子进行过脑机对接试验，试验表明猴子可以通过大脑来控制电脑。Neuralink寻求美国食品药品监督管理局批准的人类临床试验，其目标是将电极植入因脊髓上部损伤而完全瘫痪的患者的头骨上，通过脑机接口将大脑信号传递给植入在耳后的一个小装置，再将数据传输到计算机，使患者能够用意念来控制智能手机和计算机。

4. 任重而道远

脑机接口技术被称作人脑与外界沟通交流的“信息高速公路”，它为未来恢复感觉和运动功能以及治疗神经疾病提供了希望。此外，它还能让人类大脑“升级”，也会使人类在面临未来AI威胁时更具竞争力。Neuralink拥有一个由科学家、工程师以及临床医生组成的团队。

美国匹兹堡大学物理医学与康复学助理教授科林格形容，马斯克试图做的是在医疗技术这一困境领域中开展真正的“颠覆性创新”。宾夕法尼亚大学的本杰明表示，该技术真正的难点可能取决于人脑的复杂性，关键是如何对脑机对接后所记录下来的信息进行解码。

阅读上文，请思考、分析并简单记录：

（1）“将芯片植入猪脑，实时读取信息”的Neuralink设备由哪几部分组成？各自的功能是什么？

答：____

（2）有人把马斯克形容为科技怪侠。马斯克身上有什么值得你羡慕或学习的吗？

□ 富裕的长辈　　□ 创新的头脑　　□ 赚钱的本事　　□ 超高的情商

分析：____

（3）“大脑植入芯片技术”的前景如何？会有哪些主要应用？

答：____

(4) 请简单记述你所知道的上一周内发生的国际、国内或者身边的大事。

答：____

____

____

____

____

3.1 界面的分类

计算机系统的人机交互功能主要依靠输入输出设备和相应的软件来完成，可供人机交互使用的设备主要有键盘、显示器、鼠标和各种模式识别设备等。模式识别，如语音识别、汉字识别等输入设备的发展，使操作者和计算机在类自然语言层级上进行交互成为可能。此外，通过图形进行的智能化人机交互也吸引着人们进行研究。

虽然通用的 QWERTY 键盘布局目前仍是主要的文本输入设备，但新的键盘策略已经出现，从而满足移动设备用户的需要；指点设备，特别是鼠标和触摸屏，使用户脱离键盘来完成任务；未来的计算可能包含更多的手势输入、三维指点、语音输入输出设备、可穿戴设备、多模式设备等，也许人的全身都会参与到某些输入输出任务之中。

一些研究者为植入设备提出了更加奇异的想法。创新的输入设备、传感器和效应器，还有把计算机集成到物理环境当中，都向各种应用敞开了大门。持续改进的语音识别器已经加入了较平凡但使用广泛的语音存储转发技术，更加强调基于电话的应用系统和非语音听觉界面。

智能手机应用产业无处不在，而网络的服务、内容、资源和信息也在不断涌现。一个主要问题是如何设计，以使人们能在不同设备和浏览器之间实现互操作，这些设备包括具有不同组成因素、尺寸和形状的智能手表、智能手机、笔记本电脑、智能电视以及计算机屏幕等。

技术的飞速发展鼓励人们从多角度对交互设计和用户体验进行思考。例如，输入可以通过鼠标、触摸板、笔、遥控器、操纵杆、RFID 阅读器、手势、多模式，甚至人脑-计算机交互进行。输出形式同样是多样化的，如图形界面、语音、混合现实、增强现实、触觉界面、可穿戴计算设备等。

3.2 实用性界面

所谓实用性界面，包括命令行界面、图形用户界面、移动设备、触觉设备、可穿戴计算和智能界面等。

3.2.1 命令行界面

早期的界面要求用户在计算机显示的提示符处输入缩写命令（如 ls），系统会对其做出响应(如列出当前文件)。另一种输入命令的方式是按组合键(如 Shift+Alt+Ctrl),有些命令基于键盘的固定按键,如删除、输入和撤销,而其他功能键可依据用户的特定命令来设置(如按 F11 键控制打印)。

如今,命令行界面在很大程度上已经被图形界面取代,后者将菜单、图标、键盘快捷键和弹出/可预测文本命令等命令合并为应用程序的一部分。但命令行界面仍然有优点,一些系统管理员、程序员和高级用户认为命令语言更高效、更快捷。例如,使用一个命令一次性删除 10 000 个文件,比滚动浏览该数量的文件并选中再删除要容易得多。

3.2.2 图形用户界面

XeroxStar(施乐之星)界面推动了图形用户界面(GUI)的诞生。最初的 GUI 叫作 WIMP(即窗口、图标、菜单、鼠标指针),第一代 WIMP 界面主要采用盒状设计。用户交互发生在窗口、滚动条、复选框、面板、调色板和以各种形式出现在屏幕的对话框中。如今,GUI 已适用于移动设备和触屏设备,大多数用户的默认动作是在浏览和交互时使用单手指滑动和触摸,而不是使用鼠标和键盘。

WIMP 的基本构建单元仍然是现在 GUI 的一部分,并作为界面显示的一部分,且已经演变成多种不同的形式和类型,如音频图标和音频菜单、3D 动画图标,以及可以放入智能手表屏幕的基于微小图标的菜单。此外,窗口也大大扩展了使用方式和用途,如各种对话框、交互式菜单和反馈/错误消息框已经变得普遍。

窗口的发明克服了计算机显示器的物理限制,使用户能够在统一屏幕上观看更多的信息,并执行任务。用户可以随时打开多个窗口,如网页、文档、照片和幻灯片,在需要查看或处理不同的文档、文件和应用程序时切换。在一个应用程序下也可以打开多个窗口,如 Web 浏览器。

窗口中垂直或水平放置的滚动条使用户可以查看超过一个屏幕范围内的更多信息,使文档向上、向下或向侧面移动,并可以通过触摸板、鼠标或方向键控制滚动条的移动。可触摸的屏幕让用户可以简单地通过滑动来达到滚动条的效果。

图形界面中最常用的特定窗口是对话框,基本上所有的对话、信息、错误、清单和表单都通过它们来呈现。对话框中的信息通常被设计用于指导用户交互,用户遵循对话框所提供的一系列选项来操作。

3.2.3 移动设备

移动设备已经普及,人们越来越多地在日常生活和工作的各个方面使用它们——如手机、手环或手表。此外,人们会在不同环境中使用定制的移动设备,如在餐馆里点餐,在超市中检查库存以及用于多人游戏的移动设备等。许多航空公司为乘务员提供平板电脑,以便他们可以在空中和机场使用定制的航班应用程序。

智能手机和智能手表中嵌入了各种传感器,如用于检测运动速度的加速度计、用于测量温度的温度计,以及用于测量人体皮肤上汗液水平变化的皮肤电反应计,也有些应用程序可能只是为了好玩。如早期由魔术师史蒂夫·喜来登开发的一个有趣的应用程序 iBeer(图 3-7),其成功的部分原因在于巧妙地使用了手机内部的加速度计。它检测 iPhone 手机的倾斜度,模拟正在不断减少的一杯啤酒,其中的啤酒颜色及泡沫还有声音效果,给人一种啤酒在玻璃杯中晃动的错觉。如果手机足够倾斜,啤酒会被喝完,然后发出打嗝声。

图 3-7 智能手机应用程序 iBeer

智能手机还可以用于通过扫描条形码来下载语境信息。消费者可以在逛超市时使用手机扫描条形码,下载产品信息。另一种提供快速访问信息的方法是使用存储 URL 的二维码,手机扫描二维码后,会将用户带到特定的网站。

移动界面通常使用小屏幕和有限的控制空间。设计人员必须仔细考虑包含什么类型的专用硬件控件,将它们放在什么位置,以及如何将它们映射到软件上。为移动界面设计的应用程序需要考虑内容导航能力,因为使用移动显示器时呈现的内容是有限的。人们还开发了许多移动浏览器,允许用户以更简化的方式浏览互联网、杂志或其他媒体。

3.2.4 触觉设备

触觉界面通过使用嵌入用户衣服或佩戴设备的振动器向人体提供振动反馈。游戏机也采用振动来提供丰富的体验。例如,驾驶模拟器的汽车方向盘可以通过各种方式的振动提供在道路上行驶的感觉。当驾驶员转弯时,用户可以感受到方向盘旋转的阻力——就像真正的方向盘一样。触觉振动反馈也可用于模拟远程人员沟通时的触觉传递。嵌入衣服中的振动器可以通过在身体的不同部位产生不同的力来重现拥抱或挤压的感觉。

另一种形式的反馈称为超触觉(图 3-8),即在空中创造出触觉的幻觉。它通过使用超声波来制造用户可以感觉但看不到的三维形状和纹理。这种技术可使用户感受到出现在空中的按钮和滑块的错觉。在汽车行业,超触觉的一个潜在用途是替代现有的物理按

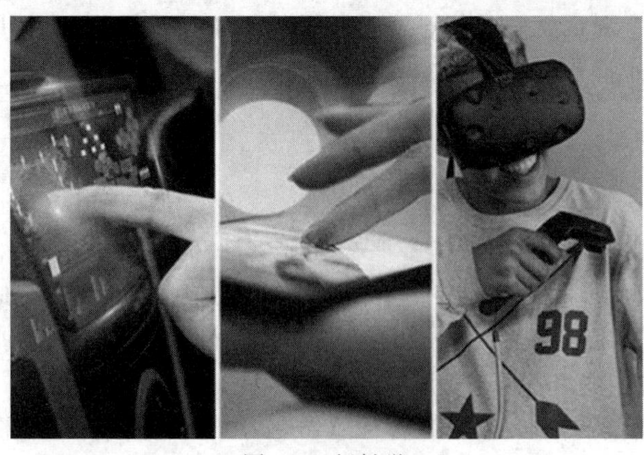

图 3-8 超触觉

钮、旋钮和触摸屏。通过设计,超触觉按钮和旋钮可以在需要的时候出现在驾驶员旁边,如系统检测到驾驶员想要调低音量或切换无线电台时。触觉反馈也被嵌入衣服,有时这被称为外骨骼。

不同种类的振动会传递不同类型的触觉体验。触觉反馈的关键设计问题是如何找到振动器在身体中的最佳放置位置,应使用单点振动还是多点振动,什么时候振动,以及什么样的振动强度和频率可以使振动更具有说服力。

3.2.5 可穿戴计算

可穿戴计算泛指可以穿戴在身体上的设备,包括智能手表、健身追踪器、时尚科技穿戴和智能眼镜。新的柔性显示技术、电子纺织品等让人们想象中的可穿戴物品变成了现实。珠宝、帽子、眼镜、鞋子和夹克都是实验的主题,旨在为用户提供在现实世界中移动时与数字信息交互的方法。早期的可穿戴设备专注于便利性,人们无须取出和控制手持设备即可执行任务(如选择音乐)。如带有集成音乐播放器控件的滑雪夹克,穿戴者只需用手套触摸手臂上的按钮,即可更换音乐曲目。还有一些应用主要关注如何结合纺织品、电子产品和触觉技术,来创造新的通信形式。例如,有研究者开发了一款内嵌传感器的运动服,用来捕捉穿戴者的动作和与他人的互动,然后通过覆盖在裙子外部的电致发光刺绣来展示。它会根据穿戴者的运动量和速度改变模式,向别人展示穿戴者的心情,并在其周围创造一个神奇的光环。

外骨骼服装(图 3-9)也是一个将时尚与技术相结合的例子。它结合了触觉与可穿戴设备,可以帮助走路困难的人行走或帮助人们锻炼。在建筑行业,外骨骼服装帮助工人提供额外的动力——这使他们有点像超人——其金属框架上安装了机械肌肉,能增加穿着者的力量。重的物体因此感觉更轻,使人免受一定的身体伤害。

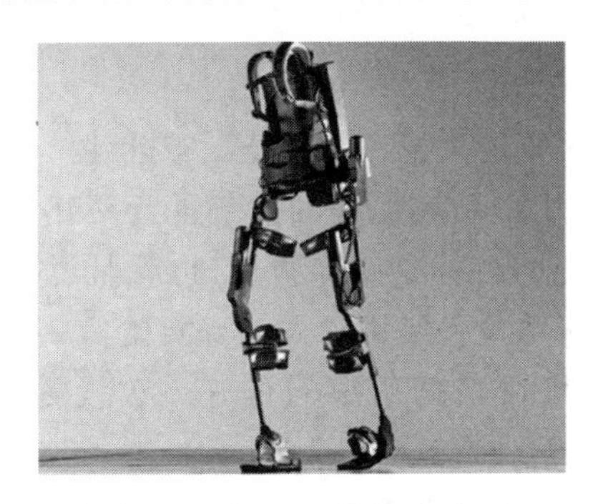

(a) 外骨骼服装

(b) 人类穿戴外骨骼服装

图 3-9 带有触觉反馈的外骨骼服装

2014 年开始发售的谷歌眼镜(图 3-10)是一种可穿戴设备,它具有各种时尚的风格。谷歌眼镜外表看起来像一副眼镜,但其中一个镜片是带有嵌入式摄像头的交互式显示器,可以通过语音输入进行控制。佩戴者可以通过它在移动中拍摄照片和视频,并查看如电子邮件、文本和地图等数字内容。佩戴者还可以使用语音命令完成网络搜索,其结果将出现在屏幕上。除了日常功能之外,它还有很多额外的功能。

然而,很多人认为当和戴着谷歌眼镜的人在一起时,佩戴者会抬眼看向右边的屏幕,而不是看着他们的眼睛,这让他们感到不安。还有人担心戴着谷歌眼镜的人正在记录他们面前发生的一切。作为回应,美国的一些酒吧和餐馆甚至实施了"禁止使用谷歌眼镜"的政策。第一代谷歌眼镜在几年后就下市了。

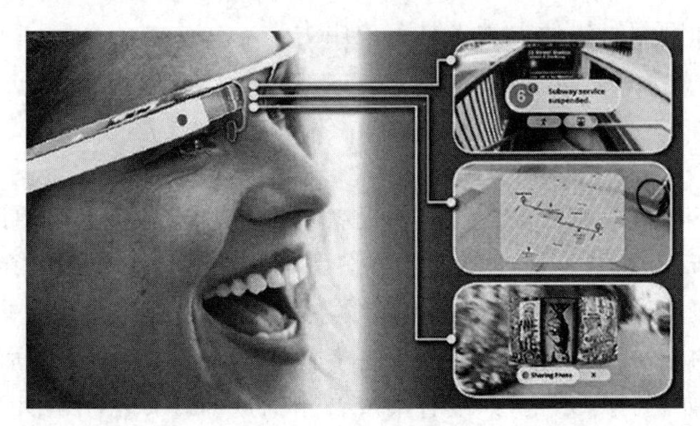

图 3-10　谷歌眼镜

可穿戴设备的一个核心设计问题是舒适性。嵌入了技术的衣服同样需要让用户保持舒适。嵌入设备需要轻便、小巧、时尚,而且(除了显示器外)最好藏在衣服里。另一个问题是卫生。穿过的衣服可以清洗吗?拆下和更换电子装置会很麻烦吗?电池应该放在哪儿?其寿命有多长?一个关键的可用性问题是用户如何控制这些可穿戴设备,是通过触摸、语音还是更传统的按钮和刻度盘。可穿戴设备可以和更多的技术组合,包括 LED、传感器、振动器、实体交互和 AR。

3.2.6　智能界面

许多新技术的动机是让设备更加智能,无论是智能手机、智能手表、智能建筑、智能家居,还是智能家电。更宽泛地说,智能设备可以与用户和其他联网设备进行交互,其中许多是自动化的,不需要用户与它们直接交互。智能的目标是感知情境,也就是说,根据周围的情境做出适当的操作。为了实现这一目标,一些设备使用了人工智能技术,这样它们就可以学习环境和用户的行为。这种智能技术可以根据用户的偏好更改设置或控制开关。

智能建筑变得更加节能、高效、低成本。建筑师使用最先进的传感器技术来控制建筑系统,如控制通风、照明、安全和供暖功能。虽然智能建筑和智能家居改善了管理方式,但它们也会让用户感到沮丧,因为用户有时希望窗户能够打开,新鲜空气和阳光能进来。但是把人排除在自动化系统之外意味着人不再能决定这些操作。相比简单地引入自动化,并将人类排除出自动化系统,另一种方法是在考虑居民需要的同时引入智能技术。例如,该领域的一个新方法称为"人-建筑交互"(HBI),它关注的是理解与塑造人们在建筑环境中的体验。在解决人与"智能"环境交互问题的过程中,它关注的是人的价值、需求和优先级。

3.3 输入输出界面

目前，输入文本数据的主要方式仍然是键盘。指点设备已经历了数百次改进，以适应不同用户，并做出进一步的性能改进。更不寻常的设备，包括眼球跟踪器、数据手套和触觉或力反馈装置已经应用于特定的应用，如远程医疗。

3.3.1 键盘

很多移动设备，如苹果的 iPhone，已经完全放弃了机械键盘，而依赖在触摸屏上的指点、绘图和手势进行所有交互(图 3-11)。如果屏幕大到足以显示一个键盘，用户就能轻敲虚拟键盘。在对 7cm 和 25cm 宽的触摸屏键盘的使用中，用户经过培训后每分钟能输入 20～30 个英文单词，在输入的文本长度有限时，这个速度是可接受的。

另一种方法是在触敏表面上手写输入，通常使用输入笔，但字符识别仍容易出错。使用上下文线索、为击打速度加上方向能够提高识别率，而成功的手势数据输入方法的识别效果也相当好，且大多数用户很快就能学会编码，但培训对于新用户和间歇用户可能是个障碍。另一个有前途的方法是允许使用与轻击模式匹配的形状，用键盘上的速记手势来替代触摸屏键盘上的轻击。长期的研究确认了使用这种技术实现良好的文本输入性能的可能性。对于汉语，手写体识别技术戏剧性地增加了用户的潜能。

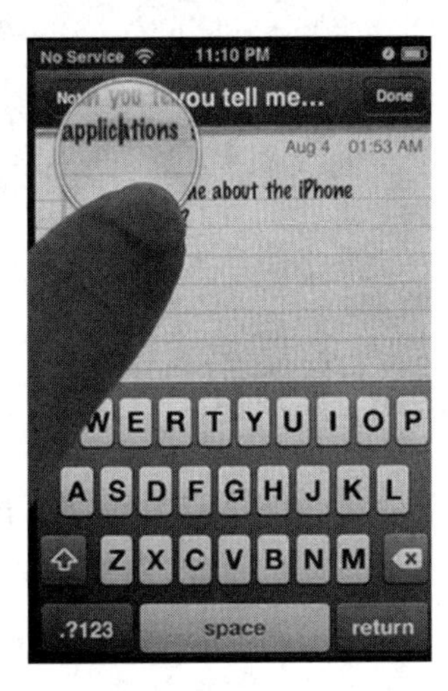

图 3-11 苹果 iPhone 的虚拟键盘

3.3.2 指点设备

对于复杂的信息显示，诸如计算机辅助设计工具、绘图工具或空中交通管制系统中的信息显示，指点和选择项通常是方便的。这种直接操纵方法之所以有吸引力，是因为用户能够避免学习命令，减少在键盘上的打字出错率，把注意力集中在显示效果上。其结果是执行得更快、错误更少、学习更容易和满意度更高。指点设备对小设备和大的墙面显示设备也是重要的，因为这些设备使得键盘交互不太实用。

多种多样的任务、各种各样的设备和使用它们的策略创造了丰富的设计空间。物理设备的属性(旋转或线性移动)，移动的维数和定位(相对的或绝对的)是给设备分类的有用方式。

指点设备可以分为提供屏幕表面直接控制(如光笔、触摸屏或输入笔)和提供脱离屏幕表面的间接控制(如鼠标、轨迹球、操纵杆、指点杆、图形输入板、触摸板或数字纸)两类。用于专门用途的非标准设备和策略包括多点触控板和显示器、双手输入、眼球跟踪器、传感器、3D跟踪器、数据手套、触觉反馈、脚踏控制和有形用户界面等。指点设备的成功标准是速度和精确性、任务的功效、学习时间、成本和可靠性、大小和质量。

眼球跟踪器是一种凝视检测控制器,使用瞳孔位置摄像机进行图像识别(图3-12)。200～600ms的定影时间用于做出选择。遗憾的是,每次凝视都有激活非有意命令的可能性。因此,需要把眼动跟踪与手动输入相结合,以处理此问题。目前,眼动跟踪主要仍是研究和评估工具,是一种运动残疾用户的可能辅助工具。

图3-12 眼动跟踪器

3.3.3 显示器

显示器是从计算机到用户的主要反馈源,它具有很多重要特征,包括:

(1) 物理尺寸(通常是对角线尺寸和深度)。

(2) 分辨率(可用像素数)。

(3) 可用颜色数和颜色的正确性。

(4) 亮度、对比度和眩光。

(5) 能耗。

(6) 刷新率(足以允许动画和视频)。

(7) 价格。

(8) 可靠性。

采用的显示器尺寸是设计中需要的特殊策略。在数码相机的小液晶显示屏上的即时查看功能以及带触摸屏的移动电话,都已经是成功的应用案例,而墙面大小的高分辨率显示器也在创造着新的机会。如今,除了改进单个输入输出设备,多模态界面也做了一些工作,这种界面把若干个输入输出方式结合起来。研究人员最初相信,同时使用多种方式可以改进性能,但这些方法的应用系统数量还很有限。也存在着同步多模态界面的成功例子,如把语音命令与对于对象应用动作的指点结合起来。然而,更大的回报似乎是给予用户按需在方式之间切换的能力。例如,允许司机通过触摸动作或语音输入来操作导航系统。多模态界面的开发将使残疾用户受益,他们可能需要视频字幕、音频转录或图像描述。多模态界面的进步将有助于实现普遍可用性的目标。

另一个活跃的研究方向是情境感知计算。移动设备能够使用来自全球定位系统的卫星、手机、无线连接或其他传感器的位置信息。这类信息允许用户接收附近的饭店或加油站的信息，使博物馆参观者或游客能够访问关于他们周围环境的详细信息。

按使用特征也能区分显示设备。可移动性、私密性、显著性（需要吸引注意力）、普适性（能够放置和使用显示器的可能性）和同时性（同时使用的用户数）能够用于描述显示器。

较简单的数字白板系统（白板显示器）允许协作者共享信息、进行头脑风暴和做出决策（图 3-13）。和台式机一样，白板使用用户的手指作为指点设备，还有彩色笔和数字橡皮擦，并增加了注释记录和软键盘。

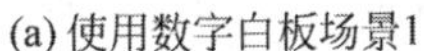
(a) 使用数字白板场景1

(b) 使用数字白板场景2

图 3-13　数字白板的使用

个人显示技术包括小的便携式监视器，通常用黑白或彩色 LCD 制作。例如，抬头显示器把信息投射到部分镀银的飞机或汽车的挡风玻璃上，以便飞行员或驾驶员在接受计算机产生的信息的同时能够把注意力集中于周围。

另一选择是虚拟现实或增强现实应用系统中使用的头盔或头戴式显示器（图 3-14），这种显示器让用户甚至在转头时也能看到信息。实际上，如果该显示器配备了跟踪传感器，就能为用户提供不同级别的视野、音频性能和分辨率。可穿戴计算机的早期例子关注于小的便携式设备，人们能够在移动或完成其他任务时使用这种设备，诸如喷气发动机修理或库存控制，但当前的技术仍要求硬件在背包里或用户待在基础计算机附近。

图 3-14　头戴式显示器

产生 3D 显示器的尝试包括振动表面、全息图、偏振眼镜、红/蓝眼镜和同步的快门眼镜，给予用户强烈的 3D 立体视觉感。

3.3.4　笔设备

纸也能用作输入设备。基于笔的设备能够在纸面上书写，绘制、选择、移动对象，支持手绘草图（图 3-15），这充分利用了人们已经养成的良好的绘画和书写技能。早期的应用证明了用摄像机捕获蓝图或实验记录册等大文档上注解的好处。

图 3-15　写在纸面上的墨水笔画,其数据被无线传输给计算机

数字墨水(如 Anoto,图 3-16)使用普通墨水笔和数码相机相组合,可以记录在特殊纸张上书写的所有内容。这种笔将一个小照相机装在笔尖上,记录写在特殊纸上的笔画,通过识别打印在纸张上的特殊非重复圆点图案来工作。图案的非重复性意味着笔能够确定正在写入哪个页面,以及笔指向的是页面上的哪个位置。使用数字笔在数字纸上书写时,笔中的红外光会照亮圆点图案,然后由微型传感器拾取。当笔在纸上移动时,笔会对点图案进行解码,并将数据临时存储在笔中。可以通过蓝牙或USB端口将存储在数字笔中的数据传输到计算机,因此手写笔记也可以转换并保存为标准字体文本。

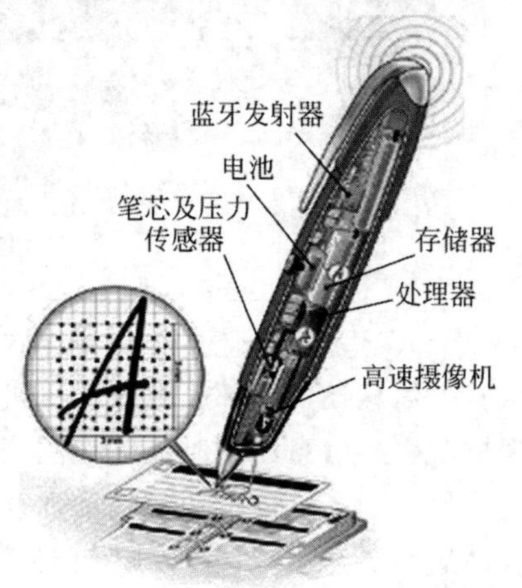

图 3-16　Anoto 笔及其内部组件示意图

数字笔的另一个优点是允许用户通过与使用纸质材料相同的方式快速并轻松地注释现有文档(如电子表格、演示文稿和图表)。这对于成员处在不同地点的团队来说非常有用。但是在小屏幕上使用基于笔的交互的一个问题是,有时在屏幕上阅读选项可能是困难的,因为书写时用户的手可能会遮挡其中一部分内容。

数字墨水和电子墨水(e-ink)不一样。电子墨水是一种用于电子阅读器(如 Kindle)的显示技术,旨在模仿纸上普通墨水的外观。这种显示器的反射效果就像普通的纸一样。

3.3.5　触摸屏

单点触摸屏已经有了很多应用,多用于自助服务终端(如售票机、博物馆导游),ATM 和排号机器。它们通过检测人在显示器上触摸的存在和位置来工作,人们通过单击屏幕选择选项。此外,多点触摸屏支持一系列更动态的指尖动作,如滑动、轻击、捏合、推动和敲击,通过栅格系统在多个位置定位触摸来实现这些功能(图 3-17)。这种多点触控方法使智能手机和桌面等设备能够同时识别和响应多个触摸，使用户可以使用多个手指执行各种操作，如放大和缩小地图、移动照片、在写作时从虚拟键盘中选择字母以及滚动列表。也可以使用两只手在桌面上拉伸和移动物体。

图 3-17　触摸屏及其应用

手指手势所带来的交互灵活性产生了许多数字内容的体验方式，包括阅读、浏览、缩放和搜索平板电脑上的交互式内容，以及创建新的数字内容。

触摸屏与 GUI 不同，其关键设计问题是如何最好地使用不同类型的交互技术来支持不同场景下的活动。在多点触控界面上使用双手操作能够放大、缩小或旋转数字对象。长按并保持手指始终按在屏幕上能够执行拖动对象操作或调出菜单。一个或多个手指也可以与长按动作一起使用，以提供更广泛使用的手势操作。

3.4　功能性界面

功能性界面包括多媒体界面、基于手势系统、语音界面、虚拟现实、增强现实、机器人和无人机、多模式界面和脑机交互等方面。

3.4.1　多媒体界面

顾名思义，多媒体是在单个界面中组合不同的媒体，如图形、文本、视频、声音和动画，并将它们与各种形式的交互相连接。用户可以单击图像或文本中的链接，从而触发动画或视频等其他媒体。人们假设，与单个媒体相比，媒体和交互性的组合可以提供更好的呈现信息的方式，比如文字与视频结合会产生一加一大于二的效果。多媒体的附加价值在于它更容易学习和理解，更吸引人并令人愉快。

多媒体的一个显著特征是其快速访问多个信息的能力。一些多媒体百科全书和数字图书馆基于这种多样性原则设计，为给定主题提供各种音频和视频材料。例如，如果想了解心脏，一个典型的多媒体百科全书将为你提供以下信息。

(1) 一个或多个真正的活的心脏泵送或心脏移植手术的视频剪辑。

(2) 心脏跳动的录音,也许还有一位著名的医生谈论心脏病的病因的录音。

(3) 循环系统的静态图和动画,有时还带有叙述。

(4) 几列超文本,描述心脏的结构和功能。

交互式模拟已经成为多媒体学习环境的一部分。一个早期的例子是向学生演示心脏复苏术,要求学生从计算机屏幕显示项中选择正确的选项,并以正确的顺序设置程序来救治病人。此外,还有其他类型的多媒体叙事和游戏,通过热点或其他类型的链接来引起学生的注意,并鼓励他们在显示屏上操作来实现探索学习。多媒体在很大程度上是为培训、教育和娱乐目的开发的。

3.4.2 基于手势系统

手势涉及移动手臂和手进行交流(如挥手告别或在课堂上举手发言),或向别人传递信息(如两手张开以表示某物的大小)。通过使用相机跟踪手势,然后使用机器学习算法进行分析,人们对使用技术来捕获和识别用户的手势进行了很多尝试。

大卫·罗斯创作了一个视频,描绘在各种场景中使用手势的一些灵感来源,包括由板球裁判员、音乐会中为聋人准备的手势示意者、说唱歌手、查理·卓别林、哑剧艺术家和意大利人制作的手势。他的团队开发了一个手势系统来识别一小部分手势,他们发现手势需要由"名词、动词和对象及对其的操作"这种特定的顺序组成才能被理解。例如,为了表达"扬声器,开启",要使用一只手的手势来指定名词,用另一只手的手势指定动词。因此,如果要改变音量,用户需要用左手指向扬声器,同时抬起右手,以指示音量调高。

手势交互的一个应用领域是手术室(图 3-18)。外科医生需要在手术期间保持双手无菌,但也需要能够在手术期间观看 X 射线和扫描结果。然而,清洗手部和戴手套后,他们需要避免用手指接触任何键盘、手机和其他可能有菌的表面。为此开发了一种基于手势的系统,使用微软的 Kinect 技术可以识别外科医生通过手势进行的交互和操作,其手势包括用于向前或向后移动图像的单手手势,以及用于缩放和平移的双手手势。

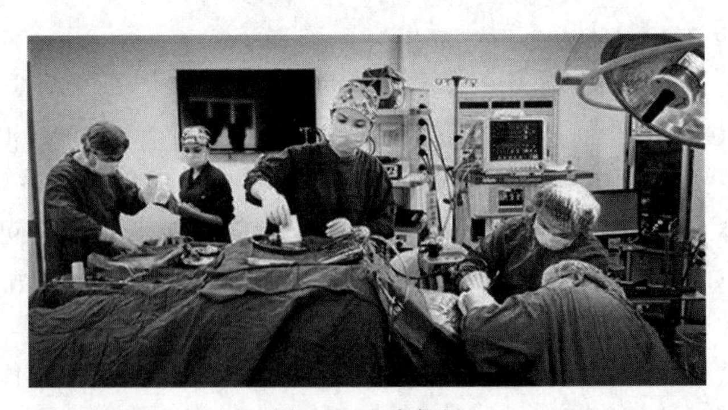

图 3-18　手术室

使用手势输入的关键设计问题是计算机系统如何识别和描述用户的手势。特别地,如何确定手或手臂运动的起点和终点，以及如何区分有意的手势（经思考的指向动作）和无意挥手之间的差别。

3.4.3 语音界面

语音用户界面（VUI）涉及与口语应用程序交谈，如搜索引擎、火车时刻表、旅行规划器或电话服务。它通常用于查询特定信息（如航班时间或天气）或向机器发出命令（如要求智能电视选择某一部动作电影或要求智能扬声器播放欢快的音乐）。因此，VUI是命令或对话类型的交互，其中用户通过听和说而不是单击或触摸与界面交互。有时，系统会主动提问，而用户只需要做出回答，如询问用户是否想要停止观看电影或收听最新的突发新闻。

语音系统现在变得更加复杂，并且具有更高的识别准确度。机器学习算法不断提高其识别说话内容的能力。对于语音输出，一些演员通常会为答案、信息或提示配音，这些通常比早期系统中使用的人工合成语音更友好、更有说服力且更令人愉快。

有许多基于语音的手机应用程序，使人们可以在移动的时候使用它们。例如，用户可以使用谷歌语音助手或苹果的Siri向手机说出自己想要查询的内容，而不必手动输入文字。移动翻译软件让人们在说话的同时利用手机上的应用程序（如谷歌翻译）进行翻译，这样人们可以与使用不同语言的人实时交流。人们对着手机说自己的语言，而另一个人将会听到软件翻译后的语言。从某种意义上说，这意味着世界各地的人可以彼此交谈，而不必学习母语以外的其他语言。

3.4.4 虚拟现实

虚拟现实（Virtual Reality，VR）（图3-19）也称灵境技术或人工环境，自20世纪70年代左右开始出现，是利用电脑模拟产生一个三度空间的虚拟世界，提供给使用者关于视觉、听觉、触觉等感官的模拟，让使用者如同身历其境一般，可以及时、没有限制地观察三度空间内的事物。使用者进行位置移动时，电脑立即进行复杂的运算，将精确的3D影像传回，产生临场感。

图3-19 虚拟现实

3D图形可以投影到CAVE(“洞穴”自动虚拟环境)地板和墙壁表面、桌面、3D电视、头盔或共享显示器(如IMAX屏幕)上。VR的主要吸引力之一,是可以为新的身临其境的体验提供机会,使用户能够与对象交互,并在3D空间中导航,这在物理世界或2D界面中是不可能的。用户除了被360°虚拟世界环绕,还能感受到声音和触觉反馈,由此产生的体验是高度沉浸的,让人感觉是真的在飞行。这里的存在意味着“意识状态,在虚拟环境中的(心理)感觉”,其中某人的行动方式与其在等效的真实事件中的行动方式类似。

早期的VR是使用头戴式显示器开发的,现在有了很多舒适、便宜、更加精准的VR头戴设备。开发人员创建更多具有吸引力的游戏、电影和虚拟环境,开发了支持许多技能的学习和培训的VR,设计了一系列应用程序,旨在帮助人们学习驾驶车辆或飞机,或执行精细的外科手术。

3.4.5 增强现实

随着2016年游戏《精灵宝可梦Go》的问世,增强现实(Augmented Reality,AR)一举成名。AR是通过计算机系统提供的信息增加用户对现实世界感知的技术,将虚拟的信息应用到真实世界,并将计算机生成的虚拟物体、场景或系统提示信息叠加到真实场景中,从而实现对现实的增强。在视觉化的增强现实中,用户利用头盔显示器,把真实世界与电脑图形多重合成在一起,便可以看到真实的世界围绕着它(图3-20)。

图3-20 增强现实

与AR密切相关的是混合现实,即将现实世界的视角与虚拟环境的视角结合在一起。AR起初主要是医学中的一个实验主题,其中虚拟物体(如X射线和扫描)叠加在患者身体的某部分之上,帮助医生理解正在检查或操作的内容。后来,人们利用AR帮助控制员和操作员快速做出决策。如在空中交通管制中,管制员能看到系统提供的飞机的动态信息,这些信息叠加在显示真实飞机着陆、起飞和滑行的视频屏幕上。这些附加信息使管制员能够轻松识别难以辨认的飞机——这在恶劣天气条件下特别有用。同样,平视显示器(HUD)用于军用和民用飞机,以便在恶劣天气中帮助飞行员着陆。HUD在折叠显示器上提供电子方向标记,且直接出现在飞行员的视野中。许多高端汽车提供具有AR技术的挡风玻璃,其中导航就像真实地出现在路面上一样。

AR技术同样取代了建造或修理复杂设备(如复印机和汽车发动机)的纸质手册,它直接把图纸叠加在机器上,告诉机械师该做什么以及在哪里做。AR应用程序可用于从教育到汽车导航的各种环境,其数字内容直接叠加在实体地理位置和对象上。为了显示数字信息,用户可以在智能手机或平板电脑上打开AR应用程序,内容就会直接叠加在当前屏幕显示器上。

多数AR应用程序使用智能手机或平板电脑上的后置摄像头,然后将虚拟内容叠加在其拍摄的现实世界中。另一种方法是使用前置摄像头,将数字内容叠加到用户的面部或身体上。零售行业通过AR镜子可以让购物者"试用"太阳镜、珠宝和化妆品,其目的是让他们尽可能"试用"更多的产品,看看它们用在自己身上是什么样子。显然,这种虚拟试用有很多优势:与真实的试用相比,虚拟试用更方便、更吸引人、更容易。但是,它也有缺点:你只能看到自己试用它们是什么样子,但无法感受到头上虚拟配件的重量,也无法感受到脸上虚拟化妆品的质感。

3.4.6 机器人和无人机

机器人已经存在了很长时间,它们常常作为科幻小说中的角色出现,但也在其他方面起着重要的作用:作为制造装配生产线的一部分、作为危险环境下的远程调查员(如在核电站和拆弹环境中)、作为灾害(如火灾)或远程(如火星)调查和搜救人员。研究人员开发了控制台界面,使得人们能够使用操纵杆、键盘、摄像机和基于传感器的交互组合控制和导航偏远地形中的机器人。其中的重点是界面设计,能帮助用户通过实时视频和动态地图有效地操纵和移动远程机器人。无人机是远程控制的无人驾驶飞机。它首先由爱好者使用,然后被军队利用。后来它们变得更便宜、更大众化、更容易飞行,因此得以在更广泛的背景下应用。

3.4.7 多模式界面

多模式界面旨在通过使用不同的模式(如触摸、视觉、声音和语音)增加用户体验和控制信息的方式,从而丰富用户体验。为此,组合的交互技术包括语音和手势、眼睛注视和手势、触觉和音频输出,以及笔输入和语音。假设多模式界面可以使人机交互方式更灵活、更有效且更富有表现力,这种人机交互方式更类似于人类在物理世界中遇到的多模式体验。不同的输入输出方式会同时应用,例如,同时使用语音命令和手势在虚拟环境中移动,或者先使用语音命令,接着进行手势操作。用于多模式界面的最常见的技术组合是语音和视觉处理的组合。多模式界面还可以与多传感器输入组合,以追踪人体其他方面的数据。例如,通过追踪眼睛注视、面部表情和嘴唇的运动得到有关用户的注意力或其他行为的数据。这种方法可以根据感知到的需求、想法或兴趣级别来为定制用户界面和体验提供输入。

多模式系统依赖于识别用户行为的各个方面,包括手写、语音、手势、眼睛运动或其他身体运动。在许多方面，多模式系统都比单模式系统更难以实现和校准，因为后者仅识别用户行为的单个方面。当今研究最多的交互模式是语音、手势和眼睛注视追踪。关键的研究问题是，将不同的输入和输出组合在一起，最终得到的究竟是什么，以及把人之间的交谈和手势交流作为与电脑的交互方式是否是自然的。

3.4.8 脑机交互

脑机交互提供了人的脑电波与外部设备（如屏幕上的光标或通过气流移动的冰球）之间的通信通道。一些项目研究了这种技术如何帮助增强人类的认知或感觉运动功能。脑机交互的工作方式是检测大脑神经功能的变化。树突和轴突相互连接成单个神经细胞，大脑充满了由这些神经细胞组成的神经元。每当人类思考、移动、感觉或记忆某些事物时，这些神经元就会变得活跃。小的电信号从一个神经元快速地传到另一个神经元，放置在人头皮上的电极在一定程度上可以探测到这种变化。这些电极可以被嵌入专门的耳机、发网或帽子中。

脑机交互也可应用于游戏控制。如通过脑机交互控制机器人和驾驶虚拟飞机。布朗大学的 BrainGate 研究小组进行了开创性医学研究，即使用脑机交互界面使瘫痪者能够通过脑机交互控制机器手臂自己进食（图 3-21）。

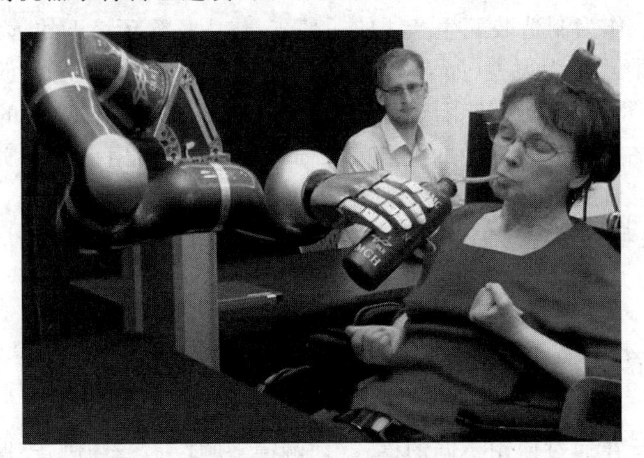

图 3-21　通过脑机交互控制机器手臂自己进食

3.5 平台性界面

平台性界面包括家用电器、可共享界面、实体用户界面以及自然用户界面。

3.5.1 家用电器

家用电器包括家中日常使用的机器（如洗衣机、微波炉、冰箱等）。大多数使用它们的人都会尝试在短时间内完成特定的操作，如启动洗衣机、看节目、买票或做饮料。他们不太可能有兴趣花时间探索其界面或仔细翻阅学习手册后使用设备。现在很多家用电器都有 LED 显示屏，提供多种功能和反馈（如温度、剩余时间等）。其中一些可以连接到互联网，用户能够通过远程应用程序控制。

设计者需要将设备界面视为瞬态界面，交互时间较短。然而，设计人员常常提供全屏控制面板或不必要的物理按钮阵列，这会让用户感到沮丧和困惑，而只包含少数且结构化呈现的按钮界面会更好。在这里，简单性和可见性这两个基本设计原则是至关重要的。状态信息（如复印机正在做什么，售票机正在做什么以及要花多长时间清洗）应该以非常简单的形式在界面的显著位置展示。

3.5.2 可共享界面

可共享界面是为多人使用设备而设计的。与面向单个用户的个人计算机、笔记本电脑和移动设备不同，可共享界面通常提供多个输入，有时允许一个群组同时输入。具有这种界面的设备包括大型的墙壁显示器，人们可以使用笔或手势、交互式桌面，进行信息交互。交互式桌面可以区分同时触摸表面的不同用户。触摸表面下面嵌入一组天线，每个天线都发送一个独特的信号。每个用户都有自己的接收器，它们被嵌入用户坐着的垫子或椅子中。当用户触摸桌面时，接收器会识别其中的微小信号，以识别出被触摸的天线，并将其发送到计算机。因此，多用户可以使用手指同时与数字内容进行交互。

可共享界面的一个优点是它提供了一个大的交互空间，可以支持团队灵活工作，允许团队在同一时间内共同创建内容。用户可以一边指向和触摸显示的信息，一边查看别人交互的信息，并拥有相同的共享参考点。现在有许多为博物馆和画廊开发的桌面应用程序，旨在使游客了解其所在环境的各个方面。

另一种可共享界面的形式是软件平台，它可以让一组人同时工作，即使他们身处不同的位置。现在有多种商业产品可以让多个远程人员同时处理同一个文档。有些软件可以让多达 50 人在同一时间编辑同一份文档，同时会有更多的人观看。这些软件程序提供各种功能，如同步编辑、跟踪更改、注释和评论。

3.5.3 实体用户界面

实体用户界面是指用户通过物理环境与数字信息发生交互行为，开发的目的是通过赋予无形的数字信息以可触摸的实体形式来增强协作、学习和设计的能力，从而充分利用和挖掘人类对于物理对象和材料的掌握和操纵能力。

实体界面使用基于传感器的交互，其中物理对象（如砖块、球和立方体）与其数字表征一一对应。当一个人操纵物理对象时，计算机系统通过嵌入物理对象中的传感机制检测到其动作，从而产生数字效果，如声音、动画或振动。效果发生在多种媒体和环境中，也可以嵌入物理对象本身。例如，早期的流块原型描述了嵌在其中的数字和灯光的变化，这种变化取决于它们之间的连接方式。设计流块就是为了模拟现实生活中的动态行为，并按一定顺序做出反应（图 3-22）。

还有一种实体界面,是将物理模型(如一个冰球、一块黏土或一个模型)叠加在数字桌面上。在桌面上移动实体部件会导致桌面上发生数字事件。如Urp(图3-23)是最早的实体界面之一,用来进行城市规划:建筑的微型物理模型可以在桌面上移动,与数字化的风和阴影生成工具结合使用,阴影会随着时间而变化,空气的流动也会发生改变,根据建筑物物理模型的位置和方向,可以在桌面上进行气流、阴影、反射和其他数据的数字模拟。

图3-22　流块:一种会思考的玩具

图3-23　增强现实城市规划工作台Urp

实体界面不同于其他方法。因为表征本身是实际存在的,因此用户可以直接操作、提动,重新排列、整理和操作。现有许多实体交互系统的目标是鼓励学习、辅助设计活动、增加趣味性和合作,如针对景观和城市规划的规划工具。

3.5.4　自然用户界面

针对用户体验设计的界面类型有很多,那么,更自然的界面类型会变成主流吗?

在自然用户界面(Natural User Interface, NUI)中,“自然”一词是相对图形用户界面(Graphic User Interface,GUI)而言的。GUI要求用户必须先学习软件开发者预先设置好的操作,而NUI则只需要人们以最自然的交流方式(如语言和文字)与机器互动。直观地说,使用NUI的计算机不需要键盘或鼠标。特别是触控技术将使人机交互变得更加自然直观,更为人性化。

NUI允许人们像与真实世界交互一样与计算机交互——使用他们自己的声音、手和身体。NUI使用户能够与机器对话、触摸和对它们做手势、在检测脚部运动的垫子上跳舞、对它们微笑以获得反应,等等。从理论上讲,与学习使用GUI相比,NUI更容易掌握,并且更容易映射到人们与世界的交互。

相比于记住按下哪个键来打开文件,NUI意味着人们只需要抬起手臂或说“打开”就可以了。但NUI是否自然取决于许多因素,包括需要多少学习成本、应用程序或设备界面的复杂性,以及是否有准确性和速度的要求。有时候,一个手势胜过千言万语;还有时候,一个字抵得上一千种手势。这取决于系统支持多少功能。

在不同的界面类型中,手势、语音和其他类型的NUI使得控制输入及与数字内容交互变得更容易、更令人愉快,尽管有时它们可能并不完美。例如,研究表明,使用手势和全身动作作为电脑游戏和体育锻炼的输入形式是令人非常愉快的。此外,新型的手势、语音和触摸界面使网络和在线工具更容易被视障人士使用。例如,iPhone 的语音控制功能 VoiceOver 使视障人士无须购买昂贵的定制手机或屏幕阅读器即可轻松发送电子邮件,使用网络,播放音乐等。此外,对于残障人士来说,不购买定制的手机就不会突显他们和别人不一样。虽然有些手势对于视力完好的人来说难以学习和使用,但是对于盲人和视力受损的人来说就不一样了。VoiceOver 的"按下并猜测"功能可以读出你在屏幕上单击的内容(如"信息""日历""5 封新邮件"),可以为你提供探索应用程序的新途径,其中用 3 根手指单击就可以很自然地关掉屏幕。

利用大脑、身体、行为和环境传感器可以实时捕捉人们认知和情感状态的细微变化,并使用 AI 算法解析用户的行为和偏好。这为人机交互打开了新的大门。特别地,它允许将信息同时用作连续和离散的输入,潜在地使新的输出能够匹配和更新人们在任何给定时间可能需要的内容。人工智能的加入使这种新型的交互方式成为可能。在许多情境中,用户体验的需求决定了什么样的界面是合适的,以及其应该包含哪些特性。

习题

1. 通用的(　　)键盘布局目前仍是主要的文本输入设备,但新的键盘策略已经出现,从而满足移动设备用户的需要。

A. 国标　　B. QWERTY　　C. 105 键　　D. 小

2. 未来的计算可能包含更多的(　　)输入、三维指点、语音输入输出、可穿戴设备,并且全身都参与到某些输入输出任务之中。

A. 手势　　B. 直接　　C. 通用　　D. 自由

3. (　　)界面有其优点,系统管理员、程序员和高级用户认为它更高效、更快捷。

A. 图形　　B. 增强　　C. 通用　　D. 命令行

4. 图形用户界面(　　)克服了显示器的物理限制,使用户能够在统一屏幕上观看更多的信息,并执行任务。

A. QWERTY　　B. DIR　　C. GUI　　D. DIY

5. 史蒂夫·喜来登开发的一个有趣的应用程序 iBeer 巧妙地使用了手机内部的(　　),它可以检测 iPhone 手机的倾斜度,模拟正在不断减少的一杯啤酒。

A. 超触觉　　B. 加速度计　　C. 振动器　　D. 斜度计

6. 触觉界面通过使用嵌入用户衣服或用户所佩戴设备的(　　)向人体提供振动反馈。

A. 超触觉　　B. 加速度计　　C. 振动器　　D. 斜度计

7. (　　)通过使用超声波在空中创造出触觉的幻觉,来制造用户可以感觉到但看不到的三维形状和纹理。

A. 超触觉　　B. 加速度计　　C. 振动器　　D. 斜度计

8. (　　)显示技术、电子纺织品等让人们想象中的可穿戴物品变成了现实,珠宝、帽子、眼镜、鞋子和夹克都是实验的主题。

A. 超自然　　B. 直接　　C. 自动　　D. 柔性

9. 智能界面的目标是(　　),即根据周围的情境做出适当的操作。

A. 感知情境　　B. 自动操作　　C. 语音输入　　D. 3D打印

10. 指点设备可以分为提供屏幕表面(　　)(如光笔、触摸屏或输入笔)和提供脱离屏幕表面的(　　)(如鼠标、轨迹球、操纵杆、指点杆、图形输入板、触摸板或数字纸)两类。

A. 间接控制、直接控制　　B. 直接控制、间接控制

C. 自动控制、顺序控制　　C. 顺序控制、混合运算

11. 头盔或头戴式显示器配备了(　　)传感器,能为用户提供不同级别的视野、音频性能和分辨率。

A. 执行　　B. 方向　　C. 跟踪　　D. 指针

12. 数字墨水使用普通墨水笔和(　　)相组合,可以记录在特殊纸张上书写的所有内容。

A. 数码相机　　B. 胶卷相机　　C. 轨迹指针　　D. 方向传感器

13. 脑机交互提供了人的(　　)与外部设备(如屏幕上的光标或通过气流移动的冰球)之间的通信通道。

A. 输入　　B. 手势　　C. 视线　　D. 脑电波

14. 实体用户界面是指用户通过(　　)与数字信息发生交互行为,通过赋予无形的数字信息以可触摸的实体形式来增强协作、学习和设计的能力。

A. 跟踪球　　B. 物理环境　　C. 虚拟环境　　D. 加速器

15. 在自然用户界面(　　)中,“自然”一词是指人们以最自然的交流方式(如语言和文字)与机器互动。

A. XUI　　B. DIY　　C. NUI　　D. GUI

实验与思考:交互界面的选择与设计

1. 实验目的

(1) 了解人机交互界面的丰富内涵,熟悉界面在人机交互技术中的作用。

(2) 尝试开展人机界面设计的初步实践,熟悉人机交互设计的成果表达。

(3) 提高自己的知识水平,提高对交互设计的鉴赏能力。

2. 工具/准备工作

在开始本实验之前,请回顾课文的相关内容。

需要准备一台能够访问因特网的计算机。

3. 实验内容与步骤

(1) 请在纸上画出下列简单图标的草图,它们需要显示在数码相机屏幕上,代表如下操作:

① 将图像旋转90°。

② 裁剪图像。

③ 自动增强图像。

④ 更多选择。

请向别人展示它们，并告诉他们这些是新的数码相机中的图标，看看他们是否能明白每个图标代表什么意思。

----------------------请将你绘制的图标草图粘贴于此 ----------------------

答：

(2) 请观察一个时尚品牌的网站，如 Nike，描述它使用的界面类型。它的用户体验怎么样？你的使用感受怎么样？

答：你选择观察的网站是：

(3) 请选择一个最近人气很旺的数字产品或者服务，看看这个产品和服务中有哪些因素让交互变得容易，有哪些因素让交互变得困难。

答：你选择观察的数字产品或服务是：

4. 实验总结

5. 实验评价(教师)

第4章　概念化交互

导读案例：自动驾驶的十年变局

自动驾驶已成了当下车圈的“显学”(指一时在社会上处于热点的、显赫一时的学科、学说、学派)，其控制台如图4-1所示。2021年4月21日，上海车展某场馆内一场自动驾驶论坛正在举办，五六百人的会议室硬是塞下了上千人，就连走廊过道都挤满了听众，人气甚至盖过了展厅里最新款的汽车。

图4-1　自动驾驶控制台

在另一旁的车展场馆内，自动驾驶服务商也成了各车企的座上宾。在此次展出的新车中，与百度Apollo有各类合作的新车有65款，一些为自动驾驶提供软硬件解决方案的科技公司，如华为、百度、大疆车载、商汤科技等，也来到车展摆下展台。而在场馆外，百度、华为、小米、苹果、美团、滴滴等科技公司纷纷下场造车，它们的自动驾驶车辆也纷纷传来试乘、落地的消息。

无论从哪个角度看，自动驾驶都已成为当下汽车领域最热门的一派。随着自动驾驶领域中智能化元素的加入，往年并不受消费者接受的新能源汽车在2021年也销量暴增。中国汽车工业协会发布的数据显示，2021年第一季度，我国新能源汽车产销量双双超过50万辆，分别达到53.3万辆和51.5万辆，同比增长3.2倍和2.8倍，创下历史新高。考虑到2020年疫情的原因，这个数字跟2019全年新能源汽车产销120万辆的数据相比，也十分出色。

早在10年前，谷歌旗下的Waymo公司就开始专注研发无人驾驶技术，图4-2为Waymo公司研发的无人驾驶汽车。在汽车电动化的趋势下，自动驾驶技术迅速发展，并在2018年迎来井喷。此后受制于技术、环境和法律等因素，自动驾驶一度陷入低谷。如今，随着软件定义汽车加速变革，基于特殊场景下的低速自动驾驶汽车，在无人配送、园区物流、道路清扫等领域实现量产落地；而真正的L4、L5高等级自动驾驶汽车仍难以在短期内量产上路。

图4-2 Waymo公司研发的无人驾驶汽车

未雨绸缪的变革者已经意识到，数年之后，当自动驾驶真正量产上路，软件的价值超越硬件，汽车将成为新一轮科技变革的载体，汽车产业和科技行业也将重塑。

未来的汽车——电脑配轮子。

过去许多年，人们对智能汽车一直有一个争论：智能汽车到底是汽车加装电脑，还是在电脑上配四个轮子组成汽车？

这一争论的焦点，其实是汽车架构和车载处理器到底哪个更重要。以车厂为主的一方看来，汽车的核心应该是三大件，即发动机、变速箱、底盘，即使电动智能汽车也要讲究操控、安全、舒适，这也正是传统车企们的优势；而科技公司则认为，智能汽车的核心应该是智能化，承载汽车智能化功能的正是车上的处理器。

看上去两者都有道理，但到底哪种观点更符合汽车的发展趋势？如果把时间线拉长，结论或许会变得清晰起来。

世界上最早的电动车出现在1830年代，随后全世界的电动车保有量一度达到3万辆之多。到1900年前夕，汽车的动力格局由蒸汽机、电动机、内燃机三分天下。这说明，在动力和汽车架构上面，电动汽车的门槛并不比内燃机车高。图4-3所示为早期的蒸汽机汽车和电动汽车。

此后，由于蒸汽机产生严重的尾气和噪声污染，逐渐退出市场；而电动汽车也因为电池续航等制约，逐渐掉队。内燃机则凭借流水线制造工艺和石油大降价带来的成本下降，成为主流。

但电动汽车并未完全退出历史舞台。内燃机的大量普及带来的一大问题是环境污染。1966年美国国会首次提出立法建议，通过使用电动车来降低环境污染。这开启了当代新能源汽车发展的序幕。

今天再看，相比内燃机车，电动汽车在动力技术上反而门槛更低。内燃机经过一百多

(a) 蒸汽机汽车

(b) 电动汽车

图 4-3　早期的蒸汽机汽车和电动汽车

年发展，技术已十分成熟，甚至逼近极限；而电动汽车本质上跟过去的儿童玩具四驱车是一个道理，“一个电机、两块电池、四个轮子、一个壳子，组装在一起就行了，没有技术难度”。这也是为什么过去几年一些传统车企“不屑于”制造电动汽车的原因之一。

唯一的难点是电池技术。随着第三方电池厂商的努力，尽管如今的电池仍不能完全缓解电动车主的里程焦虑问题，但相比 5 年前已有大幅度改善。

越来越多的汽车行业人士开始意识到电气化对汽车行业变革的重要性。电气化在一定程度上降低了造车的门槛，使得大家拼杀的主战场转移到汽车智能化阶段。在电动汽车阶段，从车载娱乐到驾驶操控，一切都向智能化方向演进。而智能的载体正是计算机处理器。这意味着，智能汽车的本质逻辑变了，从“汽车”变成了“电脑”。

正如华为汽车 BU 智能驾驶产品线总裁、首席架构师苏箐近日在接受媒体采访时所说，过去三四十年，是计算机改变所有东西的过程，上次把手机给改了，这次把车给改了。“传统车厂的看法是，首先基座是车，然后试图把计算机嵌进去。现在的看法不一样，基础是计算机，车是计算机控制的外设。”

至此，一个清晰的结论慢慢形成——过去的智能汽车是把电脑装进车里，而未来的智能汽车则是给电脑配上车的外设。

资料来源：刘景丰，腾讯网，https://new.qq.com/omn/20210507/20210507A060CL00.html.

阅读上文，请思考、分析并简单记录：

(1) 世界上最早的电动车出现在 1830 年代，为什么后来却是内燃机汽车独霸天下？

答：________________

(2) 你是否同意这样的说法：过去的智能汽车是把电脑装进车里，而未来的智能汽车则是给电脑配上车的外设？为什么？

答：________________

(3) 在电动汽车阶段,从车载娱乐到驾驶操控,一切都向智能化演进。这时,对于乘用汽车来说,你认为什么技术最重要?

答:____

(4) 请简单记述你所知道的上一周内发生的国际、国内或者身边的大事。

答:____

4.1 概念化交互

当把新想法作为设计项目的一部分时,需要根据提出的产品功能将其概念化。有时,这被称为创建一个"概念证明"。这样做的一个原因是将其作为现实检查,在可行性方面仔细审查所提出产品的模糊想法和假设:开发出提出的产品有多大可能?该产品实际上有多么可取?另一个原因是使设计人员在开发产品时就阐明基本构建模块的内容。从用户体验的角度来看,它使设计人员可以明确解释用户将如何理解产品和与产品交互。

例如,假设设计师在构思一个语音辅助移动机器人(图 4-4),该机器人在餐馆接受订单,并向顾客提供餐食。这里要问的第一个问题是:这将解决什么问题?设计师可能会说,机器人通过与顾客交谈来接受订单,并招待顾客。它们还可以针对不同客户提出建议,例如针对好动的孩子或挑剔的食客。但是,这些都不能解决实际问题。相反,它们可能是根据新解决方案的假定优势而定制的。实际问题可能是很难招聘到具有成熟客户服务水平的优秀侍应生。

图 4-4 语音辅助移动机器人

4.1.1 生成需要解决的问题

完成问题空间构建后，当考虑如何设计机器人语音界面，以等待顾客使用时，生成一组需要解决的研究问题非常重要。这些问题可能包括：机器人应该有多聪明？如何才能表现出来？顾客会有什么想法？他们会认为它只是一个噱头而很快厌倦吗？或者，顾客总是会很乐意与机器人交流吗？它将被设计成一个脾气暴躁的外向者还是一个有趣的服务员？这种语音辅助方法的局限是什么？

在设计项目的初始阶段，需要考虑许多未知因素，特别是当它是新产品时。作为这个过程的一部分，展示新想法来自何处是有必要的。你使用了哪些灵感来源？是否有任何理论或研究可用于支持新产生的想法？

提出问题，重新考虑某个人的假设，阐明某个人的关注点和观点是早期构思过程的核心方面。将想法表达为一组概念，在很大程度上有助于将一厢情愿的想法变成具体模型，说明产品将如何工作、要包括哪些设计功能以及所需的功能数量。通过考虑概念化交互的不同方式可以实现这一目标。

4.1.2 明确基本假设和声明

开始设计项目时，要明确基本的假设和声明。假设是将某些需要进一步调查的事情视为理所当然，例如假设人们想要在汽车中使用娱乐和导航系统。声明是将一些仍然有待商榷的事情说成真的，例如用于控制该系统的多模式交互方式（包括驾驶时说话或打手势的方式）是非常安全的。

写下你的假设和声明，然后试图支持它们，这样可以对构造不良的设计理念进行重新构造。在许多项目中，这个过程涉及识别有问题的人类活动和交互，并确定如何通过一组不同功能的支持来改进它们。在其他情况下，它可能更具有推测性，需要思考如何设计不存在的、引人入胜的用户体验。

人们认为某些事情可能是一个好主意（或坏主意），解释这一点的假设和声明可以使整个设计团队从多个角度看待问题空间，并在此过程中揭示相互冲突和有问题的方面。以下这组核心问题可以帮助设计团队完成此过程。

（1）现有产品或用户体验是否存在问题？如果是，存在什么问题？

（2）你为什么认为有问题？

（3）你有没有证据来证明问题确实存在？

（4）你为何认为你提出的设计思路能克服这些问题？

明确一个人对某个问题的假设以及对潜在解决方案的声明应该在项目的早期开始进行，并贯穿整个过程。设计团队还需要弄清如何最好地概念化设计空间。这涉及将提出的解决方案阐述为关于用户体验的概念模型，以这种方式概念化设计空间的好处如下。

（1）方向。使设计团队能够询问有关目标用户如何理解概念模型的特定问题。

（2）开放的思想。允许团队探索一系列不同的想法，以解决所发现的问题。

(3) 共同点。允许设计团队建立一套所有人都能理解和同意的通用术语,从而减少以后出现误解和混淆的可能性。

4.2 概念模型

模型是对系统或过程的简化描述,有助于描述工作原理。在交互设计中使用的一种特定概念模型可以用来表达问题和设计空间。

一经制定并达成一致,概念模型就可以成为共享的蓝图,从而形成概念的可测试证明。它可以表示为文本描述和/或图表,其形式具体取决于设计团队使用的通用语言。它不仅可以被用户体验设计师使用,还可以用于向商业、工程、财务、产品和营销单元传达想法。概念模型被设计团队用作开发设计的基础,从而生成更简单的设计,以与用户的任务相匹配,缩短开发时间,提高客户服务水平,减少培训和客户支持。

4.2.1 模型定义

概念模型可以定义为"针对系统如何组织和运作的高级描述"。从这个意义上讲,它是一个抽象概述,包括人们可以对产品做什么,需要哪些概念来理解,以及如何与产品进行交互。在这个层面上,概念化设计的一个关键优点是它使"设计师能够在开始布置小部件之前理顺他们的想法"。简而言之,概念模型提供了一个工作策略和一个基本概念及其相互关系的框架。其核心组成如下。

(1) 隐喻和类比,旨在向人们传达如何理解产品的用途以及如何将其用于活动中(如浏览、收藏网站)。

(2) 人们通过产品接触到的概念,包括他们创建和操作的任务域对象、属性以及可对其执行的操作(如保存、再次访问、组织)。

(3) 这些概念之间的关系(如一个对象是否包含另一个对象)。

(4) 概念与产品所支持或引起的用户体验之间的映射(例如,可以通过查看已访问的网站、最常访问的网站或已保存网站的列表再次访问某网站)。

各种隐喻、概念以及它们关系之间的组织方式决定了用户体验。通过解释这些事物,设计团队可以讨论不同方法的优点,以及它们如何支持主要概念,如保存、再次访问、分类、重组和它们到任务域的映射。他们还可以讨论一个结合浏览、搜索和再次访问活动的全新的全局隐喻是否可能更受欢迎。相应地,这可以引导设计团队明确这些要素间的各种关系,如框架图。例如,对保存的页面进行分类和再次访问的最佳方法是什么,应该使用什么类型的存储位置(如文件夹、栏、窗格),可以对网络浏览器的其他功能(既包括以前的也包括新的)重复相同的概念列举等。这样,设计团队就可以开始系统地研究支持用户浏览互联网最简单、最有效和最易记的方式。

最好的概念模型是那些显而易见的简单模型,即它们支持的操作是易于使用的。然而,有时应用可能最终建立在过度复杂的概念模型之上,特别是当它是一系列升级的结果时。在这些升级过程中,越来越多的功能和方法被添加到原始概念模型中,许多人更喜欢坚持他们一直使用和信任的方法。因此,软件公司面临的挑战是如何最好地引入其已经添加到升级中的新功能,并向用户解释它们的好处,同时也要说明为什么要删除其他功能。

4.2.2 设计概念

人们时常使用的另一个术语是设计概念,它实际上是一套设计想法,通常包括场景、图像、情绪板或文本格式的文档。

大多数界面应用程序实际上都基于完善的概念模型。例如,大多数在线购物网站的基础都是基于购物中心客户体验的核心概念模型。包括将客户想要购买的商品放置到购物车中,并在他们准备购买时开始结账。现在可以使用模式集合来帮助设计这些核心事务处理流程的界面,以及用户体验的其他方面,这意味着交互设计人员无须在每次设计应用程序时从头开始,如在线表单的模式和移动电话上的导航。

很少出现全新的概念模型来改变在界面上执行日常生活和工作活动的方式。以下3个经典概念模型均属于这一类型:图形桌面(20世纪70年代后期开发)、数字电子表格(20世纪70年代后期开发)和万维网(20世纪80年代初期开发)。这些创新都使得原来只限于一小部分技术人员的事物使所有人都可以使用,同时大大扩展了可能的使用范围。图形桌面显著改变了办公任务的执行方式(包括创建、编辑和打印文档)。数字电子表格使会计工作具有高度的灵活性和易于完成性,人们只需填写交互式对话框即可实现多种新计算。万维网允许任何人远程浏览信息网络。从那时起,电子阅读器和数字创作工具引入了在线阅读文档和书籍的新方法,这些方法支持相关活动,如注释、突出显示、链接、评论、复制和跟踪。网络还启用并简化了许多其他类型的活动,如浏览新闻、天气、体育和财务信息,以及网上银行、网上购物和在线学习等其他任务。重要的是,这些概念模型都基于人们熟悉的活动。

4.2.3 界面隐喻

隐喻被认为是概念模型的中心部分,提供了在某些方面类似一个(或多个)熟悉的实体结构,同时也具有自己的行为和特性。更具体地,界面隐喻以某种方式被实例化,成为用户界面的一部分,如桌面隐喻。另一个众所周知的隐喻是搜索引擎,它是从互联网远程索引和检索文件的软件工具,并使用各种算法来匹配用户选择的检索词。该隐喻将带有若干工作部件的机械引擎和为了寻找某些东西而在不同地方进行搜寻的日常行为进行了对比。除了那些属于搜索引擎的特征之外,搜索引擎支持的功能还包括其他特征,如列出搜索结果并对其进行优先级排序。它完成这些操作的方式与机械引擎的工作方式或一个人在图书馆搜寻给定主题图书的方式截然不同。使用搜索引擎这一术语所暗示的相似性处于一般水平,旨在呈现寻找相关信息过程的本质,使用户能够将这些与所提供的功能较不熟悉的方面联系起来。

界面隐喻旨在提供熟悉的实体,使人们能够容易地理解底层概念模型,并知道应该在界面上做什么。一种流行的界面隐喻是卡片，许多社交媒体应用程序，如脸书、推特，都会在卡片上显示内容。卡片这种熟悉的形式具有强大的关联性，提供了一种直观的方式来组织"卡片大小"的有限内容，易于浏览、分类和主题化。它们将内容结构化为有意义的模块，类似于使用段落将一组相关句子分成不同的部分。

在许多情况下，新的界面隐喻很快就会融入普通用语中。因此，界面隐喻本身已成为日常用语。例如，一副眼镜(图 4-5)是思考未来技术的一个很好的隐喻，帮助人们思考如何扩大人类的认知。正如它们被视为我们自身的一种延伸，而我们在大多数情况下都没有意识到一样。我们能否设计出新技术，让用户不必知道如何使用就能完成工作？用于特定任务的双筒望远镜是一种"放大"的"工具"隐喻——人们有意识地将望远镜靠在眼睛上，同时调整镜头，以使他们看到的东西成为焦点。目前的设备，如移动电话，更像是双筒望远镜，人们必须明确地与它们互动，以执行任务。

图 4-5　眼镜-隐喻

隐喻和类比的使用方式主要有以下 3 种。

(1) 作为一种把正在做的事情概念化的方式(如浏览网页)。

(2) 作为在界面级别实例化的概念模型(如卡片隐喻)。

(3) 作为一种将操作可视化的方式(如在购物网站上存放所要购买物品的购物车图标)。

4.3　交互类型

另一种概念化设计空间的方式是以用户体验为基础的交互类型，包括指示、对话、操作、探索和响应。事实上，这些是人们与产品或应用程序交互的方式。

决定使用哪种类型以及为什么使用该类型，可以帮助设计者在特定界面中具体实施基于语音、手势、触摸、菜单等的内容之前制定一个概念模型。注意，这里要区分交互类型和界面类型。虽然成本和其他产品约束常常决定哪种界面样式可用于特定应用，但考虑最能支持用户体验效果的交互类型可以突出潜在的困境和利弊，以及做出权衡。

这些交互类型并不是互相排斥的，也不是决定性的。此外，每种类型的标签指的是用户的操作,即使系统可能是发起交互的主动方。

(1) 指示:用户向系统发出指令。这可以通过多种方式完成,包括输入命令、从窗口环境或多点触摸屏幕的菜单中选择选项、朗读命令、打手势、按下按钮或使用组合功能键。

(2) 对话:用户与系统进行对话。可以通过界面说话或输入问题,系统将以文本或语音的形式输出。

(3) 操作:用户通过操作对象(如打开、握住、关闭),在虚拟或物理空间中与之交互。

(4) 探索:用户在虚拟环境或物理空间中移动。虚拟环境包括3D世界、增强现实和虚拟现实系统。基于传感器技术的物理空间包括智能房间和周围环境。

(5) 响应:系统发起交互,用户选择是否响应。如移动定位技术可以提醒人们注意兴趣点,他们可以选择查看手机上弹出的信息或忽略它。

除了这些核心活动之外,还可以描述用户参与的特定领域和基于情境的活动,如学习、工作、社交、玩耍、浏览、写作、制定决策和搜索信息等。可以将它们描述为定位活动,将其分为工作(如做报告)、家庭(如休息)、街上(如进餐)和途中(如走路)。

4.3.1 指示

这种类型的交互描述了用户通过指示系统应做什么来执行任务。例如,用户向系统发出指示,要求系统报时、打印文件或提醒用户有什么日程安排。人们基于此模型设计了多种产品,包括家庭娱乐系统、家用电子产品和计算机。用户发出指示的方式也是多样化的,包括按一个按钮和输入一串字符串。许多活动都可以通过"指示"方式来完成。

在 Windows 和其他 GUI 中,用户使用控制键或鼠标、触摸屏选择菜单项来发出命令。这些系统通常提供了各种功能,用户可以从中选择需要的操作来处理工作对象。例如,使用文字处理软件编写报告时,可以通过发出适当的命令指示系统进行文档格式化、统计字数以及检查拼写等操作。命令通常按顺序执行,系统也会根据指令做出响应。

基于发布指示来设计交互的主要好处之一是交互快速且有效,因此它特别适合重复性的活动以及操作多个对象的情况,如重复地进行存储、删除、组织文件等操作。

4.3.2 对话

这种交互类型基于人与系统对话这一想法,其中系统充当对话对象。具体来说,这种系统响应类似于我们与另一个人对话时他可能有的反应。它不同于"指示"行为,因为它包括双向通信过程,其中系统更像是交互伙伴而不是执行命令的机器。它最常用于那些用户需要查找特定类型的信息,或者希望讨论问题的应用,如咨询系统、帮助设施、聊天机器人等。

"对话"模式支持的对话种类包括简单的语音识别、菜单驱动系统,以及更复杂的基于自然语言的系统(对用户输入的查询指令进行语法分析并做出响应)。前者的示例包括电话银行、机票预订和列车时间查询,其中用户使用单字短语和数字(如"是""否""3")与系统交谈,以对系统的提示做出响应。后者的示例包括帮助系统,用户输入特定的询问指令

（如“如何修改页边空白处的宽度”），系统通过给出各种答案来做出响应。人工智能的进步推动了语音识别技术的显著进步，因此现在许多公司使用基于语音和聊天机器人的交互来处理客户咨询。

开发使用对话式交互概念模型的主要好处是允许人们以一种熟悉的方式与系统交互。典型的例子是基于电话的自动系统，它使用语音菜单控制整个对话过程。用户必须先听取含有一些选项的录音，然后做出选择，此后需要不断重复这个过程，逐层进入下一层菜单，直到达到自己的目的（如接通某人的电话或完成账单支付）。

4.3.3 操作

这种类型的交互涉及利用用户在现实世界中积累的知识来操纵对象。例如，可以通过移动、选择、打开和关闭来操纵数字对象，甚至可以使用这些活动的扩展方式，即现实世界中不可能的方式（如放大和缩小、拉伸和收缩）来操纵对象。通过使用物理控制器或在空中所做的手势可以模仿人类的动作，如在一些车辆上使用的手势控制技术。一些玩具和机器人也嵌入了计算芯片，使它们具有以可编程的方式行动和做出反应的能力，如对它们是否被挤压、触摸或移动做出反应。操纵物理世界（如放在地面上）中标记的物理对象（如球、砖块、积木）可引起其他物理现象或虚拟现象发生，如使杠杆移动或使声音或动画播放。

在GUI应用程序的设计中，具有高度影响力的框架是“直接操纵”，它提出数字对象应该设计在界面上，这样人们能够以类似物理世界中对物体的操作方式来与之交互。对界面直接操纵的行为可以让用户感觉到他们在直接对由计算机生成的数字对象进行操作。其3个核心原则如下。

（1）能够连续表示感兴趣的对象和动作。

（2）具有关于感兴趣对象的即时反馈的快速可逆增量动作。

（3）使用实际动作和按钮，而不是语法复杂的指令。

根据这些原则，当用户对屏幕上的对象执行物理动作时，该对象保持可视化，并且对其执行的任何动作都能实时显现。例如，用户可以通过将表示文件的图标从桌面的一个位置拖动到另一位置来移动文件。

许多应用程序都是基于某种形式的“直接操纵”开发的，包括文字处理、视频游戏、学习工具和图像编辑工具。然而，虽然直接操纵界面提供了非常通用的交互模式，但通常情况下并非所有任务都可以由对象描述，并非所有动作都可以直接执行。某些任务可以通过发出指令来更好地实现。

4.3.4 探索

这种交互类型涉及用户在虚拟或物理环境中移动。例如，用户可以探索虚拟3D环境的各个方面（如建筑物内部），还可以将感测技术嵌入物理环境，当检测到某人或某些身体动作时，通过触发某些数字或物理事件进行响应。其基本思想是使人们能够利用他们在现有空间移动和浏览的知识来探索与物理或数字的环境进行交互。

现今已经建立了许多3D虚拟环境,其中包括能在各种空间移动学习的虚拟世界(图4-6)和能在不同地方漫游社交或玩视频游戏的幻想世界。人们还构建了许多城市、公园、建筑物、房间和数据集的虚拟景观(现实和抽象的),这使用户能够飞越它们,并放大和缩小不同部分。其他已经建立的虚拟环境包括大于现实环境的世界,用户能够在它的周围移动,并体验通常不存在的东西;高度仿真建筑的设计使客户能够想象他们如何使用按规划建造的大楼和公共设施,并在其间穿梭;以及将虚拟攀登和体验的复杂数据进行可视化。

4.3.5 响应

这种交互模式涉及系统主动提醒、描述或向用户显示其"认为"用户在当前所处的情景下感兴趣或与当前情景相关的事物。它可以通过检测附近某人的位置或存在(如朋友聚会地点附近的咖啡馆)做到这一点,并通过他们的电话或手表通知他们。智能手机和可穿戴设备以这种方式越来越主动地启动用户交互,而不是等待用户询问、命令、探索或操纵。如健身追踪器,通知用户已经达到给定活动的阶段目标;如系统根据在给定情景中执行特定动作时从重复行为中学到的内容,自动提供一些有趣或有用的信息;如在公园拍摄植物的照片后,"形色"App(图4-7)软件会自动弹出识别该植物品种的信息。

图4-6 探索虚拟世界

图4-7 "形色"App

4.4 指导设计和研究

其他指导设计和引导研究的灵感和知识来源是范例、愿景、理论、模型和框架,它们的规模和特异性随着特定问题空间而有所不同。

4.4.1 范例

范例是指研究人员和设计者团体在共同的假设、概念、价值观和实践方面采用的一般方法。遵循特定的范例意味着采用一个群体已经达成一致的一系列实践。这些实践包括如下内容。

(1) 要问的问题和构架的方式。

(2) 要观察的现象。

(3) 分析和解释研究结果的方式。

20 世纪 80 年代,人机交互的主流范例是如何为台式计算机设计以用户为中心的应用程序。关于设计内容和如何设计的问题是根据指定单个用户与基于屏幕的界面交互的需求提出的。任务分析和可用性方法是基于个人用户的认知能力开发的。窗口、图标、菜单和指针用于表征针对单个用户的界面核心功能。这种范例后来被 GUI 取代。现在,许多界面都有触摸屏,用户可以进行轻触、按住、捏合、滑动和拉伸操作。

对 20 世纪 90 年代 HCI 发生的范式转变产生巨大影响的是对普适技术的愿景,即把计算机作为环境的一部分,将其嵌入各种日常物品、设备和显示器中。普适计算设备在人们需要时会进入注意力中心,不需要时则会移动到注意力的外围,使人们能够在活动之间平稳而轻松地切换,而无须在执行任务时弄清楚如何使用计算机。从本质上讲,该技术不会引人注目,并在很大程度上会隐藏在背景中。人们能够持续日常生活和工作,在其中与信息交互,与他人沟通和协作,而不会因技术分心或感到沮丧。这一愿景成功地影响了计算团体的思想,特别是在开发什么技术和研究什么问题的方面激励了他们。许多 HCI 研究人员开始考虑超越桌面并设计移动和普及技术。他们开发了一系列技术,如智能眼镜、平板电脑和智能手机,扩展人们在日常生活和工作中可以做的事情。

21 世纪前 10 年发生的下一个范式大转变是大数据和物联网的出现。新的实用传感器技术实现了海量数据收集,包括人们的健康、福利以及环境中发生的实时变化数据(如空气质量、交通拥堵和商业数据)。人们还建造了智能建筑,其中嵌入了各种传感器,并对家庭、医院和其他公共建筑中的传感器进行了实验。人们开发了数据科学和机器学习算法分析积累的数据,以便为采取什么行动来优化和改善生活做出新的推论,包括在高速公路上引入可变速度限制、通过应用程序通知人们危险的污染等级和机场拥挤等。此外,感知数据已用于自动化日常操作和动作(如打开或关闭灯或水龙头,或者自动冲洗马桶),取代了传统的旋钮、按钮和其他物理控制机关。

4.4.2 愿景

愿景是一个未来的场景,对交互设计的研究和发展框架进行了设计,通常以电影或叙事的形式描绘。对未来的愿景是一种强大的驱动力,可以引领企业和大学在研发方面的范式转变。许多科技公司制作了关于科技和社会未来的视频,邀请观众想象 10 年、15 年或 20 年后的生活。最早的例子是苹果公司 1987 年推出的知识导航器,它展示了一个教授使用触摸屏平板电脑与基于语音的智能助理交互的场景，比语音系统 Siri(2011 年，图 4-8)提前了 25 年。它被广泛观察和讨论，激励了人们对未来界面的研究和发展工作。

图 4-8　苹果的 Siri

目前已成为普遍愿景的是人工智能。人工智能正在取代越来越多应用程序的用户界面，它们可以减轻人们做出决定的压力，改善人们的选择。例如，在未来，没必要为购买什么衣服或度假选择而烦恼，因为个人助理将代替人类进行选择。还有几年后人们对无人驾驶汽车关注的重点不再是安全性和便利性问题，而是从最终个性化乘车体验的角度提升舒适性和生活质量。越来越多的日常任务将通过 AI 学习在特定情况下什么选择是最好的。

虽然让机器为人类做出决定有许多好处，但人类也可能会感到失控。此外，人类可能无法理解为什么人工智能系统选择沿着特定路线驾驶汽车。人们越来越期望人工智能研究人员能够找到解释人工智能系统代替用户做出决策背后的基本原理的方法。这种需求通常被称为透明度和问责制。这是交互设计研究人员重点关注的一个领域，他们已经开始对透明度进行用户研究，并开发对用户有意义且可靠的解释。

另一个挑战是开发新的界面和概念模型，以支持人类和人工智能系统的协同工作，这将放大和扩展它们目前可以做的事情。这可能包括加强团队协作、创造性地解决问题、前瞻性规划、政策制定以及其他可能变得棘手、复杂和混乱领域的新方法。科幻作品也成为交互设计的灵感来源，即在电影、文学作品、戏剧和游戏中设想技术在未来可能扮演的角色。

不同类型的未来愿景提供了具体场景，表明社会如何利用下一代想象中的技术使生活更加舒适、安全、信息丰富和高效。此外，它们还引出了许多有关隐私、信任以及社会需要什么的问题。它们为研究人员、政策制定者和开发人员提供了许多值得思考的东西，并要求他们同时考虑积极和消极影响。

通过这些愿景，人们阐述了许多新的挑战、主题和问题，内容如下。

(1) 如何使人们在工作、社交和日常生活中使用各种技术来获取信息，并与之进行交互。

(2) 如何为使用作为环境一部分但没有明显控制设备的界面的人们设计用户体验。

(3) 如何以及以何种形式在适当的时间和地点向人们提供与情境相关的信息,在人们的移动过程中进行支持。

(4) 如何确保通过相互连接的显示器、设备和对象传递安全可靠的信息。

4.4.3 理论

理论是对一个现象某些方面的充分论证解释,如信息处理理论,它解释了思维或其某些方面是如何被认为有效的。许多理论被引入人机交互领域,并提供了一种针对用户执行特定类型任务的计算机界面和系统任务分析及预测用户行为的方法。这些理论最初主要是认知的、社会的、情感的和组织的。例如,在20世纪80年代,考虑到人们的记忆能力有限,关于人类记忆的认知理论被用于确定表示操作的最佳方式。在交互设计中应用这些理论的好处之一是帮助识别与交互式产品的设计和评估相关的因素(认知的、社会的和情感的)。

4.4.4 模型

模型是对人机交互某些方面的简化,旨在使设计者更容易预测和评估候选设计方案。模型还更广泛地用于交互设计中,以简化的方式描述人类行为或人机交互的某些方面。通常,它描述了现象的核心特征和过程是如何构建的,以及是如何彼此相关的。它通常是从一个贡献学科(如心理学)的理论中抽象出来的。例如,人们基于认知加工理论开发了许多用户交互模型,这些理论源于认知科学,旨在解释用户与交互技术的交互方式。这些模型包括行动模型的7个阶段,描述用户如何从他们的计划转移到需要执行的物理行动,以实现他们的行动结果及其目标。最近的交互设计中开发的模型是用户模型,预测用户在其交互中想要的信息以及设计表征用户体验的核心组件的模型。

4.4.5 框架

框架是指导特定领域(如协作学习)或分析方法(如人种学研究)的一组相互关联的概念或一组具体问题。人们在交互设计中引入了许多框架,以帮助设计者限制和限定他们正在设计的用户体验。与模型相反,框架向设计者提供关于设计的建议。这可以有各种形式,包括步骤、问题、概念、挑战、原则、策略和维度。和模型一样,框架传统上是基于人类行为的理论,但它们正在越来越多地根据实际的设计实践经验和用户研究中的结论来开发。

许多框架已发布在人机交互/交互设计文献中,涵盖了用户体验的不同方面和各种应用领域。例如,有一些框架可以帮助设计师思考如何进行概念化的学习、工作、社交、娱乐、情感等。一些框架专注于如何设计特定技术,以唤起某些反应,如说服技术。还有一些框架帮助研究人员分析在用户研究中收集的定性数据,如分布式认知。

概念模型的设计与用户对它的理解之间的关系,是一个在人机交互中具有很大影响力的典型例子。该框架包括三个交互组件：设计师、用户和系统。它们隐含的含义分别如下。

（1）设计师模型：设计师拥有系统应如何工作的模型。

（2）系统映像：系统通过界面、手册、帮助功能向用户呈现系统是怎样工作的。

（3）用户模型：用户如何理解系统工作原理。

框架使得系统应该如何工作、如何向用户呈现以及用户如何理解它这三者之间的关系变得明确。在理想世界中，用户应该能够以设计者想要的方式，通过与系统映像交互来执行活动，因为系统映像使得需要做出的行动变得更加明确。如果系统映像不能向用户清晰地呈现设计师模型，用户将对系统有不正确的理解，这将增加他们使用系统的无效性，并提高产生错误的概率。通过提高对这种潜在差异的关注度，设计师可以更加意识到有效地弥补差距的重要性。

总之，范例、愿景、理论、模型和框架在概念化问题和设计空间的方式上有覆盖，而在严格性、抽象性和目的水平上有所不同。范例是总体方法，包括一套已达成一致的做法和所观察问题和现象的框架；愿景是未来的情景，为交互设计研究技术开发引入挑战、灵感和问题；理论往往是全面的，解释人机交互；模型简化了人机交互的一些方面，为设计和评估系统提供基础；框架提供了一组设计用户体验或分析用户研究所得数据时要考虑的核心概念、问题或原则。

习题

1. 当把提出的新想法作为设计项目的一部分时，要根据所提出产品的功能将其概念化，这被称为创建一个（　　）。

A. 概念理论　　B. 概念模型　　C. 概念证明　　D. 设计概念

2. 在交互设计中使用一种特定的（　　）可以用来表达问题和设计空间，描述工作原理，对系统或过程简化描述。

A. 概念理论　　B. 概念模型　　C. 概念证明　　D. 设计概念

3.（　　）实质上是一套设计想法，通常包括场景、图像、情绪板或文本格式的文档。

A. 概念理论　　B. 概念模型　　C. 概念证明　　D. 设计概念

4.（　　）是概念模型的中心部分，提供了在某些方面类似一个（或多个）熟悉的实体结构，同时也具有自己的行为和特性。

A. 隐喻　　B. 证明　　C. 案例　　D. 实验

5.（　　）旨在提供熟悉的实体，使人们能够容易地理解底层概念模型，并知道应该在界面上做什么。

A. 界面隐喻　　B. 成功隐喻　　C. 现实隐喻　　D. 色彩隐喻

6. 以用户体验为基础的交互类型是一种概念化设计空间的方式，包括指示、对话、操作、响应和（　　）。

A. 隐喻　　B. 开发　　C. 展示　　D. 探索

7.（　　）不是操作交互类型的核心原则。

A. 能够连续表示感兴趣的对象和动作

B. 具有关于感兴趣对象的即时反馈的快速可逆增量动作

C. 在虚拟或物理环境中移动

D. 使用实际动作和按钮,而不是语法复杂的指令

8. (　　)交互类型涉及用户在虚拟或物理环境中移动。

A. 隐喻　　B. 探索　　C. 开发　　D. 展示

9. (　　)是指研究人员和设计者团体在共同的假设、概念、价值观和实践方面采用的一般方法。

A. 理论　　B. 框架　　C. 愿景　　D. 范例

10. 遵循特定的范例意味着采用一个群体已经达成一致的一系列实践。但其中并不包括(　　)。

A. 能够连续表示感兴趣的对象和动作

B. 要问的问题和构架的方式

C. 要观察的现象

D. 分析和解释研究结果的方式

11. 作为一个未来的场景,(　　)对交互设计的研究和发展框架进行了设计,它通常以电影或叙事的形式描绘。

A. 理论　　B. 框架　　C. 愿景　　D. 范例

12. (　　)是对一个现象某些方面的充分论证解释,它们被引入人机交互领域,并提供一种针对用户执行特定类型任务的计算机界面和系统任务分析及预测用户行为的方法。

A. 理论　　B. 框架　　C. 愿景　　D. 范例

13. (　　)是指导特定领域或分析方法的一组相互关联的概念或一组具体问题,以在交互设计中帮助设计者限制和限定他们正在设计的用户体验。

A. 理论　　B. 框架　　C. 愿景　　D. 范例

实验与思考:熟悉形成概念模型的方法

1. 实验目的

(1) 理解交互设计的一个基本方面是开发一个概念模型。概念模型是对产品的高级描述,包括用户可以用它做什么,以及他们需要什么概念来了解如何与产品进行交互。

(2) 在物理设计之前做出有关概念设计的决定(如菜单、图标、对话框),以这种方式概念化问题空间,帮助设计者指定用户在做什么,为什么这么做,以及如何以预期的方式支持用户。

(3) 熟悉交互类型,它提供了一种针对如何最好地支持用户在使用产品或服务时进行活动的思考方式。

(4) 熟悉通过范例、愿景、理论、模型和框架提供不同的框架的构建方法,指导设计和研究。

2. 工具/准备工作

在开始本实验之前，请回顾课文的相关内容。

需要准备一台能够访问因特网的计算机。

3. 实验内容与步骤

(1) 使用4.1节中提出的一组核心问题框架来推测3D电视和曲面屏电视背后的主要假设和声明。曲面屏电视被设计成弯曲的，以使观看时有更加身临其境的感觉。这些假设是否相似？为什么它们是有问题的？

答：______________________________

____

____

____

(2) 访问几个在线商店，观察其界面是如何设计的，以引导客户选购商品和付款。有多少商店使用了先"添加到购物车"然后"结账"的隐喻？这是否使购物变得简单和直接？

答：______________________________

____

____

____

(3) 请思考为相似的物理和数字信息工具设计不同种类的概念模型的适当性。

比较下列工具：

- 平装书和电子书
- 纸质地图和智能手机上的地图

用于每一个工具的主要概念和隐喻是什么（思考时间是怎样被概念化的）？它们有什么不同？基于纸张的工具在哪些方面指导了数字应用程序的设计？它们的新功能是什么？概念模型的某些方面是否容易混淆？它们的优缺点都有什么？

------------------ 限于篇幅，请将你的研究写在另外的纸上，粘贴于此 ------------------

4. 实验总结

____

____

____

5. 实验评价（教师）

____

____

第5章　社会化交互

导读案例：人机交互，赋予机械臂以触觉

机械臂（图 5-1）作为一种机械手，通常可进行编程操作，具有与人类手臂类似的功能。

图 5-1　机械臂

科幻作品中往往不乏机械臂的存在。比如，赛博朋克运动之父、科幻作家威廉·吉布森的小说《冬季市场》描述，小说主角患有先天性残疾，只能依靠脑机接口控制外骨骼活动。又如电影《阿丽塔》中拥有酷炫机械身体和仿生机械手臂的人造人阿丽塔（图 5-2）。

图 5-2　电影《阿丽塔》中的人造人阿丽塔

除去科幻的赛博朋克的外衣，近年来，机械臂在医疗康复领域越来越多地被赋予让残疾患者再次拥有肢体的希望。其中，为机械臂配备合适的触觉反馈，对于使用者触觉感知环境具有重要意义（图 5-3）。

在发表于《科学》杂志的论文中，一个来自美国匹兹堡大学康复中心神经工程实验室

图5-3 触觉

的生物工程师小组就描述了如何通过增加大脑刺激来唤起触觉，从而使操作者更方便地操作由大脑控制的机械臂。

事实上，这篇论文是在早期研究基础上的进一步深入探讨。早期的论文描述了使用微小的电脉冲刺激大脑的感觉区域，可以在一个人的手部激发触觉，这种方法甚至对由于脊髓损伤导致四肢失去感觉的人也有效。

在此次研究中，研究人员将用来自脑部的信号控制机械臂的运动与将信号传回大脑来提供感官反馈结合起来。在一系列的测试中，脑机接口的操作者被要求从桌子上拿起各种物体，并转移到一个较高的平台上。实验证明，加入电刺激产生的触觉反馈后，参与者完成任务的速度是在没有电刺激情况下的两倍。

研究者希望能在尽可能接近真实世界的环境中测试触觉反馈的效果。在实验中，当在视觉基础上补充人工触觉后，操作者抓取和移动物体的平均时间从20.9秒减少到10.2秒，减少了一半多。

对于此，研究人员表示，即使是恢复有限的、有缺陷的知觉，(残疾)人的行为能力都有了非常大的提升。

资料来源：陈根，OFweek科技网，https://www.ofweek.com/medical/2021-05/ART-8500-1111-30500829.html.

阅读上文，请思考、分析并简单记录：

(1) 感觉是人脑对直接作用于感觉器官的客观事物的个别属性的反映。请简单阐述，人有哪些感觉器官？

答：____

____

____

(2) 请上网搜索了解电影《阿丽塔》的主要故事情节。这个电影和机械臂有什么关系？

答：____

____

(3) 请上网了解机械臂在医疗康复领域有哪些应用,并简述之。

答:

(4) 请简单记述你所知道的上一周内发生的国际、国内或者身边的大事。

答:

5.1 社交

人们本质上是需要社交的:我们一起生活,一起工作,一起学习,一起玩耍,进行互动和交谈(图 5-4)。人们已经专门开发了多种通信技术,使我们在彼此物理分离时保持社交状态,其中许多已成为社会结构的一部分。这些技术包括智能手机、视频聊天、社交媒体、游戏、消息传递和网真的广泛使用,每一个都提供了不同方式,以支持人们相互联系,结交朋友,协调社交网络和工作网络的方式。

图 5-4 人们本质上是需要社交的

网真(图 5-5)是一种新技术,为各个场所及工作生活各个方面的交互创造了一种独特的面对面体验。结合创新的视频、音频和交互式组件(软件和硬件),在网络上可以实现这种体验。

图5-5 网真

有很多方法可以研究社交的意义。这里重点介绍人们如何在社交、工作和日常生活中进行面对面的远程沟通和协作——目的是提供模型、见解和指导原则，以指导设计"社交"技术，从而更好地支持和扩展它们。

社交是人们日常生活的一个基本要素，需要人与人之间彼此互动。人们在给定的项目、活动、人员或事件上不断地就新闻、变更和发展相互交流。例如，朋友和家人会互相关注在工作、学校、餐厅或俱乐部、真人秀和新闻中发生的事情。同样，一起工作的人可以互相了解各自的社交生活、日常活动及工作中发生的事情。例如，某个项目将何时完成、新项目的计划、项目按期完成的困难、关于倒闭的谣言，等等。

尽管面对面的对话仍然是许多社交互动的核心，但社交媒体的使用已大大增加。人们现在每天要花几个小时与他人在线交流，如使用短信、电子邮件、微信、推文、脸书、Skype等。人们在工作时通过钉钉小组和其他工作场所的通信工具保持联系也是一种常见的做法。

社交媒体在主流生活中被普遍采用，使大多数人在时间和空间上以多种方式相互联系，这是过去无法想象的方式。人们的联系和保持联系的方式、与之联系的人以及维持社交网络和家庭关系的方式已经发生了不可逆转的变化。在过去的20多年中，社交媒体、电话会议和其他基于社交的技术（通常称为社交计算）也改变了人们在全球范围内协作的方式。

社会上普遍采用社交媒体和其他社交计算工具引起的关键问题是，它如何影响人们相互联系、工作和互动的能力？人们如何从当今各种可用的工具中选择使用技术或应用（如发短信、微信或打电话）来进行各种工作和社交活动？这可以帮助我们理解现有工具如何在支持新设计的同时支持沟通和协同工作。

计划和协调社交活动时，社交小组经常从一种模式切换到另一种模式。大多数人会优先发送微信、短信，而不是打电话给别人，但他们可能会在计划外出的不同阶段切换到呼叫或微信消息传递。但是，人与人之间做什么、在哪里见面以及邀请谁的对话可能会产生一定的成本。有些人可能离开了，而另一些人则可能不会回复，并且可能花费大量时间在不同的应用程序和线程之间来回切换。同样，有些人可能没有及时查看他们的通知，而团体规划的进程却在不断继续。事实是,人们往往直到活动快开始时才愿意做出承诺,以防出现他们更感兴趣的另一个朋友的邀请。尤其是青少年,他们通常要等到最后一刻才与朋友商量具体的安排,然后才决定要做什么。他们会等着看是否有更好的邀约,而不是在一周前就做好决定,如与朋友一起看电影,并不再动摇。这对于开始计划并在电影票售罄之前等待订票的人来说可能很沮丧。

社会上越来越引起关注的是人们会花多少时间看手机(无论是与他人互动、玩游戏还是发微信等),以及手机对人们健康的影响。通常,看手机是人们醒来时要做的第一件事,也是睡前要做的最后一件事。而且,许多人每隔一段时间就检查一下手机。即使人们坐在一起,他们也会躲在自己的数字世界中(图 5-6)。

另一方面,人们已经设计了几种技术来鼓励社会互动,以带来良好的影响。例如,带有智能扬声器的语音助手(如亚马逊的 Echo 设备,图 5-7)提供了大量的“技能”,旨在支持多个用户同时参与,为家庭提供了共同娱乐的可能性。将智能扬声器放在家中的某个平面上时,可以通过其可供性进一步鼓励社交互动。特别是其在此共享位置上的实际存在提供了共同的所有权和使用权,这类似于收音机或电视机等其他家用设备,但不同于支持个人使用的手机或笔记本电脑上的其他虚拟语音助手。

图 5-6 一个家庭坐在一起,但都处在自己的数字世界中

图 5-7 亚马逊的 Echo 设备

5.2 面对面对话

大多数人都能自然而然地开口说话,而进行对话是一项非常讲究技巧的协作成果,具有许多音乐合奏的特性。在设计与聊天机器人、语音助手和其他通信工具对话时,了解对话的开始、进行和结束的方式非常有用。这可以帮助研究人员和开发人员了解对话的自然程度、与数字智能体对话时人们的舒适程度,以及遵循在人类对话中发现的对话机制的重要程度。

对话开始时的相互问候很典型,它可能引发一个对话过程,即交谈者轮流提问,回答,陈述。之后,若某方想结束交谈,他就会做出明确或含蓄的表示。例如,看表就是一个含蓄的表示,间接地表明他希望结束谈话。交谈的另一方可能会接受这个暗示,也可能忽略它。无论怎样，想结束交谈的一方最终都会做明确表示，在对方接受了这类明确或含蓄的表示后，对话结束，大家互相告别，重复若干次，直到真的离去。

现在，许多人对每天收到的大量电子邮件感到不知所措，并且很难回复所有人。这就提出了一个问题：使用哪种对话技术可以提高获得别人回复的机会？例如，人们撰写电子邮件的方式（特别是开始和结束对话的选择）是否可以提高收件人回复的可能性？

研究者对20多个不同在线社区的邮件列表档案中的300 000封电子邮件进行了一项研究，研究其所使用的开头或结尾短语是否影响回复率。他们发现，最常见的开头短语是“嘿”，其次是“你好”，而“嗨”的回复率是最高的，为63%～64%。他们发现这比以更正式的短语开头的电子邮件的回复率要高，如“亲爱的”（57%）或“问候”（56%）。最受欢迎的结束形式是“谢谢”（66%），其次是“致意”（63%）和“再会”（58%），而“祝福”的使用较少（51%）。以“谢谢”形式结束的电子邮件得到了最高的回复率。可见，人们与收件人交流的对话机制可以影响收件人是否会回复。

对话机制使人们可以协调彼此的对话，知道如何开始和停止对话。整个对话过程将遵循进一步的轮流发言规则，使人们知道何时该听、何时轮到自己发言以及何时应该再次停下来，让其他人发言。

在大多数情况下，人们并不了解对话机制，也很难说清他们是如何对话的。此外，人们不一定总是遵循规则。即使当前发言者已清楚地表示希望在接下来的两分钟内保持发言，以完成一个论述，但人们还是可能干扰或打断他。此外，听者也可能不会抓住发言者话中的线索，而是继续不说话，即使发言者明确表达了轮到对方说话的意图。例如，教师盯着某个学生提问时，就是要把发言权交给这个学生，而有时学生只是看着地板，却什么也不说，所以只能由教师或其他学生打破这个尴尬的沉默局面。

对话中还会出现其他类型的沟通问题，例如，当某人发言过于含糊而导致其他人曲解了其含义时，这时参与者将通过使用“修复机制”来协作，以克服误解。

若要发现对话过程中的问题，就需要说者和听者注意对方说了些什么（或没有说什么）。这样一旦发现了问题，就能采取补救措施。非语言交流在增强面对面交谈中起着重要作用，包括使用面部表情、语气助词、语音语调、手势和其他类型的身体语言。

轮流发言使得听者有机会要求纠正错误或请求解释，同时，发言者也会发现问题，并及时更正。听者通常会等待下一个发言机会，而不是立即打断发言者，这样就能给发言者完成发言的机会，以澄清自己的意思。

5.3 远程对话

电话机发明于19世纪，它使两个人可以远距离交谈。从那时起，人们开发了许多其他支持同步远程对话的技术，包括20世纪60—70年代开发的可视电话。在20世纪80年代末期和90年代，各种各样的“传媒空间”成为实验的主题，音频、视频和计算机系统相结合，扩展了书桌、椅子、墙壁和天花板的世界，其目的是观察分布在空间各处和不同时区的人们是否可以彼此交流和互动，就像他们实际处在同一时空一样。

如今,视频会议已经发展成熟。廉价的网络摄像头和摄像头(默认嵌入在平板电脑、笔记本电脑和手机中)的可用性极大地促进了视频会议成为主流。现在有众多免费平台和商业平台,许多视频会议应用程序也允许位于不同站点的多个人同步连接。为了指示谁在发言,通常使用屏幕效果,如放大正在说话的人,以使其占据屏幕的大部分,或者在其发言时突出显示其门户。视频的质量也提高了很多,使人们在大多数设备中看起来更逼真。在使用多个具有眼动追踪功能和定向麦克风的高清摄像机的高端网真会议室中,这一点最明显,图5-8是一个远程会议室。通过将人们的身体动作、行为、声音和面部表情投射到另一方,可以使远方的人们显得更加真实。

图5-8 一个远程会议室

描述这种发展的另一种方式是考虑远程呈现的程度,这里指的是身体距离较远时的存在感。以机器人为例,建造机器人时就考虑了远程呈现技术,人们能够远程控制机器人(图5-9)参加活动,并与他人交流。他们通过控制机器人的"眼睛"进行远程观察,而不是坐在一个屏幕前,仅通过一个固定摄像头观察。人们开发了远程呈现机器人,长期住院的孩子可以通过控制分配给他的机器人在教室里四处走动来体验学校生活。

图5-9 远程控制机器人

人们也在对远程呈现机器人进行研究,以确定它是否能帮助行动有障碍的人远程访问一些地方,比如博物馆。目前,像出门去博物馆涉及的活动,如买票或乘坐公共交通工具，都会对认知能力构成挑战，这会阻碍这些人参加这样的活动。在一项对6名有障碍的参与者的调查中，研究者研究为其配备远程呈现机器人是否会提高他们的身体和社交上的自我效能感及幸福感。参与者被带领远程参观两个博物馆的展品，然后评价他们自身的体验感觉。他们的反应是积极的，表明这种远程呈现可以打开社交体验的大门，而以前这些社交体验是他们无法获得的。

尽管存在着可用性问题，但针对远程用户首次尝试使用远程呈现机器人开会的研究发现，这种体验是积极的。许多人觉得它提供了一种真正会议的感觉——与在线观看或聆听演讲的体验截然不同——就像通过直播或网络研讨会进行连接一样。通过操控机器人，他们能够在场地周围走动，还能看到熟悉的面孔，并能在茶歇时间与人偶遇。参加会议的人对远程呈现机器人的反响也是积极的，因为它使他们能够与那些无法参会的人交谈。

在面对面的对话中，一个常见的现象是镜像，即人们模仿对方的面部表情、手势或身体动作。你是否注意到，当和别人对话时，如果你把手放在脑后，打哈欠或者揉脸，他们也会跟着做？这些类型的模仿行为被认为能在谈话者之间诱导同理心和亲密感。人们模仿得越多，就越觉得彼此相似，这反过来又增强了他们之间的融洽程度。模仿并不总是发生在对话中，有时它需要有意识的努力，而在其他情况下则不会发生。

5.4 共现

除了远程对话（呈现），人们对“共现”的兴趣也越来越大。共现是指人们在相同的物理空间内交互。人们已经开发了许多共享技术，允许多人同时使用，其目的是使在同一位置的群体在工作、学习和社交时能更有效地合作。支持这种并行交互的商业产品的示例是支持多点触摸，以及支持手势和物体识别。

5.4.1 物理协调

人们在密切合作时会互相交谈，从而发出一些命令，让其他人了解自己的进展程度。例如，两个或更多人合作搬动一架钢琴时，会喊出一些命令，如“低一点，再往左一点，直走”，来协调他们的动作。人们交谈时也会结合各种动作，如点头、握手、眨眼、扫视或举手来协调“交谈”活动，以强调或替代所说的话。

对于一些常规的和对时间要求非常严格的协作活动，尤其在由于物理条件的限制而无法听见其他人的声音时，人们也经常使用手势（尽管也使用无线控制的通信系统）。各种手势信号经历了漫长的演变，都带有各自的标准语法和语义。例如，乐队指挥用手臂和指挥棒动作来协调交响乐团的演奏，而机场地面指挥也是使用手臂和指挥棒的动作来引导飞行员把飞机停在指定地点。人们在日常生活中也会使用诸如点头、挥手和握手之类的通用手势。图5-10展示了航空母舰上的指挥手势。

棍和指挥棒之类的东西也可以促进协作。小组成员可以使用它们作为外部思维道具，向其他人解释一个原则、想法或计划。特别地，在他人面前挥舞或举起东西的行为能

图 5-10 航空母舰上的指挥手势

够有效地吸引他们的注意力。对物品摆弄的持久性和能力也可能会给小组带来更多需要探索的选择。它们可以帮助合作者更好地了解小组活动，提高他人的活动意识。

5.4.2 感知

感知包括知道谁在附近，发生了什么，谁和谁在交谈。例如，当我们聚会时，在这个空间里闲逛，观察正在发生的事情以及谁在与谁交谈，同时悄悄地听别人对话，并将听到的对话告诉另一个人。有一种特定的周边感知，是指一个人通过关注他们视线范围内发生的事情来保持并不断更新对物理和社交环境中发生事情的感知的能力。这可能包括我们在与其他人谈话时，由他们说话的方式判断他们的心情好坏，注意到对方喝饮料、吃东西的速度以及谁进入或离开房间、某人缺席多长时间、那个在角落里孤独的人是否终于和别人说话了等。通过直接观察和对周围的观测，我们得以不断了解世界上正在发生的事情。

人们已经研究的另一种感知形式是态势感知。这是指通过了解周围发生的事情了解这些信息、事件和自己的行为将如何影响正在进行的和未来的事件。具有良好的态势感知对需要丰富技术的工作领域(如空中交通管制或手术室)是至关重要的，在这些工作领域中必须保持对复杂的和不断变化的信息的掌握。

紧密合作的人们还根据对对方正在做的事情的最新认识制定各种策略，来协调他们的工作，对于相互依赖的任务来说尤其如此。例如，进行表演时，表演者将不断地观察彼此正在做什么，以便有效地协调自己的表现。紧密团队这一隐喻表达也体现了这种合作方式。图 5-11 展示了医生团队在手术中的合作。

5.4.3 共享界面

现在有一些技术利用了现有形式的协调和认识机制，包括白板、大触摸屏和多点触控

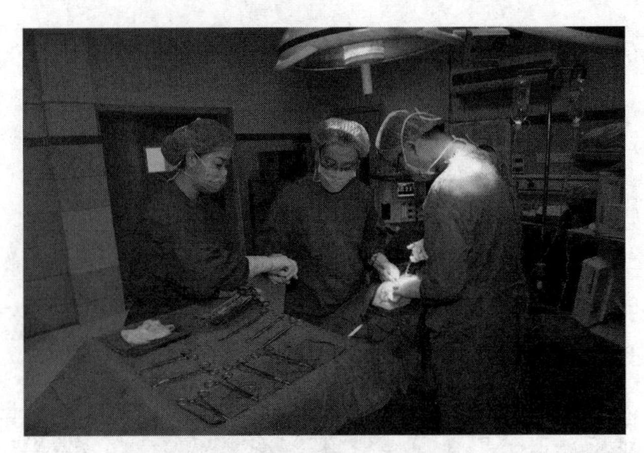

图 5-11　医生在手术中的合作

表。这些工具可以让一组人在与界面内容交互的同时进行协作。人们的一些研究调查共享技术的不同安排是否可以帮助同一位置的人员更好地工作。其中一个说法是，与单用户界面相比，共享界面可以提供更多灵活协作的机会，因为它可以使同一位置的人员能够同时与数字内容交互。由于手指的行动是高度可见的，因此可被其他人观察到，这就增加了建立态势感知和周边感知的机会。共享界面比其他技术更自然，因此也促使人们使用它们，而不会感到恐惧或因其行动的后果而感到尴尬。例如，与坐在 PC 前面或站在一列垂直的显示器前面相比，大家围在一个桌面周围的工作方式更加舒适。

人们开发了增强现实沙箱，以供博物馆的游客与景观互动，包括山脉、山谷和河流。其中沙子是真实的，而风景是虚拟的。游客可以根据沙堆的高度将沙子堆成不同形状的轮廓，使其看起来像河流或陆地。图 5-12 展示了一个 AR 沙箱。

人们已经开发了许多虚拟空间，帮助人们更强烈地感觉到彼此的联系。在远程团队工作时，人们可能是彼此孤立的，很少能够面对面地看到同事。当团队没有处在同一个位置（共现）时，他们也会错过面对面的协作和建立团队一致性的有价值的非正式对话。这就是“在线办公室”概念的由来。

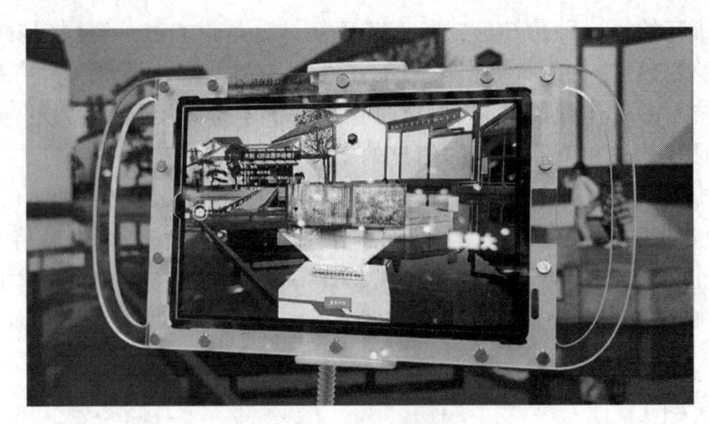

图 5-12　AR 沙箱

例如,Sococo(图5-13)是一个在线办公平台,它减少了远程工作和共现工作之间的差距。它使用办公室平面图的空间隐喻来显示人们的位置,谁在开会,谁和谁在聊天。Sococo地图提供了一个团队在线办公室的鸟瞰图,让每个人都能一眼看到团队成员是否有空和团队中正在发生的事情。Sococo还提供了一种存在感和虚拟的“运动”,就像你在实体办公室里一样——任何人都可以进入一个房间,打开麦克风和相机,与团队的另一个成员面对面地交流。团队可以针对项目工作,从管理者处获得反馈,并在他们的在线办公室中协作,而不管他们实际身处什么位置。这允许团队进行分布式工作,同时仍然拥有一个中央的在线办公室。

图5-13　一个虚拟办公室的Sococo平面图

5.5　社会参与

社会参与是指参与一个社会群体的活动。它通常涉及某种形式的社会交换,即人们提供或从别人那里接受一些东西,而这些是自愿和无偿的。互联网促成了越来越多不同形式的社会参与。如现在很多网站通过提供帮助他人的活动来支持社会行为。最早的这类网站之一是GoodGym,它把跑步者和孤独的老年人联系起来。跑步者跑步的时候会停下来,和一位已经注册了这项服务的老人聊天,并帮他们解决一些困难。这样做的动机是帮助有需要的人,同时保持健康。任何人都可以加入这项活动。另一个是环境保护志愿者网站,该网站汇集了想要参与环境保护活动的人。把不同的人聚集在一起,可以促进社会凝聚力的提升。

互联网不仅使当地人能够接触到原本不可能接触到的人,还以从前无法想象的方式将有共同兴趣的人联系在一起。例如,2014年转发次数最多的一张自拍照(图5-14),是美国喜剧演员兼电视主持人艾伦·德杰尼勒斯在奥斯卡金像奖颁奖典礼上为自己在一群明星云集、面带微笑的演员和朋友前面拍的。这张照片被转发了200多万次(在发表的前半个小时内就被转发了超过75万次)，远远超过了贝拉克·奥巴马在纳尔逊曼德拉葬礼上的照片。

图5-14　艾伦·德杰尼勒斯的自拍照

习题

1. (　　)是通过结合创新的视频、音频和交互式组件(软件和硬件)在网络上实现的社交新技术。

A. 网真　　B. 传真　　C. 网格　　D. 网传

2. 社交媒体、电话会议和其他基于社交的技术——通常称为(　　)，改变了人们在全球范围内进行协作和合作的方式。

A. 网上生活　　B. 通信方式　　C. 网格计算　　D. 社交计算

3. 大多数人都能自然而然地开口说话。而(　　)是一项非常讲究技巧的协作成果，具有许多音乐合奏的特性。

A. 网络游戏　　B. 远程呈现　　C. 进行对话　　D. 信息传输

4. (　　)的程度，是指的是当身体距离较远时的存在感。

A. 网络游戏　　B. 远程呈现　　C. 进行对话　　D. 信息传输

5. 在面对面的对话中，一个常见的现象是(　　)，即人们模仿对方的面部表情、手势或身体动作。

A. 凝视　　B. 镜像　　C. 复制　　D. 共现

6. (　　)的意思是支持人们在相同的物理空间内交互。

A. 凝视　　B. 镜像　　C. 复制　　D. 共现

7. (　　)是指你通过了解周围所发生的事情，了解这些信息、事件和自己的行为将如何影响正在进行的和未来的事件。

A. 态势感知　　B. 社会参与　　C. 共享界面　　D. 共享

8. (　　)通常涉及某种形式的社会交换，即人们提供或从别人那里接受一些东西。

A. 态势感知　　B. 社会参与　　C. 共享界面　　D. 共享

实验与思考：熟悉社会化交互与社交技术

1. 实验目的

(1) 解释社会化交互的含义，解释社交存在的意义。

(2) 了解旨在促进协作和团队参与的新技术，了解社交媒体如何改变我们保持联系、进行联系以及管理我们的社交和工作生活的方式。

(3) 了解社交机制在面对面和远程背景下发展，以促进对话、协调和意识的情况，了解支持远程沟通的技术。

2. 工具/准备工作

在开始本实验之前，请回顾课文的相关内容。

需要准备一台能够访问因特网的计算机。

3. 实验内容与步骤

(1) 回想一下你与朋友一起在咖啡馆闲聊的时光。将此社交场合与你在智能手机上与他们发短信时的体验进行比较。这两种对话有何不同？

答： ____

____

____

(2) 在打电话或在线聊天时，你如何开始和结束对话？你是否会使用与面对面对话相同的对话机制？

答： ____

____

____

(3) 人们通过电子邮件交谈时如何纠正错误？发短信时也是一样吗？

答： ____

____

____

4. 实验总结

____

____

____

5. 实验评价（教师）

____

____

第6章　情感化交互

导读案例：BMIoT：AIoT在人机交互智能上的璀璨明珠

从传统互联网发展到移动互联网，再到IoT和AIoT，信息产业不断地升级迭代。

有人说融入AI后的AIoT是物联网的终极形态，也有人说人机交互是IoT追逐的终极目标之一。但是明确的一点是，IoT的形态不可能以一种简单的方式去定义。

相信大家对于脑机接口的新闻已经有所耳闻，更多的可能仅仅停留在治疗疾病的层面。但在脑机接口与物联网领域存在一个概念，那就是BMIoT(大脑—机器)，也可以说是人机物联网，如图6-1所示。

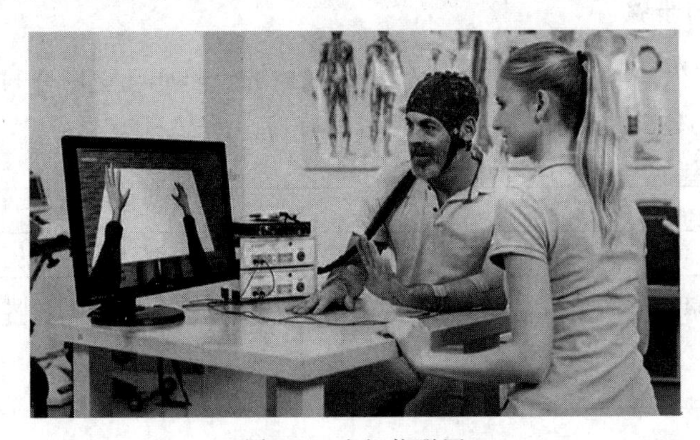

图6-1　人机物联网

搞清楚BMIoT之前，先来了解一下脑机接口是什么。

脑机接口按照交互对象被分为两类，一种是BMI(上面提到的大脑—机器)，另一种是BCI(人脑—计算机界面)。先不论这种分类是否正确，目前大部分脑机接口做的都是BMI。

当然还分为有创和无创。顾名思义，二者的区别在于芯片和电路是否需要植入人脑、是否需要开颅植入。

不论是哪一种方式，脑机接口的原理都是通过人脑与计算机或其他电子设备之间建立直接的交流和控制通道，通过大脑直接操纵设备，无须语言或者动作。其最初的设计目的是提高无法与外界交流和控制外部环境的神经患者的生活质量。

从实际操作来看，脑机接口的基本实现步骤分为采集信息→解码处理→再编码→环境反馈。

简单地说，采集信息分为侵入式和非侵入式。

侵入式的脑机接口主要是将获取信息的电路接口直接植入大脑灰质。虽然这样很容易造成免疫反应和损伤组织，但是这种方式获取的神经信号更强，数据质量更好。相反地，非侵入式脑机接口主要就是无创，但是颅骨会对信号产生不小的衰减作用。

最后通过信息处理，也就是解码处理→再编码的过程，即解码、处理神经信号来分析你想干什么，再根据解码好的信息输出编码好的数字信号，反馈给机械手臂或者其他操作设备进行控制。

人们普遍认为，在这些步骤中，最后的反馈过程相当复杂，这其实也是感知能力的难点和痛点，其中涉及视觉感知、触觉感知以及多模态感知等方面。

物联网发展至今，已不再是单独的个体，它越来越多地跟大数据、人工智能结合在一起，从万物互联，到万物智联，物联网现在已经离不开智能的交互方式。

从艾媒咨询《2019中国AIoT行业前沿应用及前景预判分析报告》可以看到，中国AIoT场景已经深入智慧家居、智慧零售、智慧城市以及智慧制造等方面。

无论是互联网、IoT、AIoT，还是为了实现人机智能交互的BMIoT，其实都脱离不了人类主体。

在2019年中科院人工智能发展白皮书中，脑机接口技术与计算机视觉技术、智适应学习技术以及智能芯片技术等被列为了人工智能的八大核心关键技术。这八项技术多半都可以应用于脑机接口技术，换句话说，如果拥有足够的想象空间，脑机接口技术所涉及的学科将不限于生物科学、神经科学、计算机科学。

从愿景来看，BMIoT可以说是AIoT在人机交互智能上的璀璨明珠。但是它现在能做的事情还很有限。

马斯克的脑机接口公司Neuralink吸足了眼球，但是从技术的角度来说，它目前只是读取猪的脑电波，并预测其动作，这就是上面提到的解码处理的过程。实际上，在应用层面要走的路还很长。

不过，Neuralink在工程层面上是有创新的，比如压缩成硬币大小、数量庞大的微电极阵列，让商业化推广更进一步，仅此而已。

相比于Neuralink，另外一家公司BrainCo更加实际。2015年成立的BrainCo比Neuralink早了两年，是由一支出身于哈佛大学创新实验室的华人团队创建的。BrainCo已经基于无创脑机接口技术推出了可供商用的产品(图6-2)：用于智慧教育的Focus专注力训练设备和用于上肢残疾人士的BrainRobotics智能仿生手。

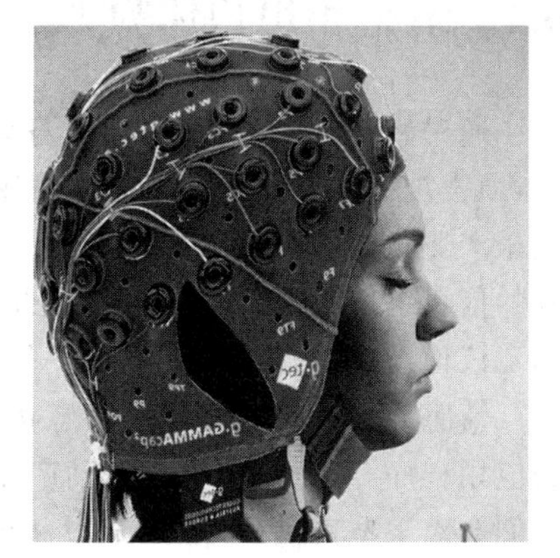

图6-2 无创脑机接口

同时，BrainCo研发的BrainOS大脑智能操作系统的核心理念就是BMIoT，即通过应用脑机接口技术让人脑控制智能家居、交通工具、手机等设备，妥妥地展现出一幅科幻电影的画面。

当然，说归说，回归本质，目前BrainCo能做的只是上面介绍的用于训练和仿生手的产品。所以无论是BrainCo、Neuralink，还是陈天桥雒芊芊研究院(TCCI)、BrainGate、BrainCo、ElMindA等国内外机构，在实现落地脑机接口应用以及BMIoT上暂时只是一个美好的愿景。

脑机接口是 BMIoT 的技术基础。所以,要实现 BMIoT,对于脑机接口的技术沉淀、科研伦理的研究必须先行。

资料来源:物联传媒,https://www.ofweek.com/ai/2020-09/ART-201721-8500-30456637.html,有删改。

阅读上文,请思考、分析并简单记录:

(1) 请简单解释什么是 BMIoT。

答:______________________________

____

____

____

(2) 请简单描述什么是"脑机接口"。

答:______________________________

____

____

____

(3) 请在网络上搜索了解 BrainCo 公司的更多信息,简单描述这个公司的产品。

答:______________________________

____

____

____

(4) 请简单记述你所知道的上一周内发生的国际、国内或者身边的大事。

答:______________________________

____

____

____

6.1 情绪和用户体验

通过感知某人的面部表情、身体动作、手势等特征来自动检测和识别某人情绪的技术,通常被称为情感人工智能或情感计算(图 6-3),这是一个正在发展的研究领域。除了娱乐产业,自动情感感应还应用在许多其他产业中,包括健康、零售、驾驶和教育业。检测到的信息可以用来判断一个人是否快乐、生气、无聊和沮丧等,从而触发适当的干预技术,如建议他们停下来反思或推荐一些特别的活动。

情感设计涉及能够期望情感状态的技术,如能够让人们反思自己的情感、情绪和感觉的应用程序,其重点是设计互动产品,唤起人们的某种情感反应。情感设计还研究为什么人们会对某些产品(如虚拟宠物)产生情感依恋,社交机器人如何帮助减少人的孤独感,以及如何使用情感的反馈来改变人类行为。

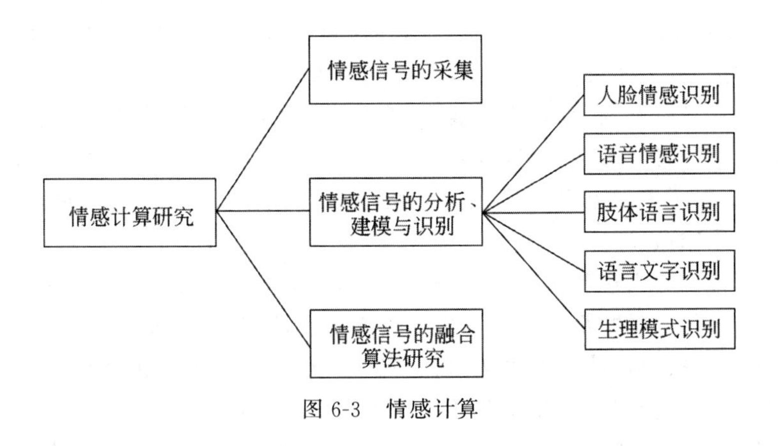

图 6-3 情感计算

6.1.1 情感化交互概述

我们使用“情感化交互”这个术语来涵盖情感设计和情感计算这两个概念。

情感化交互涉及思考什么让人们快乐、悲伤、生气、焦虑、沮丧、积极、欣喜若狂(图 6-4 所示为人类的情感内容)等,并且使用这些知识来指导用户体验设计的不同方面。人们在考虑,是否应该设计一个界面,当检测到人们微笑时,一直让他们开心;当检测到人们皱眉时,尝试让他们从消极情绪变为积极情绪。检测到情绪状态后,必须决定向用户呈现信息的内容或方式。是否要用各种界面元素(如表情符号、反馈和图标)来回以“微笑”,取决于给定的情绪状态是否是用户体验或手头任务需要的。当有人去网上购物时,拥有快乐的心态是最好的,假定在这种情况下他们更愿意购买商品。

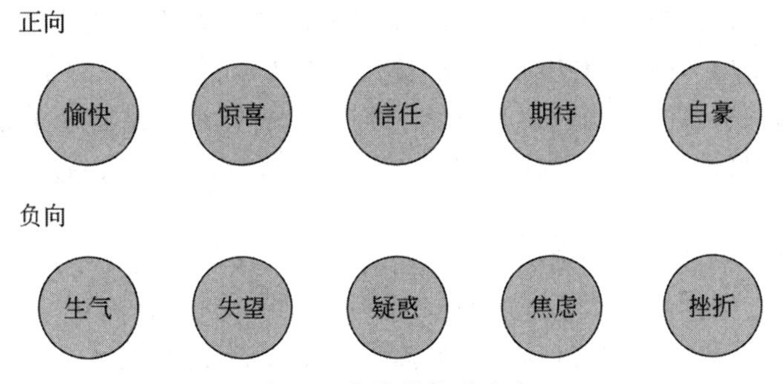

图 6-4 人类的情感内容

广告商设计了许多影响人们情绪的技巧,如在网站上展示一个可爱的动物或有着渴望的大眼睛的孩子图片,让人们心生共鸣。这么做可以让人们对观察到的事物感同身受,并做出一些行动,比如捐款。

人们的情绪和感受是在不断变化的,所以一般很难预知。有时候一种情绪会突然产生,但不久就会消失。比如人们可能会因突然的、意外的巨响而震惊。但是其他时候,一种情绪会持续很长时间,如在一个空调嘈杂的酒店房间里待上几个小时会让人很烦躁;嫉妒可以长时间隐藏在人的身体里，直到看到特别的人或事物时才会迸发出来。

理解情绪与行为如何彼此影响的一个好的切入点是研究人们如何表达自己的感受和解读彼此的表达。其中包括理解面部表情、身体语言、姿势和语调之间的关系。例如，当人们快乐时，他们通常会微笑、大笑，并且体态会更开放。当生气时，会大声喊叫做手势，绷紧他们的脸。一个人的表情也可以触发他人的情绪反应，当有人微笑时，可以让他人也感觉良好，并且回以微笑。

情绪技能，特别是表达和识别情绪的能力，是人类沟通的核心。当某人生气、快乐、悲伤或无聊时，大多数人都能很熟练地从他们的面部表情、说话方式和其他肢体信号中感受到。人们也很擅长在何种情况下表达何种情绪。例如，当人们刚刚听说一个人没有通过考试时，知道这时不适合微笑，相反会尝试着表达自己的同情。

情绪是否引起了某些特别的行为，它又是如何引起这些行为的？这个问题在学术界已经讨论了很长时间。例如，生气是否让人们变得更专注？幸福是否让人们愿意承担更多风险？生气或幸福时会花很多钱？前面情况反过来成立吗？还是两者都不对？答案可能是，人们可以感到快乐、悲伤或愤怒，但这不会影响人们的行为。通常认为，情绪的作用比简单的因果模型更复杂。

然而，许多理论家认为情绪会引发特定的行为，例如恐惧会让人溃逃，愤怒会让人变得有攻击性。进化心理学中一个被广泛接受的解释是，当某人受到惊吓或感到生气时，他们的情绪反应就是关注手头的问题，并试图避免感知到的危险。伴随这种状态的生理反应，通常是身体中产生肾上腺素，肌肉变得紧张。虽然生理上的变化使人们准备战斗或逃离，但它们也会产生令人不愉快的体验，如出汗、忐忑不安、呼吸加速、心跳变快，甚至是恶心。

紧张是一种身体状态，往往伴随着忧虑和恐惧的情绪。例如，许多人在参加公共活动或现场表演之前会感到担忧甚至恐慌，这就是怯场。研究者认为，这是内心的声音“告诉”人们避免潜在的羞辱或尴尬的经历。但准备上台的表演者不能一跑了之，他们必须面对站在大庭广众面前所带来的情绪。有些人可以把这种肾上腺素带来的紧张感转变为专注，从而将其变成自己的优势。当所有的这一切结束后，观众都很高兴，他们则可以再次放松。

情绪可以是简单且短暂的或复杂而长期的。为了区分这两种情绪，研究人员用无意识或有意识的方式描述它们。无意识的情绪通常在几分之一秒内快速发生，同样可能快速消散；有意识的情绪倾向于缓慢发展，但消失的速度同样缓慢，它们通常是有意识的认知行为的结果，如权衡可能性，反思或沉思。

6.1.2 情绪影响驾驶行为

情绪对驾驶行为的影响已经被广泛地研究。一个主要发现是，当司机生气时，他们的驾驶行为会变得更具侵略性，他们会冒更多的风险，如危险地超车，同时他们也更容易犯更多的错误。当司机焦急时，也会对驾驶行为产生负面影响，图6-5所示为“路怒症”的情况。同样地，压抑的情绪也更容易引起意外。

图 6-5 路怒症

一项研究发现,驾驶汽车模拟器时,与中性音乐相比,人们听到快乐或悲伤的音乐时,会放慢驾驶速度,这种效应被认为是由于驾驶员将注意力集中在音乐的情感和歌词上。研究发现,听快乐的音乐不仅会使驾驶员减慢速度,而且会让他们跨越车道。但悲伤的音乐不会引发这个问题。

了解情绪是如何工作的,提供了一种通过触发情感和反射来改善用户体验的方法。例如,积极的心态可以使人们更有创造力,心情愉快时,人们能更快地做出决定。当人们开心时,更有可能忽略他们使用设备或界面时遇到的小问题。相反,当焦虑或生气时,人们更有可能不那么宽容。建议设计人员要特别注意完成任务所需的信息,尤其是在为严肃任务(如监控过程控制工厂或驾驶汽车)设计应用程序或设备时。反馈需要明确,界面需要清晰可见。最重要的是当设计在有压力的情况下使用的产品时,设计人员需要更小心,更注重细节。

6.1.3 情绪轮盘

情感化设计是用户体验设计中重要的一部分。好的设计不仅要满足用户对功能上的需求,更要触及用户的情感。想要做好情感化设计,首先要对情绪有一个基本的认识。

用户对于喜爱的产品会爱不释手,而对于一般喜欢的产品则很容易"见异思迁"。情感化设计的指导思想就是"要让用户在使用产品的过程中产生强烈的情感共鸣,从而培养用户的忠诚度"。

著名的心理学家罗伯特·普洛特契克开创了情绪的心理进化理论,将情绪分为基本情绪及其反馈情绪。他认为人类的基本情绪是物种进化的产物,是物种生存斗争的适应手段。关于情绪,他提出了以下观点。

(1) 情绪存在于所有物种的任何进化水平上,人类和动物同样都有情绪。

(2) 情绪在不同物种中的进化程度不同,因此会出现不同的表现形式。

(3) 情绪是生物体在进化过程中出现的、对环境变化的反馈行为,其目的是为了使生物体更好地解决生存适应问题。

(4) 虽然在不同的生物体中,情绪反应的出现条件和表现形式各有不同,但是有一些基本的情绪元素是普遍存在于不同物种之间的。

（5）基本情绪共有8种，其他情绪都是在8种基本情绪的基础上混合派生出来的。它们分别是生气、厌恶、恐惧、悲伤、期待、快乐、惊讶、信任。

（6）基本情绪是理论化的情绪模型，其特征可根据事实观察得出，但无法被完全定义。

（7）每种基本情绪都有与之相反的基本情绪。任何两种情绪之间有不同程度的相似。任何情绪都可以表现出不同的强度。

基于以上情绪理论，普洛特契克1980年绘制了情绪轮盘模型（图6-6），分为平面和立体两种形式。这个轮盘是一个了解情绪的好工具，能够让人们更好地了解不同情绪之间的联系和差异，并将情绪应用在设计实践当中。不同情绪的结合创造不同层次的情绪反馈，从而加强用户在使用产品时的感情共鸣。

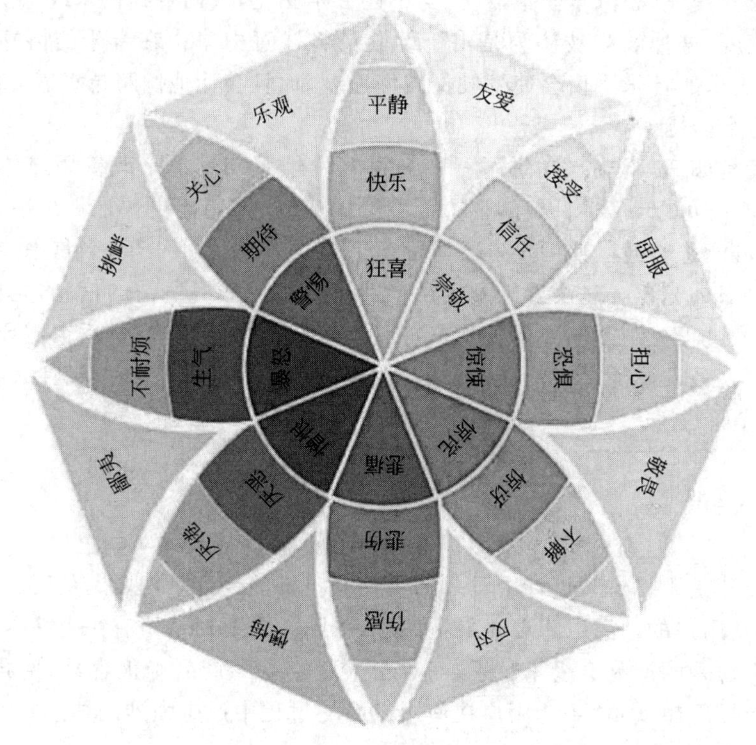

图6-6 情绪轮盘

如图6-6所示，基本情绪的两两对立关系是：快乐对悲伤，信任对厌恶，恐惧对生气，惊讶对期待。基本情绪的结合情况如下。

（1）期待＋快乐＝乐观［对反对］。

（2）快乐＋信任＝友爱［对懊悔］。

（3）信任＋恐惧＝屈服［对鄙夷］。

（4）恐惧＋惊讶＝敬畏［对挑衅］。

（5）惊讶＋悲伤＝反对［对乐观］。

（6）悲伤＋厌恶＝懊悔［对友爱］。

（7）厌恶＋生气＝鄙夷［对屈服］。

（8）生气＋期待＝挑衅［对敬畏］。

对于情绪轮盘的最大争议是，没有归纳骄傲和羞耻这一对情绪。这一对情绪在产品设计中经常接触到。举例来说，奖励机制的设计，就是希望通过积分或者获得徽章的形式来增加用户的“荣誉感”；相反地，慈善活动的推进则多亏了“羞耻感”。另外，由于很多微妙的情绪没有被归纳进去，情绪轮盘也经常被认为太简单。

尽管如此，情绪轮盘还是被广大设计师认可，并作为情感化设计研究的起点，帮助他们认清在产品中加入何种情绪最合适，明确产品需要传达的情绪。

6.1.4 情绪与行为模型

研究者开发了一个情绪与行为的模型。该模型是根据大脑功能的不同层次建立的。最底层是本能层，它会自动响应发生在物理世界中的事件。上一层是控制日常行为的大脑过程，称为行为层。最高层涉及大脑的思考过程，称为反思层。

本能层反应迅速，能快速判断事物是好或坏、安全或危险、愉快或厌恶。还会由刺激触发一些情绪反应（如恐惧、快乐、愤怒和悲伤等），这些反应是通过生理和行为反应的组合来表达的。例如，看到一个非常大的毛蜘蛛穿过浴室的地板，许多人会产生恐惧，导致他们尖叫和逃跑。行为层是大多数人类活动发生的位置，如惯常的日常操作（谈话、打字和游泳）。反思层包括有意识的思维，人们会对事件进行归纳，或对日常事件进行审视思考。例如，有人可能会在看恐怖电影时通过反思层思考叙事结构和电影中使用的特殊效果，也会因为本能层对恐怖情节感到害怕。

设计师可以考虑根据这三个层次设计产品。本能设计指的是使产品外观、感觉和声音感觉良好；行为设计与使用有关；反思设计是在特定文化背景下思考产品的意义和个人价值。例如，某品牌手表的设计在这三个层次均有体现，其文化图像和图形元素的使用旨在吸引反思层次的用户；其使用上的功能可见性旨在吸引行为层次的用户；其鲜艳的色彩、狂野的设计和艺术风格主要吸引本能层次的用户。它们结合在一起，创造出与众不同的品牌效果，吸引人们购买和佩戴此款产品。

6.2 情感化设计

设计师常使用表情符号、声音、图标和虚拟助手这样的元素来使界面变得富有表现力，它们用于与用户建立情感联系或感觉（如温暖或悲伤），或诱发用户产生某种情绪反应（如自在、舒适和幸福的感受）。

6.2.1 情感化图标

早期，情感化图标被用来表示计算机的当前状态，特别是当它正在启动或重启时。20

世纪80年代的一个经典例子是,当机器启动时,苹果电脑的屏幕上就会出现 happy Mac 的图标。微笑的图标传达了友好的信息,让用户感到自在,甚至回以微笑。屏幕上图标的外观也让用户感觉很可靠,因为这表明他们的计算机在正常工作。经过近20年的使用,happy Mac 图标已经淡出人们的视线。苹果公司现在使用更客观但更美观的反馈样式来表示需要等待的过程,如"启动""忙""不工作"或"下载"等。这些图标包括旋转的彩色沙滩球和一个转动的时钟指示器。同样,安卓系统使用旋转的圆圈来显示进程的加载。

表达系统状态的其他方式包括如下内容。

(1) 动态图标(如往回收站里丢弃文件时,回收站打开以及清空回收站时里面的纸张消失)。

(2) 指示动作和事件的声音(如窗口关闭时发出"嗖"的声音,收到新的电子邮件时发出"叮"的声音)。

(3) 振动触觉反馈,如不同的智能手机"嗡嗡"地振动,提示收到朋友或家人的信息。

不同的界面风格使用的形状、字体、颜色和图形元素以及它们的组合方式,也可以对情绪产生影响。图6-7所示为常用的情感化图标。设计师也可以运用许多美学原则,如干净的线条、平衡、简洁、留白和纹理,使图像带给用户更多的参与感和愉快的体验。

图6-7 情感化图标

研究表明,在界面中使用美学设计能对人们产生积极的影响。当界面的外观令人愉悦和舒适时,人们可能更宽容,并愿意等待几秒钟的网站下载时间。此外,漂亮的界面通常更令人满意和愉快。

6.2.2 令人厌烦的界面

在许多情况下,计算机界面可能会在无意间引起人们的消极情绪反应,如愤怒。此外,复杂的行为也会令人非常厌烦。但这并不意味着开发人员不知道这样的可用性问题,他们已经设计了几种方法来帮助新手了解并熟悉技术,如弹出帮助框和相关的教学视频。帮助用户的另一种方法是让界面看起来更友好——尤其是那些刚接触电脑或网上银行的用户。许多在线商店和旅行社使用卡通人物形象的虚拟助手担任销售助手,它们通常显示在文本框的上方或旁边，用户可以在其中输入查询信息。为了使它们看起来好像在聆听，它们会模仿人类的一些行为。如果界面设计得不好，就可能会让人感到愚蠢，用户还可能因此烦恼甚至发脾气。

6.3 情感计算技术

情感计算涉及如何让计算机与人类一样识别和表达情绪。它使用最新的可穿戴传感器，创造最新的科技，通过分析人们的表现与对话来评估沮丧、压力和情绪，探讨情感如何影响个人健康，进而设计人们交流情绪状态的方式。情感人工智能已成为一个研究领域，旨在研究通过使用可以分析面部表情和语音的人工智能技术来自动测量感受和行为，以推断情感。许多传感技术可以实现这一点，并根据收集的数据从各个方面预测用户行为。例如，预测某人在感到悲伤、无聊或快乐时最有可能在线购买的产品。

常用的情感计算技术包括如下内容。

(1) 使用相机测量面部表情。

(2) 将生物传感器放在手指或手掌上，以测量皮肤电反应(通过汗水增加判断某人是否表现出焦虑或紧张)。

(3) 检测语音中的情感(通过语音质量、语调、音高、响度和节奏判断)。

(4) 通过放置在身体各部位的运动捕捉系统或加速计传感器检测身体运动和手势。

自动面部编码的使用在商业环境中越来越受欢迎，特别是在营销和电子商务活动中。例如，某款情感分析软件采用先进的计算机视觉和机器学习算法来记录用户对数字内容的情绪反应，同时通过网络摄像头捕获的画面分析用户对网络内容(如电影、在线购物网站和广告)的参与程度。根据所收集的面部表情，将基本情绪以百分比的形式显示在显示器中人脸上方的情绪标签旁。其提供的数据通过检测以下表情是否存在来确定面部表情的类型。

- 微笑
- 张大眼睛
- 皱眉
- 抬起脸颊
- 张嘴
- 噘嘴
- 皱鼻子

如果在广告弹出时用户的表情很糟糕，表明他们感到厌恶；而如果他们开始微笑，则表明他们感到快乐。然后，网站可以将广告、电影故事情节或内容调整为更适合该情绪状态下的人所需的内容。

情感人工智能软件也已开始分析驾驶员在驾驶时的面部表情，目的是提高驾驶安全性。软件会感知驾驶员是否生气，然后通过建议进行干预。例如，汽车中的虚拟助手可能会建议驾驶员深呼吸，并播放舒缓的音乐，以帮助他放松。除了通过面部表情识别特定的情绪(如快乐、愤怒和惊讶)外，软件还使用特定的标志来检测困倦状态。这些标志包括闭眼、打哈欠和眨眼频率。检测到这些面部表情已达到阈值时，软件可以触发动作，如让虚拟助手建议驾驶员在安全的地方停车。

用于揭示某人情绪状态的其他间接方法包括眼球追踪（图 6-8），测试手指脉搏、语音以及他们在社交媒体上发状态、在线聊天或发帖所使用的单词/短语。用户表达情感的水平、他们使用的语言以及他们使用社交媒体时表现自己的频率都可以表明他们的精神状态、幸福感和个性的各个方面（例如，他们是外向的还是内向的，神经过敏的还是从容不迫的）。一些公司可能尝试组合这些方法，如同时关注用户的面部表情和在网上使用的语言；而其他公司可能只关注一个方面，如用户通过电话回答问题时声音的语调。人们开始将这种间接情绪检测用于帮助推断或预测某些人的行为，如判断他们是否适合某种工作，或他们将如何在选举中投票。

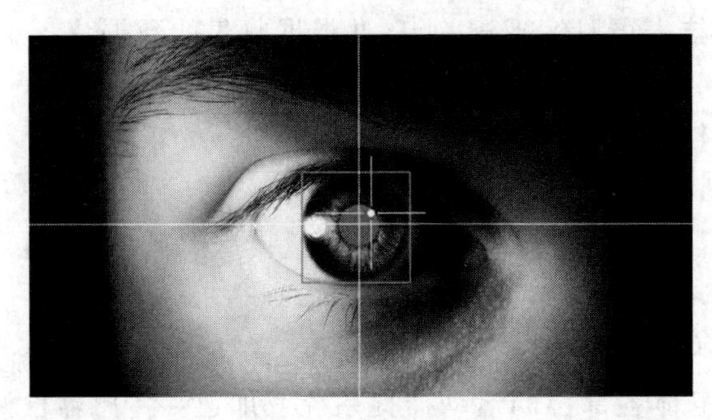

图 6-8　眼球跟踪

值得思考的是，通过技术从面部表情或社交媒体中的内容读取用户的情感，基于分析和过滤向用户推荐符合其心情的在线内容（如广告、新闻或电影），这符合伦理吗？会有人认为这是对他们隐私的侵犯吗？

人类往往会根据对对方感受的判断来给予彼此建议。例如，为了让对方高兴，人们可能去建议读一本书或看一场电影。然而，许多人可能不喜欢应用程序做同样的事，例如，它会分析人的面部表情，然后对人们应该吃什么、看什么或做什么提出建议。

6.4　说服技术与行为改变

人们在界面上使用各种技术来吸引用户注意到某些类型的信息，并试图改变他们的行为或想法。其中，在计算机和智能手机屏幕上实现的方法有弹出广告、警告消息、提醒、提示、个性化消息和推荐等。

6.4.1　亚马逊的一键式机制

亚马逊希望客户尽可能轻松地购买商品，因此，他们的最大创新就是一键式机制（图 6-9），使在线商店购物变得容易。此外，推荐系统会基于用户以前购买的商品、选择和偏好向其推荐特定的书籍、酒店、餐馆等。Fogg 将这种技术称为说服设计，即通过说服技术诱惑、哄骗、怂恿人们做某事。

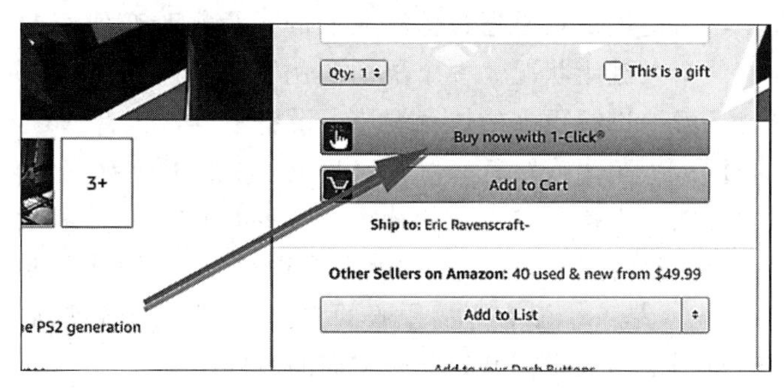

图 6-9 亚马逊的一键式机制

在基本层面上，亚马逊的一键式订购是一种为订单设置默认付款方式和地址的简单方法。顾客选择了信用卡和地址后，就可以单击一个按钮，然后坐等采购的物品出现在门口。

亚马逊还根据订单的可用性自动合并顾客的订单。假设顾客使用一键订购方式一次购买了 3 件商品，亚马逊不会收取 3 倍运费，而是会查看物品从何处运送，需要多长时间以及是否可以将它们分组在一起。该公司将把尽可能多的物品合并在一起，以降低运输成本。

但是，亚马逊的一键订购也可能会有些棘手。一键式订购有几种不同的类型，内容如下，打开或关闭其中一种类型，将不会影响其他任何一种。

(1) 常规一键订购：这些设置适用于在亚马逊网站上下的订单。它们也可以用于通过 Amazon Echo 之类的设备下达的订单。

(2) 移动一键订购：这是常规一键订购的一项单独功能。顾客可以使用相同的信用卡和地址，但是如果关闭“移动一键订购”，则不会影响常规的一键式设置，反之亦然。

(3) 数字一键订购：所有数字购买(如电子书、可下载的音乐和数字游戏代码)均使用数字一键订购设置。此方法使用默认付款方式，但显然不能默认地址，因为没有邮寄地址，顾客无法关闭“数字一键订购”。

顾客可在亚马逊页面输入默认地址和付款方式，设置一键订购，此后，当选择“一键购买”时，亚马逊将使用该信息。放置任何“一键购买”订单(数字内容除外)后，顾客大约有 30min 的时间更改订单。然后，亚马逊检查可以将哪些物品组合在一起，计算运输成本，再将订单发送出去。

一键订购最明显的问题是安全性问题。如果在手机上启用了“一键订购”功能，但丢失了手机或将它落在了孩子手中，就不能阻止他人使用手机订购商品。当自不注意时，也有可能自己意外下了订单。

当然，对于许多人来说，一键单击很方便，值得权衡。如果经常在网站订购商品，又不想每次都确认相同的信息，一键订购可以避免很多麻烦。

6.4.2 技术干预

技术干预可以改变非商业领域中人们的行为，包括安全、预防性医疗保健、健康个人关系、能源消耗和学习。这里重点是通过监测人们的行为来改变他们的习惯或让他们做某事,从而改善他们的个人健康状况。一个早期的例子是任天堂的"神奇宝贝皮卡丘"设备,激励孩子们坚持不懈地进行更多的体育锻炼。设备中"居住"着一只电子宠物,设备的所有者需要每天通过行走、跑步或跳跃来维持这只电子宠物的生存。佩戴者每走一步,都能得到"瓦特币",它可以用来购买皮卡丘的礼物。计步器上的20步将会奖励玩家一个瓦特币,如果用户一个星期没有运动,虚拟宠物就会变得愤怒,并拒绝玩耍。这种使用积极的奖励和"生闷气"的方式是一个强有力的说服的方法,因为孩子们常常会对他们的虚拟宠物产生情感依恋,特别是当孩子们开始照顾它们的时候。

现在,市场上有许多移动应用程序和个人追踪设备,它们帮助人们监测各种行为,并根据收集和反馈的数据来改变人们的行为。这些设备包括健身追踪器(如FitBit),以及体重跟踪器(如智能秤)。这些设备通过提供统计数据和图表来鼓励人们改变行为,其界面会显示人们在一天、一周或一个月内进行了多少运动,减了多少体重,并与他们在前一天、上一周或前一个月的状况进行对比。他们也可以通过在线排行榜和图表将自己的运动成果与同事或朋友的进行对比。

一项关于人们在日常生活中如何使用这样的设备的调查显示,人们购买它们通常只是为了简单地尝试一下或送人,而不是为了专门改变自身行为。如何检测跟踪、检测跟踪什么内容以及什么时候检测,取决于他们的兴趣和生活方式:一些人使用它们来展示自己在马拉松中或自行车赛道上的速度有多快,或者他们如何改善生活方式,让睡眠或饮食习惯更良好。

自动收集关于行为量化数据的另一种方法是要求人们手动写下现在的感受或评价他们的心情,然后反思他们过去对自己的感受。例如,Echo移动应用程序要求人们写下一个主题,评价他们当时的幸福程度,并且根据其意愿添加描述、照片或视频。有时候,应用程序会要求他们回顾以前的输入内容。这种技术介入的回顾可以提升健康和幸福感。每个回顾以一个堆叠卡片的形式呈现,卡片上显示时间和代表幸福指数的笑脸。使用Echo的人们反馈了这样做的积极效果,包括他们通过记录来重温美好的回忆和克服消极的情绪。记录和回顾的双重行为使他们能够总结经验,汲取教训。

对全球气候变化的关注已引起一些研究人员设计和评估可以显示实时反馈的各种能源传感设备。其目的之一是找到帮助人们减少能源消耗的方法,而这也是更大的研究议程的一部分,称为可持续的人机交互。其重点是说服人们因为环境问题而改变他们的日常习惯,如减少个人、社区(如学校、工作场所)甚至更大的组织(如街道、城镇、国家)的碳排放量。

广泛的研究表明,通过向家庭提供其消费的反馈可以减少家庭能源使用。研究发现,连续或每天的能耗反馈比每月的反馈能带来更好的节约效果。图形表示的类型也会影响反馈效果。如果太明显(如用一个食指指向用户),可能会被认为太直白或咄咄逼人;而但更醒目的简单图像(如信息图表或表情符号)可能更有效。因为其可能鼓励人们更多地展示他们的能源使用,甚至促进公众对其所代表的内容及其如何影响他们展开讨论。如果图像太抽象,则可能会带来其他意义,人们可能会忽略它。因此理想的表示形式是介于二者之间。

另一个影响因素是社会规则。一项研究中将一个家庭的能源消耗与邻居的能源消耗平均值进行了对比。高于平均水平的家庭倾向于减少消费，但低于平均水平的家庭则倾向于增加消费。研究发现，这种“回力棒”效应可以通过向家庭提供有他们的能源使用量信息的表情符号来改善：如果收到笑脸图标，使用量比平均量少的家庭将继续这样做；如果收到悲伤的图标，使用量超过平均量的家庭将减少更多的消费。

6.4.3 欺骗性技术

现在的技术越来越多地需要人们的个人信息，这就使得互联网欺诈者可以获取个人信息来访问其银行账户，并从中取钱。有些邮件看起来像是从 eBay、PayPal 和各种知名银行发送的，但事实上却只是垃圾邮件。许多人至少有这些公司中一家的账户，他们将有可能被这些邮件误导，不知不觉地跟随其要求进行了操作，结果几天后却发现自己的财富消失了。虽然许多人对网络钓鱼诈骗越来越谨慎，但仍然有许多易受伤害的人受到了欺诈。

“钓鱼”指的是引诱用户泄露财务信息和密码的复杂方式。此外，互联网欺诈者正变得更聪明，并不断地改变他们的战术。虽然欺骗的伎俩已经存在了几个世纪，但是越来越多普遍的、经常巧妙地使用网络欺骗人们泄露信息的行为可能会给社会带来灾难性的影响。

6.5 拟人论

拟人（图 6-10）是人们将人类的特性赋予动物和物体。例如，人们有时会和他们的计算机说话，就像计算机是人类一样；把他们的机器人清洁工看作他们的宠物；给他们的移动设备、路由器等起可爱的名字。广告商意识到了这些现象，所以经常在无生命的物品设计中创建类似人和动物的角色，以促进产品的销售。例如，早餐谷物、黄油和水果饮料都已经变得具有人类特性（可以移动、谈话、有个性，并表现出情绪），从而吸引观众购买它们。孩子们特别容易受到这种“魔法”的影响，于是广告商把所有的无生命物体都设计得栩栩如生。

图 6-10　拟人

人们（尤其是儿童）都喜爱且乐于接受具有人类特征的物品。许多设计人员充分利用了人们的这个倾向,最普遍的就是虚拟助手和交互式玩偶、机器人及可爱玩具的设计。早期商业产品鼓励儿童在玩玩具的过程中学习。开发者通过编程使玩具对孩子做出反应,并使其能够在一起观看电视或执行计算机任务的过程中做出评论。特别地,当儿童正确回答了问题后,玩具就会向他们表示祝贺。它也可以用适当的表情对屏幕上的内容做出反应。交互式玩偶使用基于传感器的技术、语音识别以及嵌入其体内的各种机械结构来交谈,感知和理解周围的世界。

将人类的特性和其他类似人类的属性赋予机器,会使人们在与机器交流时感觉更加愉快、更有趣。它们还可以激励人们开展各种活动,如学习。如与屏幕人物(指导教师和系统向导)交流要比与对话框交流更加愉快。

人们开发了许多专门用于支持老年人护理的商业物理机器人。早期产品由白色塑料制成,衣服或头发是彩色的,如比利时开发的Zora机器人(图6-11),主要作为医疗保健的社交机器人。一个法国的养老院批量购买了这种产品,许多患者对他们的Zora机器人产生了情感依恋,抱着它,喃喃自语,甚至亲吻它的额头。当然,它永远不能与患者需要的人类触摸和温暖相提并论,但它扮演一个与人类照顾者共存的有趣而激励的角色并没有什么害处。

图6-11 Zora机器人

习题

1. (　　)是指通过感知某人的面部表情、身体动作、手势等特征来自动检测和识别某人情绪的技术。

A. 情感计算　　B. 情绪学习　　C. 情感状态　　D. 情绪智能

2. 情感设计涉及能够期望(　　)的技术,如能够让人们反思自己的情感、情绪和感觉的应用程序,其重点是设计互动产品,唤起人们的某种情感反应。

A. 情感计算　　B. 情绪学习　　C. 情感状态　　D. 情绪智能

3. (　　)交互涉及思考什么让我们快乐、悲伤、生气、焦虑、沮丧、积极、欣喜若狂等,并且使用这些知识来指导用户体验设计的不同方面。

A. 智能化　　B. 社交化　　C. 概念化　　D. 情感化

4.（　　）技能，特别是表达和识别情绪的能力，是人类沟通的核心。

A. 智慧　　B. 情绪　　C. 感情　　D. 能力

5. 了解（　　）是如何工作的，向我们提供了一种通过触发用户的情感和反射来改善用户体验的方法。

A. 智慧　　B. 情绪　　C. 感情　　D. 能力

6. 研究者开发了一个情绪与行为的模型，（　　）不属于该模型的成分。

A. 智慧　　B. 本能　　C. 行为　　D. 反思

7. 情感化设计的指导思想就是"要让用户在使用产品的过程中产生强烈的情感共鸣，从而培养用户的（　　）"。

A. 智慧　　B. 本能　　C. 信任度　　D. 忠诚度

8. 由情绪轮盘可以得知，基本情绪有两两对立关系，其中，期待＋快乐＝（　　）。

A. 敬畏　　B. 屈服　　C. 乐观　　D. 友爱

9. 由情绪轮盘可以得知，基本情绪有两两对立关系，其中，快乐＋信任＝（　　）。

A. 敬畏　　B. 屈服　　C. 乐观　　D. 友爱

10. 由情绪轮盘可以得知，基本情绪有两两对立关系，其中，信任＋恐惧＝（　　）。

A. 敬畏　　B. 屈服　　C. 乐观　　D. 友爱

11. 由情绪轮盘可以得知，基本情绪有两两对立关系，其中，恐惧＋惊讶＝（　　）。

A. 敬畏　　B. 屈服　　C. 乐观　　D. 友爱

12. 由情绪轮盘可以得知，基本情绪有两两对立关系，其中，惊讶＋悲伤＝（　　）。

A. 悲观　　B. 懊　　C. 鄙夷　　D. 挑衅

13. 由情绪轮盘可以得知，基本情绪有两两对立关系，其中，悲伤＋厌恶＝（　　）。

A. 悲观　　B. 懊　　C. 鄙夷　　D. 挑衅

14. 由情绪轮盘可以得知，基本情绪有两两对立关系，其中，厌恶＋生气＝（　　）。

A. 悲观　　B. 懊　　C. 鄙夷　　D. 挑衅

15. 由情绪轮盘可以得知，基本情绪有两两对立关系，其中，生气＋期待＝（　　）。

A. 悲观　　B. 懊　　C. 鄙夷　　D. 挑衅

16. 常用的情感计算技术不包括（　　）。

A. 使用相机测量面部表情

B. 使用多媒体设备综合表达喜、怒、哀、乐

C. 通过放置在身体各部位的运动捕捉系统或加速计传感器检测身体运动和手势

D. 检测语音中的情感（通过语音质量、语调、音高、响度和节奏判断）

17. 如果在广告弹出时用户的表情很糟糕，这表明他们感到（　　）。

A. 敬畏　　B. 屈服　　C. 厌恶　　D. 友爱

18.（　　）可以改变非商业领域中人们的行为，包括安全、预防性医疗保健、健康个人关系、能源消耗和学习。

A. 印象效果　　B. 技术干预　　C. 经济手段　　D. 色彩表现

19. 现在的技术越来越多地需要人们的个人信息,这就使得互联网(　　)可以获取个人信息来访问其银行账户,并从中取钱。

A. 欺诈者　　B. 开发者　　C. 分析员　　D. 组织者

20. (　　)是人们将人类的特性赋予动物和物体,例如,人们有时会和他们的计算机说话。

A. 演员　　B. 舞者　　C. 用户　　D. 拟人

实验与思考:熟悉情感化交互设计

1. 实验目的

(1) 解释人们的情绪如何与行为、用户体验相关。解释什么是富有表现力的界面,什么是令人厌烦的界面,以及它们对人们的影响。

(2) 介绍情感识别领域以及它如何被应用。描述如何设计技术改变人们的行为。

(3) 了解拟人化如何在交互设计中应用。交互设计的情感化方面关注在用户体验中如何促进某些状态(如愉快)或避免某些反应(如沮丧)。

2. 工具/准备工作

在开始本实验之前,请回顾本章的相关内容。

需要准备一台能够访问因特网的计算机。

3. 实验内容与步骤

(1) 请分析阐述:我们大多数人都熟悉“404 错误”的消息,当单击的链接不加载网页或向浏览器输入了错误的 URL 时,它便会弹出。但是,它代表什么意思?为什么是数字 404 呢?有没有更好的方法让用户知道链接或网站出错了?浏览器向用户“道歉”而不是显示错误信息是否会更好?

答:____

____

____

(2) 是机器人还是可爱的宠物?

早期的机器宠物,如索尼的 AIBO,是由硬质材料制成的,看起来光滑而笨拙。相比之下,最近的趋势是使机器宠物摸起来和看起来更像真正的宠物,即人们将毛皮覆盖在它们身上,并使它们表现得更可爱,就像宠物一样。你喜欢哪个,为什么?

答:____

____

____

4. 实验总结

____

5. 实验评价(教师)

第7章 发现需求

导读案例：马斯克想把你家变成“发电厂”

不少人都有关于停电的记忆甚至故事，我个人印象深刻的停电事件还是2008年雪灾这种大型自然灾害导致的。那时家家户户都购买大量蜡烛照明，作为小孩的我自然也因为没了电而穷极无聊，持续多天的断电也导致了大量的经济损失。作为基础生活设施，电力的重要性不言而喻。那时总会偷偷想象自家要是有个发电机就好了，就不会断电了。

最近，被称作“硅谷钢铁侠”的马斯克又发豪言，表示要将个人家庭改造成小型发电厂，还要反哺公用电网。

这事还要从2015年说起。当时特斯拉公司推出一款储能电池Powerwall（图7-1），它的装机容量达到了6.4kWh，持续峰值能达到2kW，而且配合太阳能屋顶模块，该电池可以重复使用，还可以多个电池叠加扩大容量。

图7-1 特斯拉 Powerwall

初代Powerwall发布后引发了大量关注。福布斯进行体验后表示，该产品和太阳能电池板等综合计算得出的电费价格高于美国的平均电费价格，因此它仅仅适合在大型自然灾害时作为备选电源。

虽然评价一般，但特斯拉公司反应也很快，2016年就推出了Powerwall 2。它的硬件性能提升不少，不仅装机量达到了13.5kWh，持续峰值也达到5kW，总吞吐量为37.8MWh，而且电池使用周期也更长了，除了太阳能自耗和备份，电池容量几乎是无限的。

特斯拉公司还提供了10年的保修期，价格虽然上升了一些，但使用周期更长了，甚至有芬兰媒体评测后表示，在10年保修期的情况下，Powerwall的最低电价能达到17美分。另外，马斯克还表示加强新生产的Powerwall的能力，其最大功率将达到9.6kW，标称电池容量仍然是13.5kWh。

2021年，安装Powerwall的太阳能公司Harmon Electric&Solar和一位持有Powerwall以及太阳能屋顶的用户丹·金，就通过视频公布了该产品的真实使用情况。位于美国亚利桑那州的一家，周日一天的耗电量为56.7 kWh，使用太阳能屋顶发电是完全可以覆盖的。虽然不能完全满足无太阳时的用电需求，但对于天气环境不好、公用电网不算稳定的亚利桑那州来说，Powerwall储能电池与太阳能屋顶发电（图7-2）的组合仍然有着不小的需求。

图7-2 太阳能屋顶发电

不过，Powerwall的安装量并没有想象中的飞速增加。因为，在供不应求的情况下，它的价格多次上涨，而且特斯拉公司还将它与太阳能发电屋顶捆绑销售，价格进一步上涨。

供不应求导致产品涨价，很好地体现了Powerwall太阳能储能发电产品组合的产品力，也意味着这一市场在不断增长，马斯克也曾表示特斯拉公司的能源业务可能会超越电动车业务。

而且家用储能电池市场还只是整个能源市场的一角，更广阔的是企业、机构市场，对比家用市场复杂的场景、对价格的高度敏感，企业市场就相对更直接一些。

对公用电网的过度依赖一直是不少制造业企业希望解决的问题之一，毕竟天灾的到来会导致巨大的经济损失。通过高容量的储能电池和太阳能发电设备组建发电厂无疑是解决方式之一。而且国际能源署也证实了太阳能是史上最便宜的电力来源之一。

苹果公司就曾花费5000万美元向特斯拉公司采购了一批企业、公用机构专用的大型储能电池Megapacks，它的容量达到了3MWh，也可以通过多个组合的方式扩大最大容量。苹果公司一共采购了85个Megapacks组成电池储能系统，与苹果公司位于美国加州的太阳能发电农场配合，最高储能达到了240MWh，足够7000个家庭使用一天。图7-3所示为多个Megapacks电池组成的大型储能系统。

苹果公司也表示，使用太阳能发电和储能电池有利于减低碳排放量，再加上与供应链企业的合作，有利于更快达到苹果公司2030年实现碳中和的目标。

图 7-3　多个 Megapacks 电池组成的大型储能系统

碳积分是欧盟以及不少国家政府环保政策的副产物之一。为了尽快达到碳中和的目标,不少国家都对企业实施了配额制度,一旦排放的二氧化碳或废气超过可配额,就需要支出高额税费。而特斯拉公司这种以储能电池、电动车为主的企业,碳排放量较少(图 7-4),也因此积累了不少碳积分,每年碳排放配额不够的企业就会通过购入碳积分达到抵消的目的。

图 7-4　减少碳排放量

通过 Powerwall 和 Megapacks 等能源产品,特斯拉公司设想了一个与今天生活几乎相反的世界。以往依靠公共电网,由政府或公共机构统一调配,消费者向其付费。而特斯拉公司则是希望通过储能电池和太阳能发电系统建设一个分布式的电网,每家每户都是发电厂,接入公用电网后进一步调配,保证每家每户都能用上电,同时也依靠太阳能这种清洁能源实现了电网脱碳。

特斯拉公司甚至还设想仅仅使用一部分地区的太阳能发电解决整个美国的用电需求,这样就可以选择太阳光充足的地区作为发电厂,并将转化多出来的电能存入储能电池中,用以晚上或太阳光照不足时使用。

麻省理工学院曾进行过类似的研究,结果显示美国的电力需求可以通过当前的零碳技术满足，而太阳能发电和储能电池正是零碳技术重要的组成部分。

现阶段来看，零碳技术仍然有一段不小的发展期，它更多的意义是作为公用电网的补充。而特斯拉公司设想的“家用发电厂”，会随着电池价格的进一步下降降低准入门槛，用Powerwall和太阳能建设家用发电厂将会在更多地区普及，乃至成为电网重要的组成部分。

到那时，儿时家就是发电厂、永不断电的幻想才会变成现实。

资料来源：李敏，腾讯新闻，https://new.qq.com/rain/a/20210507A0DLE800，有删改。

阅读上文，请思考、分析并简单记录：

(1) 除了“家用发电厂”，你还了解马斯克的哪些“惊人”壮举？

答：

(2) 请通过网络搜索简单阐述什么是“碳积分”，它有什么积极意义？

答：

(3) 你认为“家用发电厂”项目最终会成功吗？为什么？

答：

(4) 请简单记述你所知道的上一周内发生的国际、国内或者身边的大事。

答：

7.1 用户分析

早期的计算机应用软件，如文本编辑器、编程语言等，用户主要是技术型的程序员及其同行，这些用户的丰富经验和应用动机意味着能够接受甚至赏识软件的复杂界面。如今，移动设备、即时通信、电子商务、数字图书馆的用户群发展壮大，因此单凭编程人员的直觉就不恰当了。现在的软件用户大都并不专注于技术，而是更多地与其工作的需要及执行的任务相联系，同时，人们也越来越多地把计算机应用于娱乐。因此，软件设计人员只有仔细观察用户，通过对任务的仔细分析而改进其原型，并通过早期的可用性测试和详尽的验收测试来确认，才有可能制作出高质量的软件界面。

7.1.1 用户是谁

确定用户群体似乎是一项简单的活动，但却可能比想象得更难。例如，有研究者发现，智能手机用户比大多数制造商所认识的更多样化。根据对一个月内智能手机应用程序使用情况的分析，发现了382种不同类型的用户。研究者还发现，很少有人了解智能家居的用户是谁。从某种程度上看，这是因为现在许多产品都是面向大部分人群开发的，因此很难对用户群体做清晰的描述。一些产品具有更多受限的用户社区，如特定工作部门的特定角色，因此可能存在一系列担任不同角色的用户以不同方式与产品相关联，如管理直接用户的人、从系统接收输出的人、测试系统的人、做出购买决定的人以及使用竞争产品的人。

还有一类让人意想不到的人群，他们都在成功的产品开发中占有一席之地，他们被称为“利益相关者”（又称干系人）。利益相关者是可以影响项目的成败或受其影响的个人或团体。特定产品的利益相关者群体将大于用户群体。前者包括支付费用的客户，与之交互的用户，设计、构建和维护它的开发人员，对其发展和运作施加规则的立法者，可能由于产品的问世而失去工作的人，等等。

确定项目的利益相关者有助于确定谁可以作为用户参与以及在何种程度上参与，但确定他们可能会非常棘手。有人建议使用洋葱图来模拟利益相关者及其参与情况（图7-5），该图展示了利益相关者区域的同心圆。

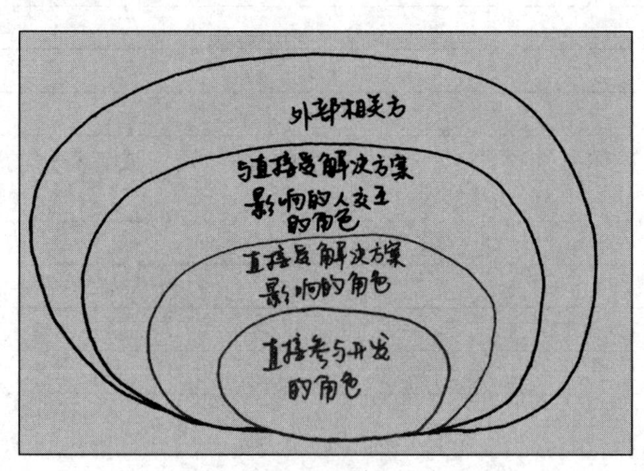

图7-5 洋葱图分析

7.1.2 用户需求是什么

确定要构建的产品不只是询问人们“你需要什么”，然后提供所需的东西，因为人们不一定知道什么是可能实现的。有研究者提到了“未曾想过”的需求，即用户甚至都不知道自己的需求。发现这种需求的方法有探索问题空间、调查用户及其活动以寻找可以改进的内容，或者与潜在用户一起尝试想法，以确定该想法是否成功，而不是询问用户。在实践中，人们经常采用这些方法的混合方式——尝试想法，以发现需求，并决定构建什么，同时也要了解问题空间的相关知识、潜在用户及其活动。

如果产品是一项新发明，那么确定用户及其典型任务可能会更难。这就是为早期创意提供真实用户反馈的野外研究或快速设计的可贵之处。与想象谁可能想要使用产品以及他们可能想要用它做什么相比，将产品放在那里并找出结果会更有效——其结果可能会带来惊喜！

设计师可能很容易设计他们想要使用的东西，但他们的想法不一定与目标用户群体的想法一致，因为设计师与他们有不同的经验和期望。一些从业者和评论员观察到，观察用户正在努力完成他们似乎非常清楚的任务，对开发人员或设计人员来说是一种“令人大开眼界的体验”。

关注人们的目标、可用性目标和用户体验目标与仅期望利益相关者阐明对产品的需求相比，是一种更有前途的交互设计方法。

7.2 需求分析

所谓需求，是关于预期产品的陈述，它指定了预期产品的任务或者它将如何执行任务。例如，对某种智能手表 GPS 应用程序的一个需求是加载地图的时间少于半秒，另一个需求是让青少年觉得这款智能手表有吸引力。后面这个例子还要更详细地探索究竟是什么让这款手表对青少年有吸引力。

研究需求活动，首先需要探讨需求活动的目的以及如何捕获需求。情境调查、研究文档和研究类似产品是分析需求中常用的技术。角色和场景有助于将数据和需求带入生活，可以用于探索用户体验和产品功能。用例则是记录数据收集会话结果的有用技术。

发现需求的重点是探索问题空间并定义开发的内容。在交互设计中，这包括理解目标用户及其能力；新产品如何在日常生活中支持用户；用户当前的任务、目标和情境；对产品性能的限制；等等。这种理解形成了产品需求的基础，并支撑了设计和实现。

需求、设计和评估活动是紧密相关的，特别是在用于交互设计的迭代开发周期中。一些设计发生在需求被发现时，而设计是通过一系列评估-重新设计的循环演进的。使用较短的迭代开发周期很容易混淆不同活动的目的。但每个活动都有不同的重点和特定的目标，它们都是制造高质量产品所必需的。

7.2.1 双菱形设计方法

设计可以细分为很多学科，如平面设计、建筑设计、工业设计和软件设计。尽管每个学科都有自己的设计方法，但也存在共性。双菱形设计方法(图 7-6)描述了这些共性。该方法有以下 4 个迭代阶段。

(1) 发现：设计师尝试收集与问题相关的见解。

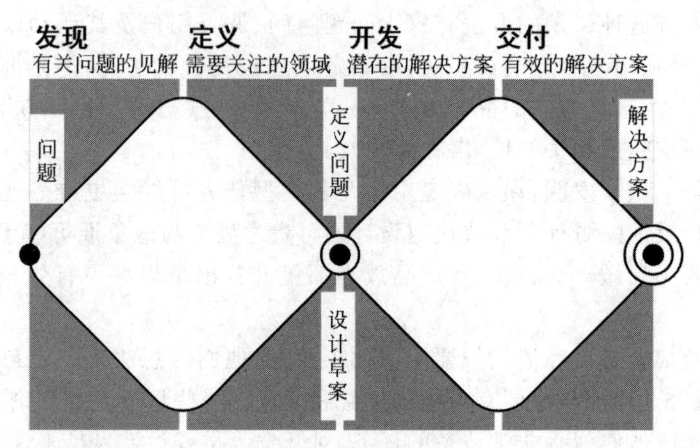

图 7-6　双菱形设计方法

(2) 定义：设计师制定明确的草案，构成设计挑战。

(3) 开发：创建解决方案或概念，并进行原型化、测试和迭代。

(4) 交付：敲定方案，生成和启动项目。

交互设计也遵循这些阶段，并将以用户为中心的设计理念作为基本准则，即让用户参与整个开发过程。传统的方法是，交互设计师首先进行用户研究，然后将他们的想法大致描绘出来。需求活动位于双菱形的前两个阶段，这两个阶段包括探索问题空间以获得对问题的深刻见解，以及对将要开发的内容进行描述。

7.2.2　捕获需求

需求可以通过目标活动直接发现，也可以在产品评估、原型制作、设计和构建过程中间接地发现。随着交互设计生命周期的扩展，需求发现逐渐迭代，其迭代周期确保从这些活动中吸取的经验教训能够相互补充。在实践中，当涉众与设计交互并学习什么是可能的以及如何使用特性时，需求就会演化和发展，活动本身也将被反复地重新访问。

需求可以通过几种不同的形式捕获。对于某些产品，如运动监测应用程序，可能适合通过原型或操作的产品来隐式地捕获需求。对于其他产品，如工厂中的过程控制软件，在原型或构建开始之前需要对所需的行为有更详细的理解，并且可以使用结构化或严格的符号来研究产品的需求。在所有情况下，明确地捕获需求是有益的，以确保关键需求不会在迭代过程中丢失。交互式产品跨越了具有不同约束和用户期望的广泛领域，如果一款用来提醒购物者最喜欢商品的优惠信息的新应用程序无法使用或略显不准，它就可能会令人失望，但如果同样的情况发生在空中交通管制系统上，则后果会严重得多，甚至危及生命。

需求有许多不同种类，每种需求都可以用不同的符号来强调或掩盖，因为不同的符号强调不同的特性。例如，对依赖大量数据的产品的需求，将使用强调数据特征的符号来捕获。这意味着使用一系列呈现形式，包括原型、故事、图表和照片，适合正在开发的产品。

7.2.3 避免误解

交互设计的目标之一是产生可用的产品，以支持人们在日常生活和工作中交互。发现和沟通需求有助于推进这一目标，因为定义需要构建什么支持了技术开发人员，并允许用户更有效地作出贡献。如果产品不能使用或不符合需求，那么每个人都会感到失望。而伴随着反复的迭代和评估以及以用户为中心的设计会减少这种情况的发生。

例如，一个项目包含客户如何解释、项目主管如何理解、分析师如何设计、程序员如何编程、商业顾问如何描述、项目文档如何记录、配置如何操作、客户如何付款、如何支撑项目、客户真正需要的是什么等方面。迭代的、以用户为中心的方法的目标包含不同的视角，并确保它们达成一致。如果没有清晰地表达需求，则更有可能出现误解。

7.3 需求定义

需求活动的目标之一是识别、阐明和捕获需求。发现需求的过程是迭代的，允许需求及对其的理解不断发展。除了捕获需求本身之外，该活动还包括指定可以用来显示何时已满足需求的标准，如可用性标准和可以以这种方式使用的用户体验标准。

7.3.1 用户故事

需求具有不同的形式和不同的抽象级别。捕获产品预期功能的一种方法是通过用户故事进行调研。用户故事在团队成员之间传达需求。每一个用户故事都代表一个客户可见的功能单元，并作为用于扩展和澄清需求的对话的起点。用户故事还可以用来捕获可用性和用户体验目标。最初，用户故事通常写在实体卡片上，这故意限制了可以捕获的信息量，以便促进涉众之间的对话。用于详细说明需求的附加信息通常存储在用户故事中。例如，这些附加信息可能是详细的图表或截图。

用户故事代表了可以开发活动中的一个短时阶段，常见的简单结构如下。

作为一个〈角色〉，我想要〈行为〉以便〈好处〉

例如，一个旅游组织软件的用户故事可能如下。

(1) 作为一名〈旅行者〉，我想要〈在所有的航班中选择我最喜欢的航空公司〉，以便〈收集航空里程〉。

(2) 作为一家〈旅行社〉，我想要〈显示我的特别折扣率〉，以便〈为客户提供有竞争力的价格〉。

使用敏捷方法进行产品开发时，将普遍使用用户故事方法。用户故事是“短跑”计划的基础，也是构建产品的基石。一个已完成并为开发做好准备的故事由描述、对开发所需时间的估计和验收测试组成，验收测试决定了如何度量是否满足需求。用户故事通常会被进一步分解为更小的故事(称为任务)。

在开发的早期阶段，需求可能以叙事的形式出现。叙事是一个用户故事，可能需要几周或几个月的时间来实现。进入这段“短跑”之前，叙事将被分解成更小的工作块（用户故事）。例如，旅游组织应用程序的叙事可能如下。

（1）作为一名〈团体旅行者〉，我想要〈从一系列符合团体偏好的潜在度假计划中进行选择〉，以便〈整个团体可以玩得尽兴〉。

（2）作为一名〈团体旅行者〉，我想要〈知道团体中每个人的签证限制〉，以便〈团体中的每个人都能在充足的时间内安排签证〉。

（3）作为一名〈团体旅行者〉，我想要〈知道旅游目的地所需接种的疫苗〉，以便〈在充足的时间内为团体中的每个人安排接种〉。

（4）作为一家〈旅行社〉，我想要〈显示实时更新的信息〉，以便〈客户收到准确的信息〉。

7.3.2 不同类型的需求

需求有许多来源，如来自用户社区、业务社区，或者作为要应用的技术的结果。传统做法已经确定了两种不同类型的需求：功能性需求（描述产品将要做什么）和非功能性需求描述产品的特性（有时称为约束）。例如，一款新电子游戏的功能性需求可能对用户的一系列能力构成挑战。该需求可能被分解成更具体的需求，以详细描述游戏中挑战的结构，如精通程度、隐藏的提示和技巧、魔法物品等。这款游戏的非功能性需求可能是可以运行在各种平台上，比如微软的 Xbox 和任天堂的 Switch 游戏系统。交互设计涉及同时理解功能性和非功能性需求。对需求类型的一种全面分类如表 7-1 所示，而表 7-2 则提出了 7 个产品维度。

表 7-1 需求类型的全面分类

需求类型	详细分类
1. 项目驱动	（1）产品的目的
	（2）涉众
2. 项目约束	（3）规定的约束
	（4）命名约定和术语
	（5）有关事实和假设
3. 功能性需求	（6）工作范围
	（7）业务数据模型和数据字典
	（8）产品范围
	（9）功能需求
4. 非功能性需求	（10）外观需求
	（11）可用性和人文需求
	（12）性能需求

续表

需求类型	详细分类
4. 非功能性需求	(13) 操作和环境需求
	(14) 可维护性和支持需求
	(15) 安全需求
	(16) 文化需求
	(17) 合规需求
5. 项目问题	(18) 开放问题
	(19) 现成解决方案
	(20) 新问题
	(21) 任务
	(22) 迁移到新产品
	(23) 风险
	(24) 成本
	(25) 用户文档和培训
	(26) 等候室
	(27) 解决问题的想法

表 7-2 7个产品维度

产品维度	详细
用户	用户与产品交互
接口	产品连接到用户、系统和设备
动作	产品为用户提供功能
数据	产品包含一个数据和有用信息的存储库
控制	产品实施约束
环境	产品符合物理性能和技术平台要求
质量属性	产品具有一定性能，符合其操作和开发的要求

6种最常见的需求类型包括功能需求、数据需求、环境需求、用户需求、可用性需求和用户体验需求。

(1) 功能需求。捕获产品将要做的事情。例如，在汽车装配线上工作的机器人的功能需求可能是能够准确地放置和焊接正确的金属块。理解交互式产品的功能需求是基础。

(2) 数据需求。捕获所需数据的类型、波动性、大小、数量、持久性、准确性和值。所有交互式产品都必须处理数据。例如，如果正在开发买卖股票和证券的应用程序，数据必须是最新且准确的，并且很可能每天会更新很多次。在个人银行领域，数据必须是准确的，并能够持续几个月甚至几年，而且会有大量的数据需要处理。

(3) 环境需求或使用情境。指的是交互式产品将在其中运行的环境，包括以下4个方面。

① 物理环境，如在操作环境中预计有多少照明、噪音、运动和灰尘。用户是否需要穿戴防护服，如可能影响界面类型选择的大手套或头盔？环境有多拥挤？如ATM在非常公共的物理环境中运行，使用语音界面可能会有问题。

② 社会环境。关于交互设计的社会方面的问题，如协作和协调。如数据是否需要共享？如果是，共享必须是同步的（如同时查看数据）还是异步的（如两个人轮流编写报告）？其他因素还包括团队成员的物理位置，如远距离通信的协作者。

③ 组织环境，例如，用户支持可能有多好，它是否容易获得，是否有培训的设施或资源，通信基础设施多么高效或稳定，等等。

④ 需要建立技术环境。例如，产品将运行在什么技术上或需要与什么技术兼容，以及可能相关的技术限制是什么。

(4) 用户需求。用户特征捕获和预期用户的关键属性，如用户的能力和技能，这取决于具体产品，要捕获用户的教育背景、偏好、个人情况、身体或精神残疾情况等。此外，用户可能是新手、专家、临时用户或频繁用户，这将影响交互设计的方式。例如，新手可能更喜欢循序渐进的指导，而专家可能更喜欢灵活的互动与更广泛的控制权。典型用户的特征集合称为用户概要文件。任何一个产品都可能有几个不同的用户概要文件。

(5) 可用性需求和用户体验需求。这是另外两种需求，应该采用适当的度量工具将它们共同捕获。可用性工程是一种在开发过程的早期就对产品可用性目标的具体措施达成一致，并用于跟踪开发过程中的进展的方法。这既确保了可用性被给予适当的优先级，又便于进度跟踪。用户体验目标也是如此。

不同的交互式产品将与不同的需求相关联。例如，为监控年长者的活动并适时提醒医护人员而设计的远程监护系统会受到感应器种类及大小的限制，而使用者在进行日常活动时应能轻易佩戴感应器。可穿戴界面要求轻便、小巧、时尚，最好是隐藏起来，不要碍手碍脚。在线购物网站和机器人伴侣都有一个可取的特点，就是值得信赖，但这一特性会导致一系列非功能性需求——前者优先考虑信息安全，而后者的行为规范中，信息安全意味着值得信赖。现在许多系统的一个关键需求是它们是安全的，其中一个挑战是提供不影响用户体验的安全性。

7.3.3 实用安全性

安全性是大多数用户和设计人员都认同的一项需求，它对于大多数产品都很重要。已经发生的各种各样的安全漏洞，特别是个人隐私数据的安全漏洞，提高了人们对安全必要性的认识。但这对交互设计意味着什么？安全措施如何在不影响用户体验的情况下保持适当的健壮性？讨论安全机制的可用性和采用以用户为中心的安全方法的必要性，包括告知用户如何选择安全密码，也强调忽略以用户为中心的安全视角将导致用户绕过安全机制。

许多年后，人们仍然在讨论实用安全性和用户在维护安全实践中的角色。用户现在被如何选择密码的建议所轰炸，但大多数成年人与如此多的系统交互，并且必须维护各种各样的登录细节和密码，这非但不能提高安全性，反而会导致用户制定应对策略来管理自己的密码，而这最终可能会损害而不是加强安全性。例如，确定一个密码的生命周期，该生命周期显示了密码是如何被开发、重用、修改、丢弃和遗忘的。当用户创建弱密码或将密码写下来时，他们不一定会忽略密码建议，相反，他们会小心地管理自己的资源，并花费更多精力来保护最有价值的账户。我们强调关于记忆和密码的问题，以及使用生物识别技术取代密码的趋势。然而，即使使用生物识别技术，仍然需要发现实用安全需求。

7.4 为需求收集数据

为需求收集数据涉及广泛的问题，包括谁是预期用户、他们目前从事的活动及其相关目标、执行活动的情境以及当前情况的基本原理。数据收集会话的目标是发现与产品相关的所有需求类型。访谈、观察和问卷调查这3种数据收集技术在交互设计生命周期中经常使用，此外还可以使用其他几种方法来发现需求。

例如，文档（如手册、标准或活动日志）是一个很好的数据来源，可以提供有关活动涉及的规定步骤、管理任务的任何规则或者用于审查与安全相关的活动记录的保存位置。研究文档也可以很好地获取背景信息，而且不需要花费涉众的时间。研究其他产品也可以帮助确定需求。例如，分析现有的非可视化绘图支持包，以确定盲人用户对数字绘图工具的需求。又如提出一个推荐系统，用于探索现有的应用程序商店，提取常见的用户界面特征，以确认新系统的需求。

人们通常使用多种数据收集技术，以提供不同的视角。例如，用于理解活动情境的观察，针对特定用户群的访谈，用于覆盖更广泛人群的问卷调查，以及旨在建立一致观点的焦点小组。许多不同技术的组合帮助用户在专业领域的交互式产品开发中了解领域的复杂性。

7.4.1 数据收集

下面的一些示例组合了不同的数据收集技术，以开展需求分析活动。

(1) 实地直接观察，通过日志文件间接观察，查阅日记，进行调谈和调查。

考虑开展一项研究，以帮助设计一个促进情绪健康的精神康复系统。在这个系统中，希望探索用来改善人的幸福感的有益建议，反思过去的消极与积极事件产生的影响。为此，在该领域进行了两项直接观察研究，共有165名被试。人们在实地研究期的前后分别进行了调查，以评估人们的情绪健康、行为和自我意识。第一项研究是进行访谈，有60名被试，为期3周，研究中调查了他们过去的情绪数据、情绪概况和不同类型的关于改善未来精神健康状况的建议之间的关系。第二项研究有105名被试、为期28天，通过使用智能手机的日志应用程序来调查和分析过去的消极与积极事件对幸福感的影响。两项研究共同提供了对建设促进情绪健康系统的需求基础。

(2) 日记和访谈。

考虑一项研究，了解人们在日常生活中如何使用多个信息设备的组合，以便为支持多设备使用的未来界面、技术和应用程序的设计提供信息。基于研究目的，信息设备是可用于创建或消费数字信息的任何设备，包括个人计算机、智能电话、平板电脑、电视、游戏控制台、照相机、音乐播放器、导航设备和智能手表。研究者收集了14名被试为期一周的日记和对其进行的访谈资料。该研究表明，对技术环境的需求包括人们希望改善多设备的用户体验，能够使用任何设备访问任何内容以及提高云存储的可靠性和性能。

(3) 访谈、线框模型评估、问卷调查、工作原型评估。

考虑一个为创伤性脑损伤患者开发一种记忆辅助应用程序的项目。研究者最初对21名被试进行了访谈，以探讨损伤后的记忆障碍。根据这些访谈，他们确定了使用外部记忆辅助工具的共同主题。他们还了解到，患者并不仅仅需要一个提醒系统，而是需要既能帮助他们记忆，也可以提高记忆能力，其技术需求是简单、可定制和谨慎的。

(4) 研究文档、评估其他系统、进行用户观察和小组访谈。

研究一个描述船舶操纵系统(图7-7)用户界面设计的民族志研究项目。民族志是人类学的研究方法，是建立在室外野地工作基础上第一手观察以及相关习俗文化的描述，以此来理解和解释社会，并提出理论见解。

图7-7 船舶操纵系统

设计团队首先研究了意外和事故报告，以确定要避免的事情，如混淆转速计与方向舵指示器等。他们使用启发式方法来评估一些现有系统，特别是关于如何在显示器上表示船舶的系统。一旦发现一组合适的需求，就会在用户的帮助下绘制草图，进行原型设计和评估，以生成最终设计。

(5) 民族志研究、访谈、可用性测试和用户参与。

考虑一个用于探索基因组数据的多点触控桌面用户界面设计的项目。研究者与38位分子学家和计算生物学家进行了深入访谈，以了解当前研究小组的需求和工作流程。

一个研究结核病基因相互作用的9人小组使用民族志方法进行了为期8周的研究，并观察了其他实验室。由于其应用领域是专业化的，因此设计团队需要熟悉领域的概念。为实现这一目标，生物学家被整合到开发团队中，设计团队的其他成员定期访问生物学研究组的合作伙伴，参加课程，并与用户进行频繁的可用性测试。

7.4.2 使用探针与用户互动

探针有多种形式，是一种富有想象力的数据收集方法。它旨在促使被试采取行动，特别是通过以某种方式与探针交互，让研究人员可以更多地了解用户及其背景。探针依靠某种形式的记录来收集数据——依靠技术探针自动收集数据，或通过日记探针手动收集数据。

有一项新的交互技术的研究，其目的是增加老年人在当地社区的存在感。该项目避免了传统的（如问卷调查、访谈或民族志）研究方法，开发了一种称为文化探针的技术。这些探针由一个包含8～10张明信片、7张地图、一次性相机、相册和媒体日记的钱包组成。被试被要求回答与钱包中某些物品相关的问题，如在世界地图上标记曾经去过的地方，然后将其交给研究人员。被试还被要求使用相机拍摄他们的家、今天穿的衣服、当天看到的第一个人、喜欢的东西和无聊的东西。

受到这种原始文化探针理念的启发，人们开发了不同形式的探针，并将其用于一系列目标。例如，为特定问题和情境对象设计探针形式，以温和地鼓励用户积极参与并回答问题。

其他类型的探针包括技术探针和挑衅探针。技术探针有移动音乐程序，而挑衅探针旨在挑战现有的规范和态度，以引发讨论的技术探针。例如，研究者设计了一个挑衅探针，以挑战家庭洗衣习惯，其目的是了解用户的洗衣习惯，并从概念、功能和美学三个方面来激发用户。

7.4.3 情境调查

情境调查是20世纪90年代发展起来的。随着时间的推移，它已经适应了不同技术以及技术应用于日常生活的不同方式。情境调查是情境设计的核心领域研究过程，是一种以用户为中心的设计方法。它明确定义了如何收集、解释和建模人们生活的数据，以推动设计构思。

情境调查也用于发现需求。例如，研究者使用情境调查来了解与用于连续参数控制的设备（比如音响工程师或飞行员使用的旋钮和滑块）相关的、尚未解决的可用性问题。从研究中确定了6种需求：快速交互、精确交互、无眼交互、移动交互、复古和兼容性（需要使用现有的接口专业知识）。

一对一，现场访谈，也称为情境访谈，针对设计团队的每一个成员进行，每个访谈持续1.5～2小时。这些访谈主要关注与项目范围相关的日常生活（工作和家庭）。情境调查使用师傅/徒弟的模型来收集数据，基于访谈者（徒弟）沉浸在用户（师傅）世界中的想法，创造了双方共享和学习的态度。这种方法改变了传统的访谈者和被访谈者之间的"权力"关系。用户讲述他们的经历,就像他们所"做"得那样,徒弟通过参与并观察活动来学习,这具有观察和民族志研究的所有优点。由此出现的人们不明确且不一定能自己意识到的具体细节被分享和学习。在观察和学习过程中,徒弟关注的是"为什么",而不是"是什么"。

情境访谈有4个原则,分别是情境、伙伴关系、解释和焦点。每个原则都定义了交互的一个方面。

(1) 情境。强调接近用户并看到他们在做什么的重要性,以保证接触到的是正在进行的体验而不是摘要数据,是具体细节而不是抽象数据,是有经验的动机而不是报告。

(2) 伙伴关系。创造一个协作的环境,用户和访谈者在平等的基础上一起探索用户的生活。在传统的访谈或工作室情境中,访谈者或工作室的领导者是掌控者,但在情境调查中,伙伴关系意味着共同发展。

(3) 解释。将观察作为设计假设或想法的基础。这些解释由用户和设计团队成员协作开发,以确保它们是合理的。如在一个运动监视器的情境访谈中,用户反复检查数据,特别是心率显示。一种解释是用户非常担心他们的心率;另一种解释是用户担心该设备没有有效地测量心率。还有一种解释可能是该设备最近未能上传数据,而用户希望确保定期保存数据。确保解释正确的唯一方法是询问用户并观察他们的反应。也许,实际上他们并没有意识到自己正在做的事情,而只是一种分散注意力的习惯。

(4) 焦点。旨在指导访谈设计,告诉访谈者需要注意的所有将被挖掘的细节。虽然学徒模式意味着师傅(用户)将选择分享或教授什么,但获取与项目相关的信息也是徒弟的责任。此外,访谈者会有他们自己的兴趣点和观点,这使得当团队所有成员围绕项目焦点进行访谈时,能收集到活动不同方面的丰富数据。

除了决定会话如何进行的原则外,情境访谈还受到一组"酷概念"的指导。酷概念是对原有情境调查思想的补充,它来自一项实地研究,该研究调查了用户认为"酷"的技术是什么。在这项研究中,出现了7个酷概念,它们被分成两组:4个增强生活乐趣的概念和3个增强使用乐趣的概念。生活乐趣概念捕捉产品如何使人们的生活更加丰富和充实。这些概念包括完成(授权用户)、连接(增强真实关系)、身份(支持用户的自我感觉)和感觉(愉快的时刻)。使用生活乐趣概念描述了使用产品产生的影响。这些概念包括直接行动(满足用户的意图)、麻烦因素(消除所有故障和不便)和学习增量(减少学习时间)。

情境访谈包括4个部分:概述、过渡、主要访谈和总结。第1部分像传统的访谈一样进行,人们相互介绍并设置项目的背景。在第2部分,互动随着双方的相互了解而发生变化,从而确立情境访谈的参与度。第3部分是核心数据收集环节,即用户继续自己的活动,访谈者进行观察和学习。最后,总结包括分享访谈者发现的一些模式和观察结果。

在访谈过程中以笔记和初始情境设计模型的形式收集数据,可能还有音频和视频记录。每次情境访谈之后,团队都会举行一个答疑会议,讨论用户,从而建立基于数据的共享理解。在此期间,还将生成或合并特定的情境设计模型。情境设计推荐了10个模型,团队可以选择与项目最相关的模型。其中的一些模型与一些"酷概念"相关联,如生活中的一天模型(代表成就)、关系和协作模型(代表联系)、身份模型和感觉板。其他模型则提供了用户任务的完整视图,包括流模型、决策点模型、物理模型、序列模型和工件模型。情境设计方法采用"墙壁漫步"的沉浸式活动来贯彻这一原则,所有生成的模型都被挂在会议室墙上,供涉众阅读和提出设计想法。

7.5 角色和场景

使用用户故事等方法可以捕获需求的本质,但它们都不足以表达和传达产品的目的和愿景。这两者都可以通过原型、工作系统、屏幕截图、对话、验收标准、图表、文档等扩充。需要这些扩充形式中的哪一个以及需要多少,将由正在开发的系统类型决定。在某些情况下,以更正式或结构化的表示方式捕获目标产品的不同方面是合适的。例如,在开发安全关键设备时,需要明确且精确地指定系统的功能、用户界面和交互方式。

通常用于增强基本需求信息并将需求变为现实的两种技术是角色和场景。这两种技术通常一起使用,相互补充,以带来真实的细节,使开发人员能够探索用户当前的活动、对新产品的未来使用以及新技术的未来愿景。它们还可以指导整个产品生命周期的开发。

7.5.1 角色

角色是对正在开发的产品的典型用户的丰富描述,设计人员可以在这些角色上集中精力,并为其设计产品。角色没有描述特定的人,但它是现实的而不是理想化的。每一个角色都代表许多参与数据收集的真实用户的综合,它基于一组用户概要文件。每个角色的特征是与正在开发的特定产品相关的一组独特目标,而不是工作描述或简单的人口统计。这是因为具有同一工作角色或同一人口统计特征的人往往具有不同的目标。

除了目标之外,角色还将包括对用户行为、态度、活动和环境的描述。这些项目都有详细说明。例如,一个角色不是简单地描述某人是一名称职的水手,而是包括他们已经获得了日间船长资格、在欧洲水域及其周围有超过100小时的航海经验,并且会被其他不遵守航行规则的水手激怒。每个角色都有一个名字,通常包括一张照片以及一些个人细节,比如他们的爱好。它增加了精确且可靠的细节,帮助设计师将人物角色视为真正的潜在用户,从而将其视为他们设计的受益者。

产品通常需要一组而不仅仅是一个角色。选择代表预期用户组大部分人的少数(或可能仅一个)主要角色可能是有帮助的。角色得到了广泛使用,证明它是向设计人员和开发人员传达用户特征与目标的有效方式。

一个好的角色可以帮助设计师了解特定的设计决策是否可以帮助或阻碍用户的应用。角色有以下两个目标。

(1) 帮助设计师做出设计决策。

(2) 提醒团队使用该产品的是真正的人。

一个好的角色支持以下推理:小明(角色1)在这种情况下会对产品做什么?如果产品以这种方式运行,那么小芳(角色2)会如何回应?但是,好的角色可能难以开发,它包含的信息需要与正在开发的产品相关。例如,共享旅行组织软件的角色将关注与旅行相关的行为和态度，而不是角色阅读的报纸或购买衣服的地方。但购物中心导航系统的角色可能会考虑这些方面。

有研究者进行了一系列研究，确定厨房中的用户的需求和目标，作为一种改进技术设计以协助烹饪的方法。他们通过背景研究确定了三个用户组，即初学者、年长专家和家庭（特别是父母）中的三个成员，并对其进行了观察和访谈。访谈主要集中在烹饪体验、膳食计划和杂货店购物等主题上。两名研究人员参加了每次家访。他们使用笔记、视频、音频和照片来捕获数据，包括在某些活动期间的出声思考会话。

研究人员寻找数据中的模式，将其归为一个角色的共性，并根据用户反馈的数据开发了三个主要角色和三个次要角色。他们还进行了一项在线调查，以验证这些角色，并创建支持烹饪的新技术需求清单。

角色的风格差异很大，但通常都包括名称和照片，以及关键目标、用户引用、行为和一些背景信息。

7.5.2 场景

场景是“非正式的叙述性描述”，描述了故事中的人类活动或任务，允许探索和讨论情境、需求和要求。它不一定描述用于实现目标的软件或其他技术支持的使用。使用用户的词汇和措辞意味着涉众可以理解场景，并且能够充分参与开发。

想象一下，你被要求调查一个大型建筑项目的设计团队如何共享信息。这种团队包括多个角色，如建筑师、机械工程师、客户、估算师和电气工程师。抵达现场后，建筑师丹尼尔迎接了你，他首先讲述了如下内容。

设计团队的每个成员都需要理解总体目标，但是每个人对必须做出的设计决策都有不同的观点。例如，估算师将关注成本，机械工程师将确保设计考虑到通风系统，等等。当建筑师提出一个设计概念时，比如一个螺旋楼梯，每个人都将从自己的设计原则来看待这个概念，并评估它是否会在给定的位置上发挥预想的作用。这意味着我们需要共享关于项目目标、决策原因和总体预算的信息，并利用我们的专业知识就选项和结果向客户提供建议。

讲故事是人们解释他们正在做什么的自然方式，涉众可以轻松地与他们自己联系起来。这些故事的焦点当然也可能是用户试图实现的目标。理解人们为什么会这样做和他们在这个过程中想要达到什么目的的重点是研究人类活动而不是与技术的互动。“从当前行为开始”允许设计者识别活动中涉及的人和工件。对特定应用程序、绘图、行为或位置的重复引用表明它在某种程度上是正在执行活动的核心，值得密切关注，以发现它所扮演的角色。“理解当前行为”还允许设计者探索人们操作背后的约束、情境、刺激、促进者等。

在调查需求活动期间，场景强调情境、可用性和用户体验目标以及用户参与的活动。场景通常在研讨会、访谈或头脑风暴会议期间生成，以帮助解释或讨论用户目标的某些方面。它们只捕获一个视角，可能是产品的一次使用或者如何实现目标的一个例子。

7.5.3 设计小说

设计小说是一种表达对未来技术所处世界的看法的方式。它已经成为交互设计中的一种流行方法,用于探索设想的技术及其用途,而不必面对务实的挑战。在虚构的世界中,可以对伦理、情感和情境进行详细且深入的探索,而不必担心具体的约束或实现困难。这个术语最早是在2005年创造的,随着不同使用方式的出现,人们对它的使用也逐渐增多。

例如,研究者采取了一种设计小说方法来探讨未来传感技术的隐私和监督问题。他们的设计灵感来自科幻小说《圆圈》。这个设计小说是视觉的,采取了包含概念设计的工作簿形式。他们借鉴了这部小说中的三种技术,比如一个用于无线地记录和广播实况视频的棒棒糖大小的摄像机,还引入了一个新的原型技术,用于检测用户的呼吸模式和心率。

设计小说经过了三轮修改。第一轮修改了小说中的技术,如增加了具体的界面。由于《圆圈》中没有照片,所以作者只能根据文字描述为这些技术设计界面。第二轮讨论了隐私问题,并将这些技术从小说中延伸到了一个更广阔的世界。第三轮讨论了超出了小说范围和他们当时所做的设计的隐私问题。他们认为,设计小说有助于拓宽设计传感技术的人的设计空间,也可以作为进一步研究中的访谈探针。他们还反映,一个现存的虚构世界是发展设计小说的良好起点,这有助于探索未来,否则可能会被忽视。

我们可以用文学的"基本情节"来暗示场景采用"战胜怪物"的情节,其中"怪物"指有待解决的问题,而设计小说的更多形式是"远航归来"或"探索"。可以将场景构造为文本描述,也可以使用音频或视频。

一开始,编写角色和场景可能很困难,会导致一组将人的细节与场景的细节混为一谈的叙述。场景描述了产品的一种使用方式或实现目标的一个示例,而角色则描述了产品的典型用户。

7.6 捕获与用例的交互

用例关注功能性需求,并捕获交互。因为它专注于用户和产品之间的交互,所以可以用它来思考正在设计的新交互,也可以用来捕捉需求——仔细考虑用户需要看到什么、了解什么或者对什么做出反应。用例定义特定的过程,因为它是对步进的描述。这与关注结果和用户目标的用户故事形成了鲜明对比。尽管如此,从步骤的角度捕捉这种交互的细节,对于增强基本需求描述是有用的。用例的样式各不相同。

第一种用例样式侧重于产品和用户之间的任务划分。例如,表7-3展示了团体旅行获取签证用例的示例,重点是团体旅行应用程序的签证要求元素,考虑如何在产品和用户之间划分任务。它没有提到任何用户和产品之间交互方式的内容,而是将重点放在用户交互和产品责任上。例如,第二个用户交互只是说明用户提供所需信息,可以通过多种方式实现,包括扫描护照、访问基于指纹识别的个人信息数据库等。这种用例称为基本用例。

表 7-3　获取签证的基本用例

用户交互	系统责任
找到签证需求	请求目的地和国籍
提供所需信息	取得适当的签证信息
上传签证信息副本	提供不同格式的信息
选择合适格式	以选定的格式提供信息

第二种用例样式更为详细，它捕获了用户与产品交互时的目标。在这种技术中，主要用例描述了标准过程，即最常执行的操作集。其他可能的操作序列称为备选过程，列在用例的底部。一个用于团体旅行组织软件中获取签证要求的用例（标准过程是可以获得有关签证要求的信息）示例如图 7-9 所示。

1. 产品要求提供目的地国家的名称。
2. 用户提供国家名称。
3. 产品检查国家是否有效。
4. 产品要求用户提供国籍。
5. 用户提供其国籍。
6. 产品检查目的地国家对持有用户国籍护照的签证要求。
7. 产品提供签证要求。
8. 产品询问用户是否希望在社交媒体上分享签证要求。
9. 用户提供适当的社交媒体信息。

备选过程：

4. 如果国家名称无效。
    4.1 产品提供错误信息。
    4.2 产品返回步骤1。
6. 如果国籍无效。
    6.1 产品提供错误信息。
    6.2 产品返回步骤4。
7. 如果没有发现有关签证要求的信息。
    7.1 产品提供适当的信息。
    7.2 产品返回步骤1。

图 7-9　获取签证的用例实例

请注意，与备选过程关联的数字表示标准过程中的对应步骤被此操作或一组操作所替代。

习题

1. 早期计算机应用软件的用户主要是技术型的程序员及其同行，他们的丰富经验和应用动机意味着能够接受甚至赏识软件的（　　）。

A. 图形界面　　B. 简单界面　　C. 复杂界面　　D. 丰富内涵

2. 确定用户群体之所以可能比想象的难，是因为现在许多产品都是面向（　　）开发的，因此很难对用户群体作清晰描述。

A. 复杂人群　　B. 大部分人　　C. 精英人群　　D. 重点人群

3. 产品除了可能存在一系列具有不同角色的用户，以不同方式与产品相关联之外，还有一类让人意想不到的广泛人群，他们被称为(　　)者。

A. 利益苛求　　B. 不同利益　　C. 利益无关　　D. 利益相关

4. 确定要构建的产品不只是询问人们“你需要什么”，然后提供所需的东西，因为人们(　　)什么是可能实现的。

A. 不一定知道　　B. 一定知道　　C. 应该知道　　D. 完全不知道

5. 关注人们的目标、可用性目标和(　　)目标与仅期望利益相关者阐明对产品的需求相比，是一种更有前途的交互设计方法。

A. 功能强度　　B. 利益要求　　C. 用户体验　　D. 产品体验

6. 所谓(　　)，是关于预期产品的陈述，它指定了预期产品的任务或者它将如何执行任务。

A. 调查　　B. 测试　　C. 设计　　D. 需求

7. (　　)有助于将数据和需求带入生活，可以用于探索用户体验和产品功能。

A. 角色和场景　　B. 测试和设计　　C. 调查和测试　　D. 分析和开发

8. (　　)是记录数据收集会话结果的有用技术。

A. 角色　　B. 用例　　C. 场景　　D. 分析

9. 平面设计、建筑设计、工业设计和软件设计等，尽管每个学科都有自己的设计方法，但也存在共性。(　　)设计方法描述了这些共性。

A. 三角形　　B. 正方形　　C. 双菱形　　D. 六边形

10. 需求可以通过(　　)直接发现，也可以在产品评估、原型制作、设计和构建过程中间接地发现。

A. 入户调查　　B. 目标活动　　C. 压力测试　　D. 系统走访

11. 需求有许多不同种类，每种需求都可以用不同的(　　)来强调或掩盖，因为不同的符号强调不同的特性。

A. 音乐　　B. 文字　　C. 图形　　D. 符号

12. 对依赖于大量数据的产品需求，将使用强调(　　)的符号来捕获，包括原型、故事、图表和照片等。

A. 数据特征　　B. 艺术特征　　C. 模拟要素　　D. 模式形状

13. 如果产品不能使用或不符合需求，那么每个人都会感到失望。而伴随着反复的迭代和评估以及以(　　)为中心的设计会减少这种情况的发生。

A. 功能　　B. 用户　　C. 质量　　D. 产品

14. 发现需求的过程是(　　)的，允许需求及对其的理解不断发展。

A. 独立　　B. 一次性　　C. 迭代　　D. 短暂

15. 需求具有不同的形式和不同的抽象级别。捕获产品预期功能的一种方法是通过(　　)进行调研。

A. 用户故事　　B. 座谈会　　C. 用户访问　　D. 头脑风暴

16.(　　)需求是指捕获产品将要做的事情,它是理解交互式产品的基础。

A. 数据　　B. 功能　　C. 用户　　D. 可用性

17. 所有交互式产品都必须处理(　　),这个需求是指捕获所需数据的类型、波动性、大小、数量、持久性、准确性和值。

A. 数据　　B. 功能　　C. 用户　　D. 可用性

18.(　　)需求,或使用情境,指的是交互式产品将在其中运行的场所。

A. 数据　　B. 功能　　C. 环境　　D. 可用性

19.(　　)需求是指用户特征捕获和预期用户的关键属性,例如用户的能力和技能。

A. 数据　　B. 功能　　C. 用户　　D. 可用性

20.(　　)这两种需求,应该采用适当的度量工具共同捕获。

A. 数据需求和功能需求　　B. 可用性目标和用户体验目标

C. 用户需求和可用性需求　　D. 功能需求和用户需求

21.(　　)有四个原则,每个原则都定义了交互的一个方面,这些原则分别是情境、伙伴关系、解释和焦点。

A. 情境访谈　　B. 社会调查

C. 头脑风暴　　D. 研究小组会议

22.(　　)是对正在开发的产品的典型用户的丰富描述,设计人员可以在这些角色上集中精力,并为其设计产品。

A. 情境　　B. 调查　　C. 场景　　D. 角色

23.(　　)是"非正式的叙述性描述",它描述了故事中的人类活动或任务,允许探索和讨论情境、需求和要求。

A. 情境　　B. 调查　　C. 场景　　D. 角色

实验与思考:熟悉需求类型,开发角色和场景

1. 实验目的

(1) 熟悉用户需求类型,从简单的描述中识别不同类型的需求。

(2) 了解数据收集技术,以及如何使用它们来发现需求。

(3) 从简单描述中开发角色和场景,将用例描述为详细捕获交互的方法。

2. 工具/准备工作

在开始本实验之前,请回顾课文的相关内容。

需要准备一台能够访问因特网的计算机。

3. 实验内容与步骤

(1) 针对以下两种产品,在每个类别(功能需求、数据需求、环境需求、用户特征、可用性目标和用户体验目标)中提出一些关键需求。

① 一种用于在购物中心周围导航的交互式产品。

答：

功能需求：______

数据需求：______

环境需求：______

用户特征：______

可用性目标：______

用户体验目标：______

② 一种可穿戴的交互式产品，用于测量糖尿病患者的血糖水平。

答：

功能需求：______

数据需求：______

环境需求：______

用户特征：______

可用性目标：______

用户体验目标：______

(2) 本练习说明现有活动场景如何帮助确定未来应用程序的需求，以支持相同的用户目标。

请编写一个关于你将如何选择一辆新的混合动力汽车的场景。它应该是新车，而不是二手车。完成之后，思考任务的重要因素、你的优先顺序和偏好，然后设想一个支持这个目标并考虑到这些问题的新的交互式产品。编写一个未来式的场景，展示该产品将如何支持你的活动。

答:(可以参考本书附录提供的参考答案来完成实验任务。)

-------------------------------- 请另外附纸提交你的实验答案 --------------------------------

4. 实验总结

____

____

____

____

5. 实验评价(教师)

____

____

第8章　交互设计过程

导读案例：AI处理器XPU

AI处理器(图8-1)也称为AI芯片、AI加速器或计算卡，即专门用于处理人工智能应用中大量计算任务的模块(其他非计算任务仍由CPU负责)，AI芯片主要分为GPU、FPGA、ASIC。

图8-1　AI处理器

GPU(Graphics Processing Unit)即图形处理器，又称显示核心、视觉处理器、显示芯片或绘图芯片，是一种专门在个人计算机、工作站、游戏机和一些移动设备(如平板电脑、智能手机等)上进行绘图运算工作的微处理器。其用途是将计算机系统所需要的显示信息进行转换，并向显示器提供行扫描信号，控制显示器的显示效果。它是连接显示器和个人计算机主板的重要元件，也是"人机对话"的重要设备之一。

FPGA(Field-Programmable Gate Array)即现场可编程门阵列，是在PAL、GAL、CPLD等可编程器件的基础上进一步发展的产物。它是作为专用集成电路(ASIC)领域中的一种半定制电路而出现的，既克服了定制电路的不足，又克服了原有可编程器件门电路数有限的缺点。

这里，我们提出一个AI时代的xPU版摩尔定律：每过18天，集成电路领域将多出一个xPU，直到26个字母被用完。

据统计，已经被用掉的xPU如下。

APU(Accelerated Processing Unit)，即加速处理器，是AMD公司推出的加速图像处理芯片产品。

BPU(Brain Processing Unit)，是地平线公司主导的嵌入式处理器架构，应用于处理器 ADAS 产品中。

CPU(Central Processing Unit)，即中央处理器，是目前个人计算机芯片的主流产品。

DPU(Dataflow Processing Unit)，即数据流处理器，是 Wave Computing 公司提出的 AI 架构。另外有 Data storage Processing Unit，是深圳大普微的智能固态硬盘处理器。

FPU(Floating Processing Unit)，即浮点计算单元，是通用处理器中的浮点运算模块。

GPU(Graphics Processing Unit)，即图形处理器，采用多线程 SIMD 架构，虽然为图形处理而生，但在 Nvidia 的人工智能布局下，成为了人工智能算法的主要硬件选项。

HPU(Holographic Processing Unit)，即全息图像处理器，是微软公司出品的全息计算芯片与设备。

IPU(Intelligence Processing Unit)，是 Deep Mind 公司投资的 Graphcore 公司出品的智能处理器产品。

MPU/MCU(Microprocessor/Micro controller Unit)，即微处理器/微控制器，一般用于低计算应用的 RISC 计算机体系架构产品，如 ARM-M 系列处理器。

NPU(Neural Network Processing Unit)，即神经网络处理器，是基于神经网络算法的新型处理器总称，如中科院计算所/寒武纪公司出品的 diannao 系列产品。

RPU(Radio Processing Unit)，即无线电处理器，Imagination Technologies 公司推出的集合集 WiFi/蓝牙/FM/处理器为单片机的处理器。

TPU(Tensor Processing Unit)，即张量处理器，是 Google 公司推出的加速人工智能算法的专用处理器。目前第一代 TPU 面向推理，第二代面向训练。

VPU(Vector Processing Unit)，即矢量处理器，英特尔公司收购的 Movidius 公司推出的图像处理与人工智能专用芯片的加速计算核心部件。

WPU(Wearable Processing Unit)，即可穿戴处理器，是 Ineda Systems 公司推出的可穿戴片上系统产品，包含 GPU/MIPS CPU 等 IP。

XPU，百度与 Xilinx 公司在 2017 年 Hotchips 大会上发布的 FPGA 智能云加速芯片，含 256 核。

ZPU(Zylin Processing Unit)，由挪威 Zylin 公司推出的一款 32 位开源处理器。

当 26 个字母用完后，预计将会出现 xxPU，xxxPU，并将会有新的命名。

阅读上文，请思考、分析并简单记录：

(1) 请根据网络搜索资料，简单阐述什么是“摩尔定律”？并简述摩尔定律对计算机技术的发展产生了什么样的影响。

答： ____

____

____

____

(2) 请根据网络搜索简单阐述什么是“新摩尔定律”。

答： ____

____

(3) 你会继续关注 XPU 后续处理器芯片的动向吗?为什么?

答:

(4) 请简单记述你所知道的上一周内发生的国际、国内或者身边的大事。

答:

8.1 设计的风格

设计是人类为了实现某个特定的目的进行的一项创造性活动,是人类得以生存和发展的最基本活动,包含在一切人造物的形成过程之中。回顾人类发展的文明史,早在古代,人类就已经在器物上进行艺术造型活动,进行美的创造。许多石器、陶瓷器、青铜器、铁器器物上都有独特的造型形式和精美的饰纹。但是,真正意义上的硬件界面设计是从工业革命开始的。无论历史上出现什么样的设计风格,都与当时的生产力水平、社会文化背景等相关联。

8.1.1 工业革命

工业革命(图 8-2)是 18 世纪末在英国兴起的,到 19 世纪中叶在欧洲各国竞相完成。当时,欧洲的工业革命给全世界的生产方式带来了历史性的影响,机器生产逐渐取代手工

图 8-2 工业革命

生产，使生产力得到了发展。当时，人们热衷于对机器生产的高效率和利润的追求，而对于产品设计中的种种问题没有充分地考虑，如机器批量生产代替手工生产使产品形式单一、机器生产使产品由简单的几何形态代替复杂的自然形态、具有几何形态的产品如何给人以美感等。1851 年，第一届世界工业博览会在伦敦举行，当时，人们还不知道如何在外观形式上表现具有新功能、新结构、新工艺、新材料的工业产品的美，也没有建立起工业时代新的美学观和设计理论与方法，而只满足于仓促地借用历史传统的式样进行工业产品的外表形式设计，因此表现为形式与内容不和谐、造型与功能不统一。

8.1.2 工艺美术运动

对 1851 年伦敦博览会的批评运动诞生了以拉斯金和莫里斯为代表的“工艺美术运动”(1880—1910)。在设计上，工艺美术运动从手工艺品的“忠实于材料”“适合于目的性”等价值中获取灵感，并把源于自然的简洁和忠实的装饰作为其活动基础。从本质上说，它是通过艺术与设计来改造社会，并建立起以手工业为主导的生产模式。

工艺美术运动对于设计改革的贡献是重要的，它首先提出了“美与技术结合”的原则。但工艺美术运动将手工艺推向了工业化的对立面，违背历史发展潮流，使英国设计走了弯路。

8.1.3 新艺术运动

在“工艺美术运动”的影响下，1900 年前后，以法国和比利时为中心，欧洲和美洲掀起了一场声势浩大的设计高潮，人们称为“新艺术运动”。这是设计史上第一个有计划、有意识地寻求一种新风格，以装饰艺术风格为特征的设计运动，其代表作如图 8-3 所示。

图 8-3 新艺术运动代表作

新艺术运动十分强调整体艺术环境，即人类视觉环境中的任何人为因素都应精心设计，以获得和谐一致的总体艺术效果。新艺术反对任何艺术和设计领域内的划分和等级差别，认为不存在大艺术与小艺术，也无实用艺术与纯艺术之分，主张艺术与技术相结合，注重制品结构上的合理性和工艺手段与材质的表现。他们主张从自然界汲取素材，主张以曲线构造形态，强调装饰美，而反对采用直线进行设计。

尽管承认机械生产的必要性，但是由于他们刻意追求曲线美和装饰美，因此这一运动的发展结果趋向形式化，而没有把艺术因素的外在形式与事物的内在属性相统一，导致产品的功能与形式相矛盾。

8.1.4 德意志制造联盟与包豪斯

设计真正意义上的突破，来自1907年成立的德意志制造联盟。该联盟的设计师为工业进行了广泛设计，其中最富创意的设计是为适应技术变化应运而生的产品，特别是新兴的家用电器的设计。

在联盟的设计师中，最著名的是贝伦斯(1869—1940)。1907年，贝伦斯受聘担任德国通用电器公司AEG的艺术顾问，开始了他作为工业设计师的职业生涯。AEG是一家实行集中管理的大公司，使得贝伦斯有机会对整个公司的设计发挥巨大作用。他全面负责公司的建筑设计、视觉传达设计以及产品设计，使这家庞杂的大公司树立起一个统一完整的企业形象。作为工业设计师，贝伦斯设计了大量的工业产品(图8-4)，他也被称为现代工业设计的先驱。贝伦斯还是一位杰出的设计教育家，他的学生包括格罗皮乌斯(1883—1969)、米斯(1886—1969)和柯布西耶(1887—1965)3人，他们后来都成了20世纪最伟大的建筑师和设计师。

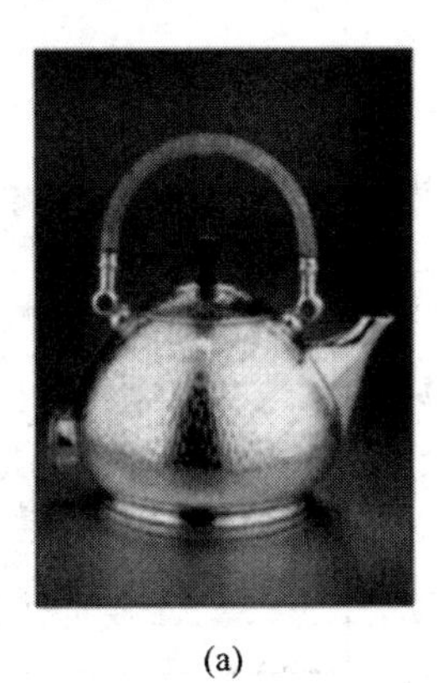

(a)

(b)

图8-4 贝伦斯设计的电水壶和电风扇(1908)

作为现代设计的发源地，直到今日仍对设计有重大影响的要数包豪斯学校(1919—1933)了。它是在现代设计先驱、建筑师格罗披乌斯领导下，于1919年4月1日在德国魏玛成立的。在设计理论上，包豪斯提出了3个基本观点，使设计走上了一条正确的道路。

(1) 艺术与技术的新统一。

(2) 设计的目的是人而不是产品。

(3) 设计必须遵循自然规律和客观的法则来进行。

包豪斯的设计理论原则是：提倡自由创造，抛弃传统形式和附加装饰；尊重技术自身的规律和结构自身的逻辑；尽量发挥材料性能在机器成型条件下对形式美的表达；强调"形式追随功能"的几何造型的单纯明快；使产品具有简单的轮廓和流畅的外表，以便促进标准化的批量生产并兼顾到商业因素和经济性，强调产品必须是实用、经济、美观特征的结合。

包豪斯的理论实质上是功能主义设计原则，强调产品外观形式的审美创造要从经济和效能原则出发，简洁就是美。但包豪斯也有其局限性。由于它以功能主义理论为指导方针，因此产品设计缺乏人情味，没有和谐感；把几何形作为设计的中心，追随几何形的单纯甚至到了忽略功能的地步；强调批量生产的标准化，忽视社会需求的多样化和个性化，使得产品形式单一，形态严肃冰冷，缺乏人情味和温柔感；过分强调工业时代的形式几何特征，忽视了对传统艺术形式的继承、改造和借用，以至于德国的产品很难见到德意志民族的传统特征。直到今天，一些德国工业产品仍然具有这样的特点。

8.1.5 流线型设计

流线型设计是产生于美国并以美国为中心的一种设计风格，对现代生活及设计产生了深刻的影响。流线型原是空气动力学名词，用来描述表面圆滑、线条流畅的物体形状，这种形状能减少物体在高速运动时的风阻力。但在工业设计中，它却成了一种象征速度和时代精神的造型语言，广为流传，不但发展成了一种时尚的汽车美学，还渗入到家用产品领域，影响了从电熨斗、烤面包机到电冰箱等的外观设计，并成为20世纪30～40年代最流行的产品风格。

在富于想象力的美国设计师手中，不少流线型设计完全是由于它的象征意义，而并无功能上的含义。1936年，由赫勒尔设计的订书机(图8-5)就是一个典型的例子，号称"世界上最美的订书机"。这是一件纯形式和纯手法主义的产品，完全没有反映其机械功能。其外形颇似一只蚌壳，圆滑的壳体罩住了整个机械部分，只能通过按键来操作。这里，表示速度的形式被用到了静止的物体上，体现了它作为现代化符号的强大象征作用。在很多情况下，即使流线型不表现产品的功能，也不一定会损害产品的功能，因此流线型变得极为时髦。

图8-5 赫勒尔设计的流线型订书机

流线型汽车(图8-6)设计具有强烈的现代特征，一方面，它与现代艺术中的未来主义和象征主义一脉相承，用象征性的设计将工业时代的精神和对速度的赞美表现出来；另一方面，它与现代工业技术的发展密切相关。

(a) 汽车前面

(b) 汽车后面

图 8-6 克莱斯勒公司的“气流”型小汽车

8.1.6 国际主义风格与现代设计

真正把设计在实践中推向高潮，并在广义的范围内使设计普及和商业化是从美国开始的。20 世纪 40～50 年代被称为是一个节制与重建的年代，美国和欧洲的设计主流是在包豪斯理论基础上发展起来的现代主义，又称“国际主义”，其风格的建筑如图 8-7 所示。

图 8-7 国际主义风格的建筑

与现代主义设计并行的还有其他设计风格，美国的商业性设计就是其中一例，其本质是形式主义，在设计中强调形式第一，功能第二。设计师为了促销商品，增加经济效益，不断翻新花样，以流行时尚来博得消费者青睐，但这种商业性设计有时是以牺牲部分使用功能为代价的，这一设计风格至今在某些行业还十分流行。

在商品经济规律的支配下，现代主义的信条“形式追随功能”被“设计追随销售”所取代，其商业性设计的核心是“有计划的商品废止制”，即通过人为的方式使产品在较短的时间内失效，从而迫使消费者不断地购买新产品。商品的废止有三种形式：一是功能型废止，即使新产品具有更多、更完善的功能，从而让以前的产品“老化”；二是合意型废止，由于经常性地推出新的款式，使原来的产品过时，即由不合消费者的意趣而废弃；三是质量型废止,即预先限定产品的使用寿命,使其在一段时间后便不能使用。

8.1.7 多元化浪潮与后现代主义设计

设计本来因生活需要而产生,为生活需要而生的,它随着社会科学技术的发展、人们生活水平和审美情趣的改变而改变。20世纪60年代,当现代主义设计登峰造极之时,不同的设计取向、不同的设计需求已开始勃发和涌动了。

现代主义设计的理论基础是建筑师沙利文的“形式追随功能”和米斯的“少就是多”。它适合20世纪20～30年代经济发展及大战后重建的需要,同时又是机器工业文明中理性主义的产物。随着世界经济发展和结构的调整,原先的设计理念已经不适应社会的发展,而呈现出多元化的趋势。

(1) 理性主义与“无名性”设计。在设计的多元化潮流中,以设计科学为基础的理性主义占据主导地位。它强调设计是一项系统工程,是集体性的协同工作,强调对设计过程的理性分析,而不追求任何表面的个人风格,因而体现出一种“无名性”的设计特征。这种设计观念试图为设计确定一种科学的、系统的理论,即所谓用设计科学来指导设计,从而减少设计中的主观意识。作为科学的知识体系,它涉及心理学、生理学、人机工程学、医学、工业工程等各个方面,对科学技术和对人的关注进入了一个更加自觉的局面。

随着技术越来越复杂,设计越来越专业化,产品的设计师往往不是一个人,而是由多学科组成的设计队伍,一些国际大公司都建立了自己的设计部门。设计一般都是按照一定程序,以集体合作的形式完成的,因此很难见到某一个人的风格。20世纪60年代以来,以“无名性”为特征的理性主义设计为国际上一些引导潮流的大设计集团所采用,如荷兰的飞利浦公司、日本的索尼公司、德国的布劳恩公司等。

(2) 高技术风格。这是20世纪70年代以来兴起的一种着意表现高科技成就与美学精神的设计。设计特征是喜爱用最新的材料,以暴露、夸张的手法塑造产品形象,有时将本应该隐蔽包容的内部结构、部件加以有意识的裸露;有时将金属材料的质地表现得淋漓尽致,寒光闪烁;有时则将复杂的组织结构涂以鲜亮的颜色,用以表现和区别,赋予整体形象以轻盈、快速、装配灵活等特点,以表现高科技时代的机械美、时代美、精确美等新的美学精神。

高技术风格的设计起源于20世纪20～30年代的机器美学,它直接表现了当时机械的技术特征,而且随着不同时代表现对象的变化而有新的面貌。高技术风格的设计首先从建筑领域开始,经典之作是由英国建筑师皮阿诺和罗杰斯设计的巴黎蓬皮杜国家艺术与文化中心(图8-8)。整座建筑占地7500平方米,建筑面积有10万平方米,地上有6层。整座建筑分为工业创造中心、大众知识图书馆、现代艺术馆以及音乐音响谐调与研究中心等四大部分。设计者将原先的内部结构和各种管道、设备裸露在外,并涂以工业性的标志色彩,使工业构造成为一种独特的美学符号。

除建筑外,工业产品设计也有许多高技术风格的杰作,如19世纪90年代初日本西铁成手表透明的表壳,使人可以看见手表内部机芯的运转情况等,展示了高技术的美以及当时人们的审美情趣。

图 8-8 巴黎蓬皮杜国家艺术与文化中心

(3) 后现代主义设计与孟菲斯。后现代主义是志在反抗现代主义纯而又纯方法论的一场运动,它广泛地体现在文学、哲学、批评理论、建筑及设计领域中。所谓“后现代”,并不是指时间上处于“现代”之后,而是针对艺术风格的发展演变而言的。

8.2 开发方法学

假设设计一个基于云端的服务(图 8-9),使人们能够以高效、安全和愉快的方式分享和组织他们的照片、电影、音乐、文档等,你会做什么?将如何开始?你是会先描绘界面外观,还是弄清楚系统架构如何构建,或者立即开始编码?再或者,你是否会首先向用户询问他们当前共享文件的经验并检查现有工具,并在此基础上开始考虑如何设计新服务?

图 8-9 云端服务

成功的开发者知道,在软件开发的前期阶段就谨慎关注以用户为中心的设计问题,能够大大减少开发的时间和成本。以用户为中心的设计能使系统在开发过程中减少错误,在其生命周期中降低维护成本。它们更易于学习,有更好的性能,能减少用户错误,鼓励用户探索应付工作所需特性之外的那些特性。此外,以用户为中心的设计实践按照业务要求和优先级来排列系统的功能。

软件开发者已经认识到一致地遵循已经确立的开发方法学能够帮助他们符合预算和

进度计划。但当软件工程方法学有效地推动软件开发过程时,开发者并不总是提供清晰的过程来研究用户、了解他们的要求和创建可用的界面。专门研究以用户为中心设计的企业确立了创新的设计方法学来指导开发人员,诸如以背景调查方法为基础的快速背景设计。一些大企业也把以用户为中心的设计结合到他们的实践中,例如,IBM的"使用方便"方法(图8-10)适合于他们现有的企业方法。敏捷技术和方法学为顺应用户界面开发和可用性要求提供了空间。

角色/阶段矩阵	所有阶段	商业机会	理解用户	初始设计	开发	布置	生命周期
所有角色							
用户经验领导能力		用户工程计划-初始	用户工程计划-最终	用户工程计划的执行	已建立测量的满意度	项目评估	满意度调查
市场计划		业务和市场需求	适当的用户需求	酝酿中的市场开发	详细的市场开发	最终的市场开发	
用户搜索			用户需求	适当的设计			
用户经验设计			设计指导	概念设计低精度原型	详细设计高精度原型	设计发行决议	
可视化&工业化设计			外观指导	外观指南	外观说明		
用户经验评估			竞争性评估	概念设计评估	细节设计评估	用户反馈和基准任务	使用问题报告

图8-10 IBM的"使用方便"开发方法按角色和阶段来说明活动

这种面向业务的方法学为设计的各个阶段指定详细的交付物,并且加入了成本/效益和投资回报分析。它们可能也提供管理策略,以使项目走上正轨,并促进包括业务和技术参与者的团队之间进行有效的协作。由于以用户为中心的设计只是整个开发过程的一部分,所以这些方法学必须与所使用的各种软件工程方法学紧密配合。

快速背景设计方法包括以下步骤。

(1) 背景调查。计划、准备,然后进行实地访谈,以观察和理解所执行的工作任务,评审业务实践。

(2) 研讨会和工作建模。举行团队讨论会,以便基于背景调查得出结论,包括了解组织的工作流过程和对所完成工作的文化及政策影响,捕捉关键点。

(3) 模型合并与亲和图构建。将迄今为止从用户那里收集的数据,连同解释和工作模型提供给更大的目标人群,以获得见解和赞同。合并工作模型以阐明共同的工作模式和过程,并创建亲和图(满足用户要求的问题的层次化表示)。

亲和图法是把大量收集到的事实、意见或构思等语言资料,按相互亲和性(相近性)归纳整理,使问题明确起来,求得统一认识和协调工作,以利于问题解决。

(4) 角色开发。开发角色(虚拟人物)表示可能使用网站或产品的目标人群中的不同用户类型。这有助于交流用户的要求,并把这些要求付诸实现。

(5) 愿景塑造。评审和"走查"合并的数据,共享所创建的角色。此项活动有助于确定系统流线化和转换用户的工作。该活动使用活动挂图或任何有利于表达修改后业务流程愿景的媒体来捕捉关键问题和想法。

(6) 故事板制作。愿景通过使用图片和图表来描述初始的用户界面概念、业务规则和自动化设想,从而指导用户任务的详细再设计。故事板定义和说明"将要构建"的设想。

(7) 用户环境设计。根据故事板构建,对用户和将要执行的工作的单一、连贯的表示。

(8) 使用纸上原型与模型的访谈和评估。对实际用户进行访谈和测试时,从纸上原型开始,然后转移到较高精度的原型上,最终获得访谈结果,以确保该系统满足最终用户的需求。

8.3 观察用户

大多数方法学的早期阶段都包括观察用户。由于界面的用户形成了独特文化,因此在工作场所观察用户的方法正变得越来越重要。技术人员结合工作或家庭环境仔细倾听和观察,进而询问问题和参与活动。作为技术人员,用户界面设计人员除了寻找理解他们的受试者,还要关注界面,以便改进这些界面。另外,用户界面设计人员通常需要将用户观察的过程限制为几天甚至几小时,以获得影响重新设计所需的数据。

用于准备评估、进行实地研究、分析数据和报告调查结果的指南可能包括以下内容。

(1) 准备。

① 理解工作环境的政策和在家里的家庭价值观。

② 使自己熟悉现有的界面及其历史。

③ 设定初步目标和准备问题。

④ 获得调查或访谈的访问和许可权。

(2) 实地研究。

① 与所有用户建立良好关系。

② 在用户的环境中观察或采访他们,并收集主观和客观的、定性和定量的数据。

③ 调查访问中出现的所有人。

④ 记录自己的访问。

(3) 分析。

① 在数值的、文本的和多媒体的数据库中编辑收集到的数据。

② 量化数据和编辑统计。

③ 减少和解释数据。

④ 改进目标和所使用的过程。

(4) 报告。

① 考虑多个受众和目标。

② 准备报告和提交调查结果。

这些意见在陈述时似乎是显而易见的,但它们在每种情况下都需要加以解释和注意。例如,了解管理人员和用户对当前界面效能的不同感受,会使你注意每个小组不同的挫折感。管理人员可能会抱怨员工不愿意及时更新信息,但员工可能会因登录过程要花 6～8

分钟而抵制使用该界面。学习用户的技术语言对建立和谐关系极为重要。准备一份长长的问题列表，然后通过集中于所建议的目标而进行过滤，这样可以意识到用户群体之间的差异，有助于使观察和访谈过程更有效。

数据集合包含各种定性的主观印象或定量的主观反应，如等级量表。客观数据包括获得用户经验的、定性的轶事或关键事件，或者是定量的报告，如观察6个用户在1小时内产生的错误数量。事先决定好收集什么是有益的，但保持对意外事件的警惕也是有价值的。书面总结报告是有价值的，而在大多数情况下，每次对话的原始文字记录过长就毫无用处。

设计人员通过访问工作场所、学校、家庭或者将部署最终系统的其他地方，对目标环境的复杂性有所了解。个人临场感允许设计人员与几个最终用户建立工作关系，讨论想法，最终让用户成为新界面设计中的积极参与者。

8.4 交互设计中的活动

交互设计具有特定的活动，如发现产品的需求；设计满足这些需求的内容；制作产品原型以供评估。此外，交互设计将注意力集中在用户及其目标上。例如，采用以用户为中心的开发方法来调查工件的使用和目标域，搜集用户对早期设计的意见和反应，并让用户适当地参与开发过程。这意味着不仅是技术关注点，用户关注点也可以指导开发。

也可以将设计看作一种权衡——平衡有冲突的需求。例如，在开发用于提供建议的系统时，一种常见的权衡形式就是决定给用户多少选择，以及系统应该提供多少方向。这种划分通常取决于系统的目的，例如，是用于播放音乐曲目还是用于控制交通流量。实现平衡不仅需要经验，也需要对替代解决方案的开发和评估。

生成替代方案是大多数设计学科的关键原则，也是交互设计的核心。正所谓“想出一个好点子的最好方法就是想很多点子”。产生大量想法不一定很难，但选择其中的哪个来推行却非常难。例如，成功开展头脑风暴的秘密包括锐化焦点（有一个精心设计的问题陈述）、有趣规则（鼓励想法）以及实物化（使用视觉道具）。

8.4.1 四项基本活动

让用户和其他人参与设计过程意味着需要将设计和潜在解决方案传达给原设计师以外的人。这需要完成设计，并以允许评审、修订和改进的形式表达设计。最简单的方法之一就是制作一系列草图。其他常见方法有用自然语言编写描述、绘制一系列图表以及构建原型（即产品的最终版本）。这些技术的组合可能是最有效的。当用户参与时，以合适的格式完成和表达设计尤其重要，因为用户不太可能理解行话或专业符号。实际上，一份用户可以与之交互的表单是最有效的，因此构建原型是一种功能强大的方法。

交互设计有四项基本活动，它们都是双菱形设计法的一部分。

(1) 发现交互式产品的需求。这项活动的重点是发现一些关于新事物，并定义将要开发的产品。在交互设计中，这包括了解目标用户以及交互式产品可以提供的支持，这是通过对数据的收集和分析得到的。该活动构成了产品需求的基础，并为后续的设计和开发奠定了基础。

(2) 设计满足这些需求的备选方案。这是设计的核心活动,以提出满足需求的想法。对于交互设计,此活动可视为两个子活动:概念设计和具体设计。概念设计为产品生成概念模型,描述人们可以用产品做什么以及理解与产品交互的概念。具体设计考虑产品的细节,包括要使用的颜色、声音和图像,菜单以及图标的设计。备选方案的设计要做到精雕细琢。

(3) 对备选方案进行原型构建,以便对其进行交互测试和评估。交互设计包括设计交互式产品的行为以及它们的外观和感觉。用户评估此类设计的最有效方式是与其进行交互,这可以通过原型构建来实现。不同的原型生成技术可以实现原型构建。例如,在纸上进行原型构建快速而便宜,可以帮助设计师在早期阶段有效地发现问题,而用户可以通过角色扮演来真实地体验与产品交互的感受。

(4) 在整个交互设计过程中对产品以及用户体验进行评估。这是一个根据各种可用性和用户体验标准来确定产品或设计的可用性和可接受性的过程。评估不会取代与质量保证和测试有关的活动,但可以对其进行补充和增强。

发现需求、设计备选方案、构建原型并评估它们的活动是相互交织的:通过原型构建来评估备选方案,并将结果反馈到进一步的设计中,或确定要替代的需求。

8.4.2 简单生命周期模型

了解交互设计涉及哪些活动是进行交互设计的第一步,但考虑这些活动如何相互关联也很重要。术语"生命周期模型"(或过程模型)是描述一组活动及其关联方式的模型。现有模型具有不同程度的世俗性和复杂性,并且通常不是规范的。对于仅涉及少数有经验开发人员的项目,一个简单的过程就足够了。但是,对于涉及数十名或数百名开发人员和数百名或数千名用户的大型系统来说,一个简单的设计过程不足以提供设计可用产品所需的管理结构和规程。

在与交互设计相关的领域中,人们已经提出了许多生命周期模型。例如,软件工程生命周期模型包括瀑布模型、螺旋模型和 V 模型。人机交互与生命周期模型的联系较少,但其中两个著名的模型是星形模型和国际标准模型 ISO 9241-210。我们不解释这些模型的细节,而是专注于图 8-11 中所示的经典生命周期模型。该模型显示了交互设计的四项活动是如何相互关联的,还结合了前面讨论的以用户为中心的三个设计方法。

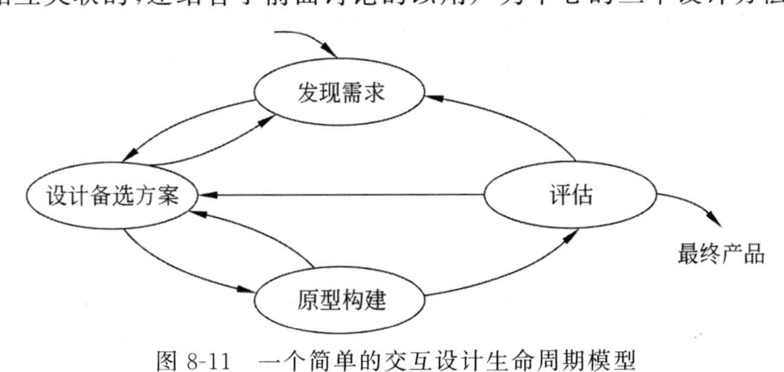

图 8-11 一个简单的交互设计生命周期模型

在许多项目中,首先要发现生成备选设计方案的需求,然后开发并评估设计的原型版本。在原型构建期间或基于评估的反馈,团队可能需要优化需求或重新设计。一个或多个备选设计可以并行地进行循环迭代。在这个循环中隐含的是,最终产品将以从最初的想法到成品或从有限的功能到复杂的功能的演化方式出现。这种演化的发生方式因项目而异。然而,在产品循环的整个周期中,评估活动标志着开发结束,这种评估是为了确保最终产品符合规定的用户体验和可用性标准。这种演化式的生产是双菱形设计法中交付阶段的一部分。

各种生命周期模型都包含上述活动,但侧重于不同的活动、关系和产出。

8.4.3 谷歌设计挑战

谷歌风险投资团队开发了一种名为"谷歌设计挑战"的结构化设计方法,支持对设计挑战的潜在解决方案进行快速构思和测试。该方法强调在一周内进行问题调查、解决方案开发和客户测试。这不会产生稳定的最终产品,但它确保了解决方案的想法是客户可以接受的。该方法分为5个阶段,每个阶段在1天内完成。这意味着在5天内要从面对设计挑战开始,直到做出一个经过客户测试的解决方案。正如团队成员所说:"你不会完成一个完整、详细、随时可用的产品。但是你会迅速取得进步,并确定你是否正朝着正确的方向前进。"设计团队应该在最后两个阶段进行迭代,开发并重新测试原型。如有必要,可以抛弃第一个想法,并在第一阶段再次开始该过程。在使用这种方法开始之前,要做一定的准备工作。接下来描述准备工作和5个阶段(图8-12)。

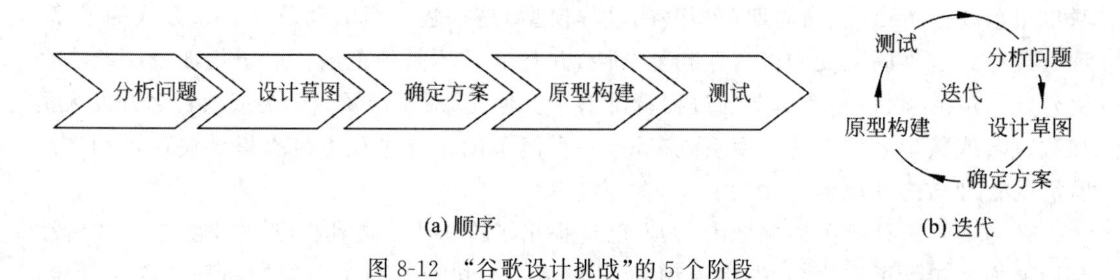

图8-12 "谷歌设计挑战"的5个阶段

(1) 准备工作。这个阶段主要是选择正确的设计挑战,集合合适的团队,并协调时间和空间来冲刺(即每个人的全职工作时间为5天)。当没时间了或者陷入困境时,冲刺可以帮助解决高风险的挑战。团队的组成取决于产品性质,但一个团队大约有7个人,包括决策者(选择向客户展示的设计)、客户专家、技术专家以及任何会带来颠覆性观点的人。

(2) 分析问题。第1天的重点是制作挑战图并选择目标,即一周内可以实现挑战的哪一部分。

(3) 绘制各种解决方案的草图。第2天侧重生成解决方案,重点是绘制草图和注重个人创造力,而不是集体头脑风暴。

(4) 确定方案。第3天的重点是评论第1天生成的解决方案,选择最有可能满足挑战的解决方案,并制作故事板。无论选择了哪种解决方案,决策者都需要对其支持。

(5) 构建一个现实的原型。第 4 天的重点是将故事板转变为实际的原型,即客户可以提供反馈的产品。

(6) 目标用户测试。第 5 天的重点是从 5 位客户那里获得反馈,并从他们的反馈中学习。

谷歌设计挑战是一个通过设计、原型构建和利用客户测试创意等步骤来回答关键业务问题的流程。

8.4.4 野外研究

野外研究(Research in the Wild,RITW)是指通过就地创建和评估新技术和经验,开发日常生活中的技术解决方案。RITW 强调新技术的开发,这些技术不一定是为了满足特定的用户需求,而是为了增加人、地点和环境之间的交互。该方法支持设计原型,研究人员经常试验可以改变行为的新技术,而不是那些适合现有实践的技术。RITW 研究的结果可用于挑战现实世界中关于技术和人类行为的假设,并为重新思考人机交互理论提供信息。RITW 研究的观点是观察人们对技术的反应,以及人们如何改变技术,并将其融入日常生活中。

图 8-13 展示了 RITW 的框架。该框架侧重于设计、原型构建和对技术与创意进行评估,是一种可以发现需求的方式。它也考虑了相关理论,因为 RITW 的目的通常是研究理论、观点、概念或对事物的观察。任何一项 RITW 都可能在不同程度上强调框架的要素。

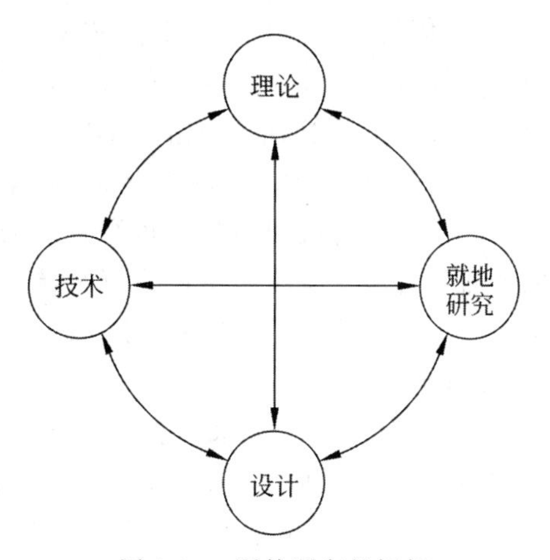

图 8-13 野外研究的框架

(1) 技术:关注就地使用现有的基础设施/设备(如物联网工具包、移动应用程序),或者开发新的基础设施/设备(如新颖的公共显示器)。

(2) 设计:涵盖体验的设计空间(如迭代地创建供家庭使用的协作旅行计划工具或用于户外的增强现实游戏)。

(3) 就地研究:关注将现有设备、工具、服务或基于研究的新型原型放置在各种环境中,或请某人在一段时间内使用,对其进行现场评估。

(4) 理论:通过使用现有的理论、开发一个新理论或扩展一个理论,来调查关于行为、设置或其他现象的理论、观点、概念。

8.4.5 生成备选设计方案

通常,当人们认识到可能存在更好的解决方案时,会很容易接受那个“足够好”的解决方案。但是,得到一个足够好的解决方案也许是不可能的,因为永远会有人们没有考虑到的更好的备选方案,而考虑备选解决方案是设计过程中的关键步骤。但这些备选的想法从何而来呢?

在天才设计中，备选方案的一个答案是来自设计师的才能和创造力。在这个世界上，很少有创意是全新的。例如，通常认为蒸汽发动机的发明就是受到炉子上水壶被沸水的蒸汽抬起盖子得到的启发。从烧沸的水壶到蒸汽机需要大量的创造力和工程设计，但水壶提供了灵感，这种体验可以转化为应用于不同环境的一系列原则。创新往往是不同观点的交叉融合，使用和观察现有产品的演变，或直接复制其他类似产品。

与其他设计师讨论想法可能会使思想交叉融合，而用户的不同观点也产生了备选设计的原创想法。手机是演化的一个例子。如今的手机和最初的相比，功能已经丰富了很多。最初，手机只是用来打电话和发短信，但现在智能手机支持很多类型的交互，如拍照和录制音频，播放电影，玩游戏，并记录日常锻炼数据等。

关于创造力和发明的过程以及增强或激发创造力，人们已经有了很多发现。例如，浏览一系列设计将启发设计师从更多的角度考虑问题，从而思考备选的解决方案。

尼尔·梅登等人采用了另一种获得创造力的方法。他们举办创意研讨会，以求在空中交通管理应用领域产生创新需求。他们将不同领域的专家引入研讨会，然后邀请利益相关者将自己的领域和新领域进行类比。例如，他们邀请了一名纺织专家、一名音乐家、一名电视编导和一名展览设计师。虽然他们来自不太相关的领域，但都为空中交通管理应用贡献了创意。例如，纺织专家说一种纺织品的设计是优雅的，即简单、美观和对称。然后，他们将这些属性迁移到空中交通管理领域的关键区域——飞机冲突解决方案。他们在这种背景下探索了优雅的含义，并意识到不同的管制员对优雅的看法不同。由此生成了系统应该能够在冲突解决期间适应不同的空中交通管制员风格的需求。

有关这个问题的一个更实际的答案是，备选方案来自对不同观点的寻求和对其他设计的关注。设计师可以通过回顾自己的经验和研究他人的想法及建议来丰富寻找灵感和创造力的过程。寻求合适的灵感来源是任何设计过程中宝贵的一步。这些来源可能非常接近预期的新产品，如竞争对手的产品，还有可能是类似系统的早期版本，或者来自一个完全不同的领域。

在某些情况下，考虑备选方案设计的范围是有限的。设计是平衡约束以及将一组需求与另一组需求进行权衡的过程，而约束可能意味着可用的可行备选方案很少。例如，当设计在 Windows 操作系统下运行的软件时，必须符合 Windows 中软件的外观和其他限制，以使 Windows 程序对用户保持一致。在对现有系统进行升级时，可以优先保留熟悉的元素，以保持相同的用户体验。

8.4.6 选择备选方案

在备选方案间进行选择主要是做出设计决策：设备将使用键盘输入还是触摸屏？产品是否提供自动记忆功能？这些决策将根据收集的有关用户及其任务的信息，并通过创意的技术来做出。

从广义上讲，决策分为两类。一类是外部可见和可测量特征；另一类是系统内部特征，如果不对其进行剖析就无法观察或测量。例如，在复印机中，外部可见和可测量的因素包括机器的物理尺寸、复印的速度和质量、可以使用的不同尺寸的纸张等。而如果不对复印机进行剖析，有一些因素无法被观察到，例如对复印机使用材料的选择可取决于其摩擦等级以及在某些条件下变形的程度。在交互设计中，用户体验是设计背后的驱动力，因此外部可见和可测量行为是主要关注点。从对外部行为或特征的影响程度上来说，详细的内部工作仍然很重要。

上述问题的一个答案是，通过让用户和利益相关者进行互动，并根据他们的经验、偏好和改进建议来进行备选设计选择。要做到这一点，设计必须采用可由用户合理评估的形式，而不是以难以理解的技术术语或符号的形式。

文档是传达设计的一种传统方式，例如，显示产品组件的图表或对其工作原理的描述。但静态描述无法轻易捕获行为的动态性，并且对于一个交互式产品来说，需要进行动态的交互，以便用户可以看到操作它的方式。

原型构建通常用于消除潜在的客户误解，以及测试一个建议的设计及其生产的技术可行性。它涉及制作有限版本的产品，目的是回答有关设计的可行性或适当性的具体问题。与简单描述相比，产品原型给用户体验带来了更好的印象。不同类型的原型适用于不同的开发阶段，而且会引发不同类型的反馈。当产品的一个可部署版本可用时，另一种在备选设计之间进行选择的方法是部署两种不同的版本，并从实际使用中收集数据，然后根据数据做出选择，即 A/B 测试，这通常用于备选网站设计。该想法的扩展是进行“多变量”测试，其中一次尝试多个选项，即 A/B/C 测试甚至是 A/B/C/D 测试。

在备选方案之间进行选择的另一个依据是质量，但这需要清楚地了解质量的含义，因为人们对质量的看法各不相同。每个人对产品的预期或需要的质量水平都不尽相同。无论将其正式地还是非正式地表达出来，或者根本没有表达出来，都确实存在并且可以影响对备选方案的选择。例如，在一种智能手机的设计中，人们可以轻松地访问流行音乐频道，但对声音的设置受到限制；而在另一种智能手机的设计中，需要更复杂的按键序列来访问频道，但具有一系列复杂的声音设置。一个用户可能倾向于易用性，而另一个用户可能倾向于复杂的声音设置。

写下正式的、可验证的和可测量的可用性标准的过程称为可用性工程，它是交互设计方法的关键特征。可用性工程涉及指定产品性能的可量化度量，可以将其记录在可用性规范中，并评估产品性能。

习题

1.（　　）是人类为了实现某个特定的目的进行的一项创造性活动，是人类得以生存和发展的最基本活动，包含在一切人造物的形成过程之中。

A. 重建　　B. 交流　　C. 设计　　D. 娱乐

2. 欧洲的工业革命是（　　）世纪末在英国兴起的，给全世界的生产方式带来了历史性的影响。

A. 17　　B. 18　　C. 19　　D. 20

3. 在设计上，（　　）运动从手工艺品的“忠实于材料”“适合于目的性”等价值中获取灵感，并把源于自然的简洁和忠实的装饰作为其活动基础。

A. 工艺美术　　B. 批评　　C. 新艺术　　D. 包豪斯

4. (　　)运动是设计史上第一个有计划、有意识地寻求一种新风格,以装饰艺术风格为特征的设计运动。

A. 工艺美术　　B. 批评　　C. 新艺术　　D. 包豪斯

5. 作为现代设计的发源地,其理论和方法直到今日仍对设计有重大影响的要数(　　)学校了。

A. 工艺美术　　B. 批评　　C. 新艺术　　D. 包豪斯

6. 在设计理论上,包豪斯提出3个基本观点,使设计走上了一条正确的道路。但(　　)不属于其中之一。

A. 非功能主义设计　　B. 艺术与技术的新统一

C. 设计的目的是人而不是产品　　D. 设计必须遵循自然规律和客观法则

7. (　　)设计是工业设计中一种象征速度和时代精神的造型语言。

A. 宝塔形　　B. 流线型　　C. 抛物线　　D. 三角形

8. 真正把设计在实践中推向高潮,并在广义范围内使设计普及和商业化的是在包豪斯理论基础上发展起来的(　　)主义。

A. 自然　　B. 自由　　C. 后现代　　D. 现代

9. (　　)主义设计是志在反抗现代主义纯而又纯的方法论的一场运动,它广泛地体现在文学、哲学、批评理论、建筑及设计领域中。

A. 自然　　B. 自由　　C. 后现代　　D. 现代

10. 成功的开发者知道,在软件开发的前期阶段就谨慎关注以(　　)为中心的设计问题,能够大大减少开发的时间和成本。

A. 用户　　B. 功能　　C. 性能　　D. 利润

11. 以用户为中心的设计只是整个开发过程的一部分,所以其方法必须与所使用的各种(　　)方法紧密配合。

A. 质量管理　　B. 程序开发　　C. 软件工程　　D. 项目工程

12. (　　)没有包含在快速背景设计方法的步骤中。

A. 背景调查　　B. 多媒体与虚拟现实

C. 研讨会和工作建模　　D. 模型合并与亲和图构建

13. (　　)被包含在快速背景设计方法的步骤中。

A. 角色开发　　B. 愿景塑造　　C. 故事板制作　　D. A、B和C

14. 大多数方法学的早期阶段都包括(　　)。由于界面的用户形成了独特的文化,在工作场所开展这项工作的方法正变得越来越重要。

A. 发展性能　　B. 沟通产业　　C. 分析任务　　D. 观察用户

15. 交互设计具有特定的活动,但(　　)不属于其侧重的活动。

A. 组织研讨活动联络用户感情　　B. 发现产品的需求

C. 设计满足这些需求的内容　　D. 制作产品原型以供评估

16. 交互设计双菱形设计法有发现交互式产品的需求等四项基本活动,但其中不包括(　　)。

A. 设计满足这些需求的备选方案

B. 设计倒挡追溯数据分析

C. 对备选设计进行原型构建,以便对其进行交互测试和评估

D. 在整个过程中对产品以及用户体验进行评估

17. (　　)是指通过就地创建和评估新技术和经验,开发日常生活中的技术解决方案。

A. 头脑风暴　　B. 室内探索　　C. 野外研究　　D. 实验研究

18. 通常,(　　)来自对不同观点的寻求和对其他设计的关注。设计师可以通过回顾自己的经验和研究他人的想法及建议来丰富寻找灵感和创造力的过程。

A. 综合设计　　B. 备选方案　　C. 首选方案　　D. 应急设计

实验与思考:熟悉设计管理和游戏界面设计

1. 实验目的

(1) 解释让用户参与开发的优点,以及以用户为中心方法的主要原则。

(2) 熟悉交互设计的四个基本活动(即发现需求、设计满足这些需求的备选方案、原型构建以便对其进行交互测试和评估、对其进行评估),以及它们在简单生命周期模型中的相关性。

(3) 考虑如何将交互设计活动集成到其他开发生命周期中。

2. 工具/准备工作

在开始本实验之前,请回顾课文的相关内容。

需要准备一台能够访问因特网的计算机。

3. 实验内容与步骤

(1) 请简单阐述以用户为中心设计的 3 个原则。

答:

① ____________________

② ____________________

③ ____________________

(2) 要求应用双菱形设计方法进行设计,以制作出适合你自己的创新型交互式产品。通过专注于读者自己的产品,明确地强调整个设计过程。

假设要设计一个可以帮助人们规划旅行的产品。这可能是为了一次商务或度假旅行,为了拜访远在国外的亲戚,或是为了一次周末骑行活动。除了规划路线及预订门票外,该产品还可以帮助检查签证要求、安排导游、调查某个地点的设施等。

① 利用双菱形设计的前三个阶段,使用一两个草图生成初始设计方案,显示其主要功能及一般的外观和感觉。本练习省略了第四阶段,因为不用提供一个有效的解决方案。

② 思考一下你的活动是如何落实到这些阶段的。你先做了什么？根据直觉，你首先想要做什么？你是否有任何可供设计参与的特定产品或经验？

答：

------------------------ 请另外附纸表达你解决问题的方案，并粘贴于此 ------------------------

(3) 思考一下(2)中介绍的旅行产品。再次反思这个过程，是什么启发了你的初始设计？它有什么创新的方面吗？

答：____

____

____

____

(4) 思考一下(2)中的旅行产品。提出一些可用于衡量其质量的可用性标准。使用可用性目标——有效性、高效性、安全性、效用性、易学性和易记性。提出的标准要尽可能具体。通过准确考虑测量内容以及衡量其性能来检查标准。

然后尝试对一些用户体验目标做同样的事情（这与系统是否令人满意、愉快、激励、有所收获等有关）。

------------------------ 请另外附纸表达你解决问题的方案，并粘贴于此 ------------------------

4. 实验总结

____

____

____

5. 实验评价（教师）

____

____

第 9 章　设计指南与原则

导读案例：诺基亚推出基于区块链的数据市场

2021 年 5 月 7 日，诺基亚宣布推出诺基亚数据市场——公司企业级基于区块链的数据市场基础设施服务。与普通公链不同，诺基亚区块链属于私链，将由诺基亚公司运营和维护。

诺基亚在一份声明中透露，新的区块链服务在一个安全、私有、授权的区块链基础设施框架内提供数据交易和分析功能。该服务允许其来自各个行业的合作伙伴通过私链协作，实时利用 AI 和自动化机制来应对快速增长的数据量，同时保证对数据进行安全可靠的访问，以进行有效的业务决策。

诺基亚数据交易市场使各种各样的垂直应用成为可能，包括电动汽车充电、环境数据货币化、供应链自动化和预防性维护，为交通、港口、能源、智慧城市和医疗保健等众多垂直细分市场提供动力。

作为区块链数据市场垂直整合潜力的一部分，诺基亚还表示，新的服务可以使其他通信服务提供商开发类似的网络。除了可信赖的数据交换和货币化，诺基亚也正在考虑部署新的平台，通过基于区块链的联合学习协议在人工智能和机器学习方面取得进展。

诺基亚成为最新一家推出基于区块链的企业服务的公司。据报道，企业区块链被认为是 2021 年的主要推动力。

资料来源：刘景丰，腾讯网，https://new.qq.com/omn/20210507/20210507A060CL00.html

阅读上文，请思考、分析并简单记录：

(1) 请通过阅读和网络搜索，简单阐述什么是“区块链”。

答：________________

____

____

____

(2) 基于区块链技术的数据市场会具有什么技术优势？

答：________________

____

____

____

(3) 请简单介绍诺基亚公司。

答：________________

____

(4) 请简单记述你所知道的上一周内发生的国际、国内或者身边的大事。

答：

9.1 界面设计的4个支柱

以技术为中心的风格正在改变为适应用户技能、目标和喜好的设计要求。在需求和特性定义、设计阶段、开发过程和整个系统生命周期期间，设计人员寻求与用户直接交流。迭代设计方法允许对低精度原型进行早期测试，基于用户反馈进行修改，以及进行由可用性测试管理人员建议的增量优化，这种方法催生了高质量的系统。

如今，可用性工程已经具有成熟的实践性以及一组不断增长的标准。可用性测试报告正逐步标准化，软件的购买者能够通过对各个供应商进行比较来选择产品。设计情形的多样性使得管理人员必须调整相关的策略，以适应他们的组织、项目、计划和预算，强调支持可用性设计。

作为一个目标，应该使工具和开发能力更接近最终用户，尤其是在因特网领域。开发进程应该是灵活的、开放的，并且给最终用户提供一些裁剪能力，这能够增加用户界面开发成功的机会。成功的用户界面开发有4个支柱(图9-1)，即用户界面需求、指南文档与过程、用户界面软件工具以及专家评审和可用性测试。它们帮助用户界面架构师将好的思想转化为成功的系统。经验表明，每个支柱都能在此过程中起到数量级的加速作用，促进建立优秀的系统。

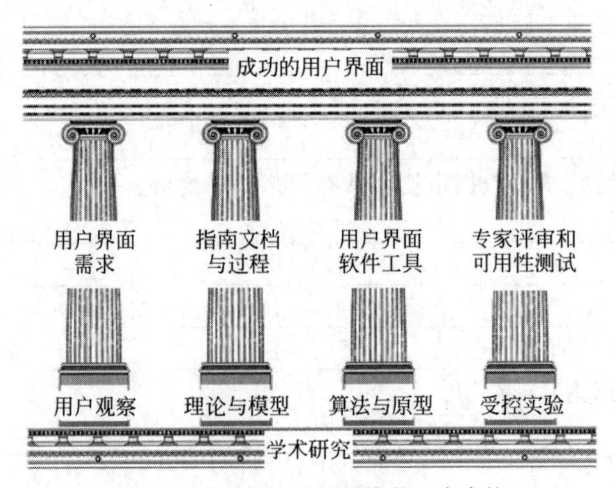

图9-1　成功用户界面开发的4个支柱

9.1.1 用户界面需求

软件项目的成败经常取决于所有用户和实现者之间理解的精确性和完整性。如果没有适当的需求定义，就既不能确定正在解决什么问题，也不会知道何时能够完成。

在任何开发活动中，征求和清楚地指明用户需求是取得成功的一个关键因素。得出并达成用户界面需求协议的方法因公司和行业而不同，但最终结果是相同的，即一个清楚的用户群体及用户所执行任务的说明书。拟定用户界面需求是整个需求开发和管理过程的一部分，必须清楚地陈述系统需求(硬件、软件、系统性能及可靠性等)，任何处理用户界面的需求(输入输出设备、功能、界面及用户范围等)都必须指明并达成共识。一个确定用户需求的成功方法是通过用户观察，监视正在行动的真实用户的背景和环境。

9.1.2 指南文档和过程

在设计过程的前期，用户界面架构师应该产生一套工作指南。苹果公司 Macintosh 系列计算机成功的一个要素，就是机器前期的可读指南文档，它提供了一组让很多应用开发人员遵循的清晰的原则，因而确保了跨产品设计的和谐性。微软公司经过多年改进的 Windows 用户体验指南，也为许多程序员提供了一个良好的起点，以及有教育意义的体验。指南文档应考虑以下内容。

(1) 词、图标和图形。

① 术语(对象和动作)、缩写和大写。

② 字符集、字体、字体大小和风格(粗体、斜体、下画线)。

③ 图标、按钮、图形和线的粗度。

④ 颜色、背景、突出显示和闪烁的使用。

(2) 屏幕布局问题。

① 菜单选择、表格填充和对话框格式。

② 提示、反馈和出错消息的措辞。

③ 对齐、空白和页边空白。

④ 项和列表的数据输入和显示格式。

⑤ 页眉和页脚的内容及使用。

⑥ 适应小和大显示器的策略。

(3) 输入与输出设备。

① 键盘、显示器、光标控制和指点设备。

② 可听见的声音、语音反馈、语音输入输出、触摸输入和其他特殊输入方式或设备。

③ 各种任务的响应次数。

④ 为残疾用户准备的替代物。

(4) 动作序列。

① 直接操纵的单击、拖动、释放和手势工具。

② 命令语法、语义和序列。

③ 快捷键和可编程功能键。

④ 苹果 iPhone 等设备与微软 Surface 等平板系统的触摸屏导航。

⑤ 错误处理和恢复过程。

(5) 培训。

① 在线帮助、教程和支持群体。

② 培训和参考资料。

指南的建立应有助于帮助它获得可见性并赢得支持。有争议的指南(如何时使用语音警报)应由同事评审或进行经验性检测。应制定分发指南的规则,以确保实施。指南应能适应变化的需求,并通过体验改进。指南文档应分为严格的标准、可接受的做法和灵活的指南三级方法,增加其可接受的程度。

开始实施项目时,可以建立指南文档,以关注界面设计,并提供讨论有争议问题的机会。开发团队采用指南时,具体实现能快速实行,且只有很少的设计变更。大型组织可能有两级或更多级的指南,以在允许项目具有独特风格和本地的术语控制时,提供组织的同一性原则。

创建文档和过程的基础是:

(1) 教育。用户需要培训和讨论指南的机会,开发者必须按综合指南进行培训。

(2) 实施。需要一个及时、清晰的过程来验证界面是否遵循指南。

(3) 特许。当使用创造性的想法或新技术时,需要一个快速的进程来获得批准。

(4) 增强。一个可预测的评审过程,以保持指南为最新。

9.1.3 专家评审和可用性测试

现在,网站的设计人员认识到,将系统交付给客户使用前,必须对组件进行很多小的、大的初步试验。除了各种专家评审方法外,与目标用户一起进行的测试、调查和自动化分析工具是很有价值的,其过程依可用性研究的目标、预期用户数量、错误的危害程度和投资规模而变化。

9.2 参与式设计

参与式设计是指人们直接参与到所开展的协同设计之中。对此,赞同者认为更多的用户参与会带来有关任务的更准确信息,以及用户影响设计决策的机会。然而,在成功的实现案例中,构建用户自我投资的参与感,可能在增加用户对最终系统的接受度方面有最大的影响。另一方面,用户的广泛参与可能是昂贵的,并延长实现周期。同时,也可能使未参与或其建议被拒绝的人产生敌意,潜在地迫使设计人员放弃他们的设计,以使不胜任的参与者满意。

9.2.1 参与用户的选择

在参与式设计中,用户画出界面草图,使用纸条、塑料片和胶带来创建低精度的早期原型,然后记录场景走查内容,以便向管理人员、用户或其他设计人员演示。在正确的引导下,用户能够有效地产生新的想法,并且所有参与者都会觉得有趣。参与式设计的很多变体形式已经提出,如让参与者创建戏剧表演、摄影展、游戏或仅仅是草图或书面场景。高精度的原型和仿真也可能是引出用户需求的关键。

仔细挑选用户有助于建立成功的参与式设计的经验。竞争性挑选可增加参与者的重要感,强调项目的严肃性。参与者可能出席会议,被告知发挥什么样的作用和影响。他们可能需要了解组织的商业计划,并要求充当与他们所代表的更大用户群的沟通中介。

有经验的用户界面设计人员知道,在决定交互系统是否成功方面,组织的政策和个人的喜好可能比技术问题更重要。例如,如果仓库管理人员看出他们的职位受到交互系统的威胁,他们可能会消极、怠工,不予配合。例如,桌面显示要为高级管理人员提供最新信息,他们可能试图通过拖延数据录入或不尽力保证数据的准确性来使系统运行失败。界面设计人员应该考虑到该系统对用户的影响,请求他们参与,以确保所有相关信息都尽早明确,避免引起反作用和抵制。

9.2.2 以用户为中心的方法

丹·萨弗提出了四种主要的交互设计方法,每种方法都基于一种独特的基本理念:以用户为中心的设计、以活动为中心的设计、系统设计和天才设计。丹·萨弗承认这些方法都不可能以最纯粹的形式出现,所以他对每种方法都采取了极端的观点,以便区分它们。

在以用户为中心的设计中,用户知道得最多并且是设计师的指南,而设计师的角色是将用户的需求和目标转化为设计的解决方案。

以活动为中心的设计侧重围绕特定任务的行为。用户仍然发挥着重要作用,但重要的是其行为而不是需求和目标。

系统设计是一种结构化、严谨且整体的设计方法,侧重于情境,特别适用于复杂问题。在系统设计中,系统(即人、计算机、对象、设备等)是关注的中心,而用户的角色是为系统设置目标。

最后,天才设计在很大程度上依赖于设计师的经验和创造才能。

不同的设计问题需要不同的方法,不同的设计师倾向于使用最适合他们的方法。虽然设计师可能更喜欢特定的方法,但重要的是在选择任何一个设计问题方法时都要考虑该设计问题。

我们强调了以用户为中心的开发方法的必要性,即真正的用户和其目标(而不仅是技术)是产品开发的驱动力。因此,经过良好设计的系统将充分利用人类的技能和判断力,与手头的活动直接相关,并支持而不是约束用户。这与其说是一种技巧,不如说是一种哲学。

人机交互领域诞生时,约翰·古尔德和克莱顿·刘易斯制定了三个原则,他们认为这些原则将通向一个“有用且易于使用的计算机系统”。内容如下。

(1) 对用户和任务的早期关注。指首先要通过直接研究用户在认知、行为、人格和态度上的特征来了解用户是谁。这需要观察用户完成常规任务的过程,研究这些任务的性质,然后让用户参与设计过程。

(2) 以经验(实验)为基础的测量。在开发早期,应观察和测量预期用户对设定的场景、手册等的反应和表现。之后,用户与模拟产品和产品原型进行交互。要观察、记录和分析用户的表现和反应。

(3) 迭代设计。当在用户测试中发现问题时,进行修复,然后进行更多测试和观察,以查看修复的效果。这意味着设计和开发是迭代的,重复"设计-测试-测量-重新设计"这一循环通常是必要的。

作为以用户为中心的方法的基础,这三个原则被普遍接受。

9.2.3 场景开发

在需求定义不是十分明确的项目中,很多设计人员发现描述日常生活场景有助于表示用户执行典型任务时所发生事件的特征。在设计的早期阶段,应该收集有关当前性能的数据,以提供基准线。

一种描述新系统的方式是编写使用场景。如果可能,可以以戏剧的形式演示出来。当多个用户必须合作(如在控制室、驾驶舱或金融交易室中),或使用多个物理设备时(如在客户服务台、医疗实验室或旅馆前台区域),这种技术特别有效。场景能够使用新用户和专家用户表示普遍或应急的情况,而角色也能够包含在场景生成中。例如,开发美国国家数字图书馆时,设计团队从编写81个潜在用户的典型需求场景开始。下面是其中的一个例子。

K-16用户:一个7年级社会研究学教师正在教授工业革命(图9-2)这一单元。该教师想利用一些原始材料来阐明推动工业化的因素、工业化发生的方式,以及工业化对社会和建成环境的影响等。教学量是给定的,该教师总共只有大约4小时的时间找出这些补充材料,打包以供课堂使用。

图9-2 工业革命

9.3 设计指南

早在计算时代初期，界面设计人员就已经通过编写指南来记录他们的设计要求，通过共同的开发语言帮助提升多名设计者在术语使用、外观和动作序列方面的一致性，以指导未来设计人员的工作。

9.3.1 界面导航

对很多用户来说，理解界面导航(图 9-3)可能有困难，而提供清晰的规则会对此有所帮助。例如，美国国家癌症研究所使用信息丰富的网页设计来帮助机构开展工作，其相应的设计指南已经得到广泛应用。

图 9-3 界面导航

该指南大多采用正面陈述，包含设计过程、通用原则和具体规则等。包括以下内容。

(1) 将任务序列标准化。允许用户在相似的条件下以相同的顺序和方式执行任务。

(2) 确保嵌入式链接是描述性的。使用嵌入式链接时，链接文字应该准确描述链接目的地。

(3) 使用独特的描述性标题。使用彼此不同的标题，并在概念上与其所描述的内容相关。

(4) 对互斥选择使用单选按钮。当用户需要从互斥选项列表中选择一个响应时，提供单选按钮控件。

(5) 开发适合于打印的页面。其页面宽度应适合打印一页或更多页面。

(6) 使用缩略图来预览较大的图像。查看全尺寸图像之前，先提供缩略图。

“跳板”是一个致力于残疾人可访问性的独立研究机构，它发布的促进残疾用户可访问性的指南分成三个优先级。可访问性指南内容如下。

(1) 替代文本。为所有非文本内容提供替代文本，以便能够将其转换成其他形式，诸如大字印刷、盲文、语音、符号或较简单的语言。

(2) 基于时间的媒体。为电影或动画等提供替代物。将其标题或与视觉同步的听觉描述与演示同步播放。

(3) 可辨识。使用户更容易看到和听到内容，包括将前景与背景分离。不能把色彩作为传达信息、指示动作、提示响应或辨识可视元素的唯一可视手段。

(4) 可预测。使网页以可预测的方式出现和运行。

这些指南的目的是让网页设计人员通过一些允许残疾用户使用的屏幕阅读器或其他特殊技术的特性可以访问网页的内容。

9.3.2 组织显示

显示设计是很多特殊案例的主题。史密斯提出了以下5个高级目标，作为数据显示指南的一部分内容。

(1) 数据显示的一致性。在设计过程中，术语、缩写、格式、颜色、大写等均应通过使用这些项的数据字典实现标准化，并加以控制。

(2) 用户信息的有效吸收。格式应该是操作者熟悉的，并应该与使用这些数据来执行的任务相关。这个目标通过以下规则实现：数据列保持整齐，字母数据左对齐，整数右对齐，小数点排成列，间隔适当，使用易于理解的标签、适当的度量单位和十进制数。

(3) 用户记忆负担最小化。不应要求用户为了在一个屏幕上使用而记住另一个屏幕上的信息。任务应按只需很少动作就能完成的方式安排，使忘记执行某个步骤的机会降至最低。应给新用户或间歇用户提供标签和通用格式。

(4) 数据显示与数据输入的兼容性。显示信息的格式应与数据输入格式清晰地联系起来。在可能且适当之处，输出域也应充当可编辑的输入域。

(5) 用户控制数据显示的灵活性。用户应能从最方便的任务显示中获取信息。例如，行和列的顺序应很容易被用户改变。

以上述内容为起点，每个项目都需要把它扩展成具有特定应用的，以及和硬件相关的标准和做法。例如，一份设计报告形成了以下这些通用指南。

(1) 标签和图形的约定要一致。

(2) 缩写标准化。

(3) 在所有的显示(页眉、页脚、页码、菜单等)中使用一致的格式。

(4) 仅当数据能帮助操作者时才提供。

(5) 在适当的地方使用行宽、刻度尺上的标记位置，以减轻阅读强度，提供图形化信息。

(6) 仅当必要且有用时，才提供具体的数值。

(7) 使用高分辨率的监视器并维护它们，以提供最好的显示质量。

(8) 设计用间距和排列来组织单色显示，在帮助操作者的地方审慎地添加颜色。

(9) 让用户参与新的显示和过程的开发。

9.3.3 引起用户注意

异常状态或与时间有关的信息，必须用醒目的方式显示。以下这些指南详细描述了这样的技术。

(1) 亮度。仅使用两级，有限地使用高亮度来吸引注意。

(2) 标记。在项下面加下画线、封闭在框中、用箭头指向它或使用指示符，诸如星号、项目符号、破折号、加号或叉。

(3) 尺寸。使用4种尺寸，用较大的尺寸吸引更多的注意。

(4) 字体选择。使用3种字体。

(5) 反相显示。使用反相着色。

(6) 闪烁。在有限的域中谨慎使用闪烁显示或闪烁的颜色变化。

(7) 颜色。使用4种标准颜色，其他颜色为偶然使用而保留。

(8) 声音。使用柔和的音调表示正常反馈，使用刺耳的音调表示罕见的紧急情况。

过度使用这些技术会造成显示混乱。用户几乎普遍不赞同使用闪烁广告或动画图标来吸引注意力，但用动画来提供有意义的信息(如用做进度指示器)会很受欢迎。新用户需要简单的、按逻辑组织的、标注清楚的显示来指导他们的动作。而专家用户偏爱有限的域标签，以便更容易地提取数据；微妙的突出可以显示变化了的数值或定位。为了加强可理解性，显示格式必须与用户一同测试。

同样，所有突出显示的项将被理解为是相关的。颜色编码在联系相关项方面的功能特别强大，但人们却难以聚集跨颜色编码的项。用户可以控制突出显示，以满足个人的喜好，如允许手机用户为与亲密的家庭成员和朋友联系或为高度重要的会议选择颜色表达等。

音调，如键盘击键声或电话铃声，能够提供进度的反馈信息。紧急情况下的警报声会迅速报警，但也要提供禁止警报的机制。如果使用几种类型的警报，必须对它们进行测试，以确保用户能分辨出警报的等级。预先录音或合成的语音消息是有用的替代物，但它们可能干扰操作者之间的交流，所以应谨慎使用。

9.3.4 便于数据输入

数据输入会占用大量时间，也是应用中产生挫折和潜在危险的原因。下面5个目标可以作为数据输入指南的一部分。

(1) 数据输入业务的一致性。在所有条件下使用类似的动作序列、分隔符和缩写等。

(2) 最少的用户输入动作。较少的输入动作意味着较高的生产率，以及较少的出错率。应使用一次按键、鼠标选择或手指触压，而不是通过输入冗长的字符串做出选择。在选项列表中选择，排除了记忆和构造决策任务的需要，也排除了输入错误的可能性。专家用户通常更喜欢键入6～8个字母，而取代把手移动到鼠标、操纵杆或其他选择设备上。

应避免冗余数据的输入。对用户来说，在两个位置输入相同的信息会令人烦恼，因为重复输入会浪费精力，增加出错的机会。当两个地方需要相同信息时，系统应为用户复制信息，而用户应该仍有通过重新输入来覆盖它的选择权。

(3) 用户记忆负担最小化。进行数据输入时，不应要求用户记住冗长的代码清单和复杂的句法命令字符串。

(4) 数据输入与数据显示的兼容性。数据输入信息的格式应与显示信息的格式紧密相连。

(5) 用户控制数据输入的灵活性。对于有经验的数据输入操作者而言，可能更喜欢按他们能控制的顺序输入信息。例如，在空中交通管制环境的某些情形中，到达时间在管制员心中处于首位；而在其他情况下，高度处于首位。但是，应谨慎使用灵活性原则，因为它违反一致性原则。

9.4 设计原则

交互设计师使用设计原则，在设计用户体验时进行思考。这些都是可概括的抽象概念，旨在引导设计师思考其设计的不同方面。一个众所周知的例子是反馈，即产品应该设计成向用户提供足够的反馈，并告知他们已经完成的工作，以便他们知道下一步该做什么。另一个重要的例子是可检索，指一个特定的对象易被发现或定位的程度——无论是浏览网站、穿过建筑物，还是在数码相机上找到删除图像的选项。与此相关的是导航性原则，如在界面上要做什么和要去哪里是否是显而易见的；菜单是否被合理地构建，以允许用户顺利地找到他们想要的选项。

9.4.1 确定用户的技能水平

成功的设计人员意识到人们按不同的方式学习、思考和解决问题：有些用户更喜欢处理表格而不是图形，使用文字而不是数字，使用严格的结构而不是开放式的结构。

所有设计都应从了解预期使用者开始，包括他们的年龄、性别、认知能力、教育及文化或民族背景、培训经历、动机、目标以及个性等。一个界面经常会有几个用户群体，特别是Web应用和移动设备，所以设计工作就会成倍增加。应该能够预期典型用户群体具有的知识和使用模式的各种组合。表示用户特色的其他变量包括地点（如城市与农村）、经济概况、残疾与否和对使用技术的态度。需要特别注意阅读技能差、教育程度低和动机较低的用户。

除了以上情况，了解用户对界面和应用域的技能也很重要。可能会测试用户对界面特征的熟悉程度，如遍历层次结构的菜单或绘图工具。其他测试可能包含特定领域的能力，如城市代码、证券交易术语、保险索赔概念或地图图标的知识。

对用户的了解是永不休止的，因为有很多东西需要了解，而用户又在不断改变。然而，向着了解用户并将其视为具有与设计者不同观点个体的方向迈出的每一步，都可能更靠近设计成功。

例如，一种把用户分为新用户或首次用户、知识丰富的间歇用户和常用（专家）用户的类群分类，可能导致下面这些不同的设计目标。

（1）新用户或首次用户。假定新用户实际上几乎不了解任务或界面的概念；相反，首次用户则经常是相当了解任务但缺少界面概念知识的专业人员。这两组用户可能具有使用计算机的焦虑。对于界面设计人员来说，应该使用说明书、对话框和在线帮助功能使他们克服这些焦虑。对开始培养用户来说，重要的是将词汇表限定为少量熟悉的、使用一致的概念术语。动作的数量也应减少，这样才能使这些用户成功地完成简单任务，减少焦虑，树立信心并形成正面强化。有关每个任务完成情况的反馈信息是有帮助的，当用户出错时，应提供建设性的具体纠错信息。

（2）知识丰富的间歇用户。很多人对各种系统都有一定了解，但只是间歇地使用它们（如使用文字处理软件处理出差报销数据的公司经理）。他们具有牢固的任务概念和丰富的界面概念知识，但可能难以记住菜单的结构或功能的位置。使用有条理的菜单结构、一致性的术语和高水平的外观，将减轻他们的记忆负担。一致的动作序列、有意义的消息、对常规用法的指导，将帮助这些用户重新发现如何适当地完成任务。这些特性也将帮助新用户和某些专家用户，但主要受益人是知识丰富的间歇用户。

为支持随意探索各种功能和使用部分遗忘的动作序列，预防危险也是必要的。这些用户将从依赖上下文的帮助中受益，来补足缺失的部分任务或界面的知识。组织良好且具有搜索能力的参考手册也是有帮助的。

（3）常用（专家）用户。常用用户对任务和界面概念十分熟悉，力求让工作快速完成。他们要求快速的响应时间、简短且不令人困惑的反馈和只需几次按键或选择就可完成工作的快捷方式。当经常执行3个或4个动作的序列时，常用用户希望建立“宏”或其他缩短的形式，以减少所需步骤。命令字符串、菜单的快捷方式、缩写和其他加速手段是他们需要的。

为这三类用户设计的特点必须针对每种环境来改进。为一类用户设计很容易，而为几类用户设计就要困难得多。

当一个系统必须适应多个用户类别时，基本策略是允许多层（“利用层次的架构”或“螺旋”）的学习方法。开始时只教给新用户对象和动作的最小子集。当他们只有很少的选择项且受到保护以免犯错时，就最可能做出正确的选择。从动手实践中树立信心后，他们就能够继续学习更高级的任务和相应的界面。学习计划应由用户掌握任务概念的进步程度所控制，当需要新的界面来支持更复杂的任务时，才选择它们。对那些具有扎实的任务和界面概念的用户来说，快速进步是可能的。

例如，手机新用户很快学会接打电话，然后学会使用菜单，再学会存储频繁呼叫者的电话号码。他们的进步受任务域控制，而不是受控于难以与任务相关联的命令列表。多层设计不仅必须应用于软件中，而且必须应用于用户手册、帮助、出错消息和教程设计中。

另一种适应不同使用类别的选择，是允许用户将菜单内容个性化。在文字处理软件的研究中，这种选择已被证明是有优势的。

第三个选择是允许用户控制系统所提供反馈信息的密度。新用户想要更多的反馈信息，以确认其动作，而常用用户想要较少的不令人困惑的反馈信息。同样，常用用户似乎比新用户更喜欢排列紧凑的显示。最后，交互的节奏可能被改变，对新用户要慢一些，对常用用户要快一些。

9.4.2 识别任务

仔细描述用户情况后，设计人员必须识别要执行的任务。虽然他们都认同设计开始之前必须确定任务集合，但是其任务分析往往完成得并不完整。任务分析的成功策略通常包括仔细观察和采访用户，它帮助设计人员理解任务频率和序列，并做出支持什么任务的抉择。一些实现者偏爱包含所有可能的动作，并寄希望于有些用户将发现它们有帮助，但这往往会引起混乱。设计人员之所以取得成功，很可能是因为他们严格限制了任务的功能性，以保证简单性。

复杂的任务动作能够分解，进而细化成用户使用一个命令、菜单选择或其他动作来执行的原子性动作。选择最适当的原子性动作集合是一项困难的任务。如果动作太小，用户将会因完成较高级任务所需大量动作而心情沮丧。如果动作过大且过于详尽，用户就需要很多带有特殊选项的动作。例如，形成一组命令或菜单树时，相对的任务使用频率很重要。频繁使用的任务应简单、快速地执行，即使以延长一些不频繁的任务时间为代价。相对使用频率是做出体系结构设计决策的基础之一，如在文字处理软件中采取以下做法。

(1) 常用的动作可通过按特殊键，诸如 4 个箭头键、插入键和删除键来执行。

(2) 对于不太常用的动作，可通过按单个字母加 Ctrl 键或通过从下拉菜单中选择项目来执行，加下画线、加粗或保存操作。

(3) 对于不常用的动作或复杂的动作，可能需要经过一系列的菜单选择或表格填充实现，如改变打印格式或修改网络协议参数。

9.4.3 选择交互风格

设计者完成任务分析并识别出任务对象和动作后，可以选择以下交互风格：直接操纵、菜单选择、表格填充、命令语言和自然语言（表 9-1）。

表 9-1　5 种主要交互风格的优缺点

交互风格	优　点	缺　点
直接操纵	可视化表示任务概念 允许容易地学习 允许容易地忘记 允许避免错误 鼓励探索 提供较高的主观满意度	可能难以编程 可能需要图形显示器和指点设备（如鼠标）
菜单选择	缩短学习时间 减少按键 使决策结构化 允许使用对话框管理工具 允许轻松地支持出错处理	提供很多菜单的危险 可能使常用用户变慢 占用屏幕空间 需要快速的显示速率

续表

交互风格	优　　点	缺　　点
表格填充	简化数据输入 需要适度培训 给予方便的帮助 允许使用表格管理工具	占用屏幕空间
命令语言	灵活 对高级用户有吸引力 支持用户主导 允许方便地创建用户自定义宏	出错后的处理能力弱 需要大量的培训和记忆
自然语言	减轻学习句法的负担	需要说明对话框 可能不显示上下文 可能需要更多按键 不可预测

向更直接操纵发展的例子有更少的记忆/更多的识别、更少的按键/更少的单击、更低的出错能力/更可见的上下文。直接操作的范围如下。

(1) 命令行。

(2) 表格填充方式,用于减少输入。

(3) 改进的表格填充,用于说明和减少错误。

(4) 下拉菜单提供有意义的名字,并消除无效值(如星期)。

(5) 以二维菜单方式提供上下文、显示有效日期和启用快捷菜单(如月历)。

9.4.4 设计的5条原则

设计原则是一个以理论知识、经验和常识为基础的混合理论。这些原则往往是以一种规定的方式呈现,建议设计师应该在界面上提供什么和避免什么,也就是交互设计的注意事项。更具体地说,这些原则帮助设计师解释和改进他们的设计,但它们并不会具体说明如何设计一个界面,对设计师来说,它们更像是开关,确保在一个界面上能够提供特定功能。

一些设计原则已经得到推广。最常见的是决定用户使用交互式产品执行任务时应该见到什么和应该做什么,即可视性、反馈、约束、一致性和可供性。

(1) 可视性。可视性很重要。语音邮件系统无法显示有无留言以及留言的数量,而应答机则使这两个信息清晰可见。功能的可视性越好,用户也就越容易知道接下来做什么。不同操作的控制是清晰可见的,如指示器、前照灯、喇叭、危险警告灯都可以指示做什么。这些控制器在车中安放的位置与其功能是相关的,因此司机在开车时就很容易找到正确的控制器。

相比之下,当功能不可见时,找到和知道它们如何使用就困难了。例如,通过传感器技术,设备的使用已经自动化了,如水龙头、电梯、灯光,但有时人们很难知道如何控制它们,尤其是如何激活和停用。这可能导致人们犯难和沮丧。

(2) 反馈。反馈是与可视性相关的概念。想象一下,玩一把吉他,用刀切面包,或者用钢笔写字,这些行动在几秒内都毫无反应;在音乐开始、面包被切或者纸上显示字迹之前,必须面对难以忍受的延迟,这些将使人们无法再继续弹奏、切割或写下一笔。

反馈的内容涉及已经进行了什么行动和已经完成了什么任务这类信息,以便能够继续这个活动。有各种可用于交互设计的反馈——声音、触觉、视觉、语言和它们的组合。关键是决定哪种组合适合不同类型的活动和交互作用。以正确的方式使用反馈也可以为用户交互提供必要的可视性。

(3) 约束。约束的设计概念是指在特定时刻限制用户的交互类型。可以采用各种方法实现这个目的。图形用户界面中的一个常见设计设置菜单选项为灰色,以使其无效,从而限制用户只能在允许的范围内操作。这种约束形式的优点之一是可以防止用户选择不正确的选项,减少犯错的机会。

使用不同种类的图形表示也可以限制一个人对问题或信息空间的理解。例如,流程图显示哪些对象是相关的,从而限制了用户对信息感知的方式。设备的物理设计也可以限制它的使用方式,如计算机的外部插槽设计为只允许一根电缆或一张卡以一定的方式插入。然而,有时物理性的限制是不明确的。

(4) 一致性。指设计的界面具有相似的操作,使用相似的元素,以实现类似的任务。特别地,一致性的界面是遵循规则的界面,如使用同一个操作来选择所有的对象。例如,我们总是用同一个输入操作来选取界面上的图形对象,如单击鼠标左键。另一方面,非一致性的界面允许规则外的例外情况。例如,某些图形对象(如表格中的电子邮件)只能通过右键选取,而其他所有操作只能通过左键选取。这种不一致性产生的随意性会导致用户难以记住,并且更易出错。

因此,一致性界面的好处之一是其更易学习和使用。面对所有对象,用户只需学习一个单一的操作模式。此原理可以很好地用于带有有限操作的简单界面,如由简单按键实现的便携式无线电收音机。但当面对更复杂的界面时,就会有很多问题,如设计一个能够提供上百个操作的应用界面。当每个按钮映射一个单独的操作时,就不可能有足够的空间来安排上百个按钮。这时可以创建映射到显示界面中操作子集的命令类,如菜单。

(5) 可供性。该术语指代一个对象属性,使人们知道如何使用它。例如,需要"按下"鼠标上的按键,而按下的方式则受限于塑料外壳。简单地说,"可供"指"提供启示"。当一个物理对象的可供性很明显时,与其交互就很容易了。

有两种可供性:感知性和真实性。物理对象具有真实的可供性(如"抓"的动作),其感知性比较明显,不需要学习。相反,基于屏幕的用户界面是虚拟的,没有这些真实的可供性。因此,努力在界面上设计追求真实的可供性并无多大意义,除非是设计物理设备(如控制台),"拉""按"等动作对于指导用户使用是有帮助的。另外,更好的方法是将基于屏幕的界面概念化为可感知的可供性。

9.4.5 界面设计的8条黄金规则

界面设计的8条"黄金规则"可应用于大多数的交互系统,它们来自于经验,并经过了多年改进,需要针对特定的设计领域确认和调整。

(1) 保持一致性。在类似的环境中应具有一致的动作序列;在提示、菜单和帮助屏幕中应使用相同的术语;应始终使用一致的颜色、布局、大写方式和字体等。在异常情况下,如要求确认、删除命令或口令没有回显,应是可理解的且数量有限。

(2) 满足普遍可用性的需要。认识到不同用户和可塑性设计的要求,可使内容的转换更便捷。新手到专家的差别、年龄范围、残疾情况和技术多样性,都能丰富并指导设计的需求范围。为新用户添加特性(如注解)和为专家用户添加特性(如快捷方式和更快的节奏),能够丰富界面设计并提高可感知的系统质量。

(3) 提供信息反馈。对每个用户动作都应有系统反馈。对于常用和较少的动作,响应应该适中;而对于不常用和主要的动作,响应应该较多。

(4) 设计对话框,以产生结束信息。应把动作序列组织成几组,每组有开始、中间和结束 3 个阶段。一组动作完成后的信息反馈给用户以完成任务的满足感和轻松感。例如,电子商务网站引导用户从选择产品一直到结账,最后以一个清楚的、完成交易的确认页面来结束。

(5) 预防错误。要尽可能地设计出用户不会犯严重错误的系统。例如,将不适当的菜单项变灰,不允许在数值输入域中出现字母字符等。如果用户出错,界面应检测错误,并提供简单、有建设性和具体的说明来恢复。例如,如果输入了无效的邮政编码,用户不必重新键入整个姓名-地址表格,而应该得到指导来修改出错的部分。错误的动作应该让系统状态保持不变,或者界面应给出恢复状态的说明。

对于手机、电子邮件、电子表格、空中交通管制系统和其他交互系统的用户而言,犯错的频繁程度远比可预期的要高。即使是有经验的分析人员也会在将近一半的电子表格中犯错,即使这些表格是用于做出重要的业务决定。

改进由界面提供的出错消息是一种减少因错误而造成生产力损失的方式。较好的出错信息改进方案能够提高纠正错误率、降低未来出错率和提高主观满意度。良好的出错信息改进方案更具体、语气更积极并更有建设性(告诉用户做什么而不仅是报告问题)。当然,更有效的方法是预防错误的发生。

(6) 允许动作回退。这个特性能减轻焦虑,因为用户知道错误能够撤销,而且可以探索不熟悉的选项。可回退的单元可能是一个动作、一个数据输入任务或一个完整的任务组。

(7) 支持内部控制点。有经验的用户强烈渴望他们掌管界面且界面响应他们动作的感觉。他们不希望熟悉的行为发生意外或者改变,并且会因乏味的数据输入序列、难以获得必需的信息和不能生成他们希望的结果而感到烦闷。

(8) 减轻短期记忆负担。由于人类利用短期记忆进行信息处理的能力有限,因此设计人员应避免要求用户必须记住一个屏幕上的信息,然后在另一个屏幕上使用这些信息。这意味着不应要求在手机上重新输入电话号码,网站位置应保持可见,多页显示应加以合并,以及给复杂的动作序列分配足够的培训时间。

这些基本规则为移动、桌面和 Web 领域的设计人员提供了一个好的起点。通过提供简化的数据输入过程、可理解的显示和快速的反馈信息,可以增强对系统的胜任感、支配感和控制感，提高生产率。

9.4.6 确保人的控制

致力于简化用户任务，就能够避免常规的、冗长的和易出错的动作，集中精力做出关键决定、处理意外情况和计划将来的动作。

随着流程更加标准化和生产率压力的增加，自动化程度也日益增加。对常规任务来说，自动化是可取的，因为它降低了出错的可能性和用户的工作量。然而，即使增加了自动化程度，设计人员仍能提供用户偏爱的可预测且可控制的界面。因为现实世界是一个开放的系统（即不可预测事件和系统错误数量具有不确定性），所以需要保持人的监督角色。相反，计算机组成一个封闭系统（只能适应硬件和软件中数量可确定的正常和故障情况）。在不可预测事件中，必须采取行动来保障安全，避免代价昂贵的故障，这时人的判断是必需的。

例如，在空中交通管制中，常见动作包括改变飞机的高度、方向或速度。这些动作很好理解，并有可能用调度和路径分配算法来实现自动化。但管制员必须在场，以便应对高度可变的和不可预测的紧急情况。一个自动化系统可能成功地处理巨大的交通量，但如果因天气恶劣而导致跑道关闭，管制员就不得不快速给飞机重新制定路线。现实世界的情况如此复杂，不可能对每种意外事故都进行预测和编程。因此，决策过程中人的判断和价值观是必要的。

很多应用中的系统设计目标，是给予操作者关于当前状态和活动的足够信息，以确保在出现部分故障的情况下，他们有知识和能力正确执行操作。美国联邦航空管理局强调，设计应让用户处于控制地位，而自动化只为“提高系统性能，而不减少人的参与”。这些标准也鼓励管理人员“在用户怀疑自动化时培训他们”。整个系统除了为正常情况，还要为能够预料到的大量异常情况而设计和测试。测试条件的扩展集可能作为需求文档的一部分包含在内。操作者需要有能对其行为负责的足够信息。除了监督决策和处理故障外，人的操作还起到改进系统设计的作用。

习题

1. 成功的用户界面开发有4个支柱，即(　　)、指南文档和过程、用户界面软件工具，以及专家评审和可用性测试。

A. 用户界面需求　　B. 软件工程需求

C. 项目管理工程　　D. 多媒体信息技术

2. 软件项目的成败经常取决于所有用户和实现者之间理解的精确性和完整性。如果没有适当的(　　)定义，就既不能确定正在解决什么问题，也不会知道何时能够完成。

A. 功能　　B. 需求　　C. 性能　　D. 技术

3. (　　)设计是指人们直接参与到所开展的协同设计之中。

A. 独立　　B. 花式　　C. 参与式　　D. 综合

4. 仔细挑选(　　)有助于建立成功地参与式设计的经验。竞争性挑选可增加参与者的重要感,强调项目的严肃性。

A. 用户　　B. 技术　　C. 项目　　D. 色彩

5. 丹·萨弗提出了四种主要的交互设计方法,每种方法都基于一种独特的基本理念:即以用户为中心的设计、以活动为中心的设计、系统设计和(　　)设计。

A. 快捷　　B. 天才　　C. 聪明　　D. 自动

6. 人机交互领域诞生时,约翰·古尔德和克莱顿·刘易斯制定了三个原则。下列(　　)不是这三原则之一。

A. 对用户和任务的早期关注　　B. 以经验(实验)为基础的测量

C. 一次性投入,敏捷完成　　D. 迭代设计

7. 在需求定义不是十分明确的项目中,描述日常(　　)有助于表示用户执行典型任务时所发生事件的特征。

A. 经济开销　　B. 技术团队　　C. 项目组合　　D. 生活场景

8. 产品应该被设计成能向用户提供足够的(　　),并告知他们已经完成的工作,以便他们知道下一步该做什么。

A. 反馈　　B. 功能　　C. 资源　　D. 成本

9. 可检索是指一个特定的对象易被发现或定位的程度,与此相关的是(　　)原则。

A. 集约化　　B. 导航性　　C. 最小化　　D. 最大化

10. 对用户进行类群分类,可以导致不同的设计目标。下列(　　)不属于这样的分类。

A. 新用户或首次用户　　B. 知识丰富的间歇用户

C. 常用(专家)用户　　D. 特殊项目的特别用户

11. 任务分析的成功策略通常包括(　　)用户,它帮助设计人员理解任务频率和序列,并做出支持什么任务的抉择。

A. 宣传和组织　　B. 动员和安抚　　C. 观察和采访　　D. 动员和组织

12. 交互风格包括(　　)、菜单选择、表格填充、命令语言和自然语言。

A. 分散操纵　　B. 直接操纵　　C. 间接操纵　　D. 独立操纵

13. (　　)是一个以理论知识、经验和常识为基础的混合理论,其原则往往是以一种规定的方式呈现。

A. 设计原则　　B. 组织方法　　C. 领导艺术　　D. 社群管理

14. 交互设计中,最常见的设计原则包括可视性、反馈、约束、(　　)和可供性。

A. 扩张性　　B. 特殊性　　C. 一致性　　D. 经常性

15. 界面设计有8条黄金规则,可应用于大多数交互系统。但(　　)不属于这组规则之一。

A. 保持一致性　　B. 美观靓丽

C. 满足普遍可用性的需要　　D. 提供信息反馈

16. 界面设计的8条黄金规则应用于大多数交互系统。但(　　)不属于这组规则之一。

A. 设计对话框，以产生结束信息　　B. 减轻短期记忆负担
C. 允许动作回退　　D. 容易合并组合

实验与思考：理解设计风格与原则

1. 实验目的

（1）熟悉人机交互的设计风格，掌握人机交互设计的基本原则。

（2）了解 Windows“辅助功能选项”的人文设计。

2. 工具/准备工作

在开始本实验之前，请回顾课文的相关内容。

需要准备一台能够访问因特网的计算机。

3. 实验内容与步骤

（1）请阅读有关资料，根据你的理解和看法，举例阐述“无论历史上出现什么样的设计风格，都与当时的生产力水平、社会文化背景等相联系”。

答：______

______

______

（2）作为现代设计的发源地，包豪斯学校提出的理论和方法直到今日仍对设计有重大影响。请阅读课文，简述它在设计理论上的三个基本观点。

① ______

② ______

③ ______

（3）进入信息时代，工业设计的主要方向开始出现战略性转移，由传统的工业产品转向以计算机为代表的高新技术的产品和服务，开创了界面设计发展的新纪元。请在网络上搜索，了解苹果、IBM 等公司的硬件产品设计，并与我们平常使用的个人计算机的硬件设计作比较，介绍你所欣赏的精彩的硬件人机界面设计的例子，并陈述你推荐的理由。

答：______

______

______

______

（4）为帮助人们根据自身特点更好地使用计算机，Windows 操作系统提供了快速配置和使用计算机的辅助特性的人文设计方案。

在本次实验中，你使用的操作系统版本是：______

步骤 1：登录进入 Windows 操作系统。

步骤 2：在“开始”菜单中单击“Windows 系统”-“控制面板”命令，继续单击“轻松使

用”选项。请记录，在打开的“轻松使用”对话中，有哪些选项可供设置选择？请仔细了解这些设置选项及其功能。

① ____________________

② ____________________

③ ____________________

④ ____________________

⑤ ____________________

⑥ ____________________

⑦ ____________________

步骤3：请考虑如下操作。

① 为使行动不便的用户通过鼠标等设备输入数据，应该如何设置？

____

____

② 为便于视力不好的用户读取电脑屏幕上的字符信息和图形，应该如何设置？

____

____

③ 如果需要为有视力障碍的用户提供文字到语音的转换工具，使他们能够朗读屏幕所显示的内容等，应该如何设置？

____

____

步骤4：简单评述Windows操作系统“轻松使用”选项的设计。你是如何看待其必要性的？

答：____________________

____

____

____

4. 实验总结

____

____

____

____

5. 实验评价（教师）

____

____

第 10 章　原型构建与敏捷设计

导读案例：平行线可以相交

有一本书的书名叫作《左手天才，右手疯子》，讲的是一些看起来是“疯子”的人，往往提出一些天才性的意见。这一点其实很正常，因为很多天才在被认可之前都被当成疯子、傻子，只有等他们的科研成果完全被别人理解之后，“疯子”头衔才能够被摘掉，从而变成一个别人口中的“天才”。

其实，之所以有这样的现象，就是因为天才的想法往往并不是普通人可以理解的，这一点是自然科学天才和社会科学天才的共性。譬如，当年孙膑为了逃脱庞涓的迫害，不就在庞涓的眼中变成了“疯子”吗？而今天我们要讲的则是另外一位天才的故事：俄国数学天才称“平行线可以相交”(图 10-1)，被嘲讽一生，死后 12 年被证实。

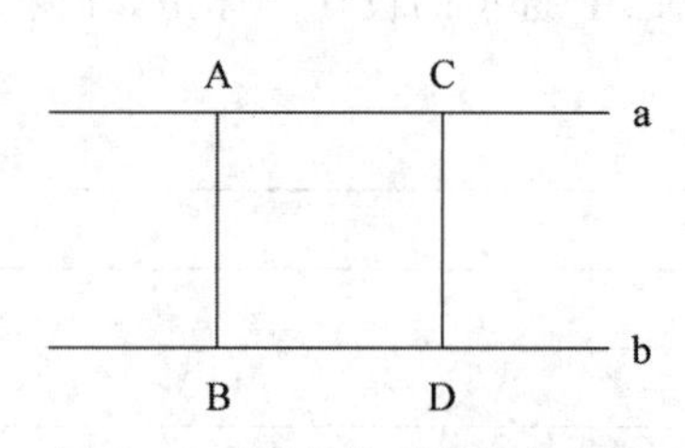

图 10-1　“平行线可以相交”吗？

图 10-2　罗巴切夫斯基

这位天才名叫罗巴切夫斯基(图 10-2)，俄罗斯人，出生于 1793 年。包括俄罗斯在内的欧洲国家，因为文艺复兴和启蒙运动的作用，在 18 世纪、19 世纪开始了一个科技大爆发的时期，这时经常会在各地冒出一些璀璨的科学明星。正是由于生活在这样的社会氛围中，罗巴切夫斯基从小就对科学非常感兴趣。而且他感兴趣的还是科学皇冠上的明珠——数学。不过，命运显然给了他太多的考验，在他很小的时候，他的父亲就去世了。当时，不论是在中国还是在外国，孤儿寡母的生活都是非常艰难的。但他的母亲是一位很有见识的女人，她在困难的家境下仍然保证了儿子能够按时上学。

学校打开了小罗巴切夫斯基的科学世界，尤其是课本上的那些数字让他十分着迷。因此，他对数学学习特别努力，这也使得他的学习成绩非常优异。中国人有句话：学好数理化，走遍天下都不怕。实际上，数理化都是建立在数学基础上的，数学优异的孩子，其他科目的成绩也差不到哪里去。

14 岁的时候,罗巴切夫斯基就凭着优异的成绩考进了俄罗斯著名的喀山大学。这里是俄罗斯的人才引擎,无数的科学家、文学家、思想家、政治家都从这所大学走出,并最终对俄罗斯的命运产生巨大影响。

来到这里,罗巴切夫斯基当然也激动不已,同时也激励着他努力学习。在大学期间,他不仅完成了自己所选学科的硕士学位,还选修了另外一个学位。由于成绩优异,他被喀山大学留下来做了教授,主要教学任务是负责教授与数学相关的问题,这也使得他有了更多机会钻研数学。

研究平行线的时候,他的思路与别人完全不一样,他发现一个令人惊讶的问题:平行线可能是会相交的。当然,这么颠覆性的理论,罗巴切夫斯基并不敢轻易就下结论,毕竟当时的人对于科学本身是具有一种“宗教式”的沉迷的。如果敢于违背大家公认的欧几里得几何“科学真理”,可能遭遇残忍的迫害,比如布鲁诺。

所以,罗巴切夫斯基对自己的这个理论再一次进行仔细的证明,一切证明说明:他的逻辑过程是完全没有问题的。顿时,这个被自己发现的真理就像是虫子一样挠着他的心脏,让他忍不住想要把这个秘密公之于众。但是,由于他的思路(图 10-3)不同于常人,他怀疑别人无法理解他,所以迟迟不敢公布。

$$ds=\frac{1}{1+\frac{1}{4}\alpha\sum x^2}\sqrt{\sum dx^2}$$

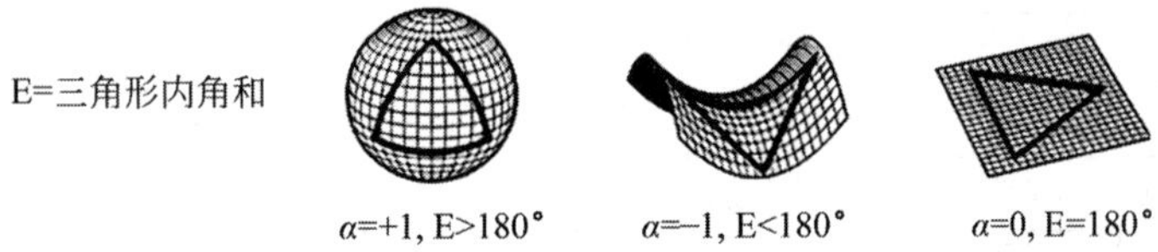

E=三角形内角和

$\alpha=+1, E>180°$　$\alpha=-1, E<180°$　$\alpha=0, E=180°$

图 10-3　数学证明

但是正如同纸包不住火一样,对世俗的畏惧也阻挡不了罗巴切夫斯基对正义与真理的执着。于是,在 1926 年一次喀山大学的会议上,他怀着非常谨慎的态度向自己的同事做了这方面研究的报告。不过,结果让他很伤心,他被喀山大学的数学界共同嘲笑:平行线可以相交?我们怀疑你究竟是不是一个数学老师。

为了彻底说服自己的同事,他用了 3 年时间将自己的理论与思路作了进一步整理,并且发表了一篇非常正式的论文。但是,等待他的不是认同或理智的辩论,而是无情的嘲讽和恶毒的谩骂。为了抵制罗巴切夫斯基这种“离经叛道”的思想,喀山大学甚至革除了他的校长职位,这使他深受打击。1856 年,他带着强烈的不甘去世了。

那么,平行线到底为什么会相交呢?原因在于,罗巴切夫斯基并不是在一般平面上研究平行线,而是在曲面和其他情况下研究平行线,这当然会得出与平面欧几里得几何不同的结论(图 10-4)。12 年后,也就是 1868 年,他的理论终于被数学家贝特拉米所证实,并且由此衍生出了非欧几里得这门数学学科,开创了新的数学领域。

资料来源:搜狐网,https://www.sohu.com/a/438164331-491331。

图 10-4 在曲面情况下,平行线可以相交

阅读上文,请思考、分析并简单记录:

(1) 请简述,你怎么理解"左手天才,右手疯子"?

答:

(2) 请概括叙述,本文中介绍的罗巴切夫斯基的重要发现是什么?

答:

(3) 请通过网络搜索简单介绍"非欧几里得"这门数学学科。

答:

(4) 请简单记述你所知道的上一周内发生的国际、国内或者身边的大事。

答:

10.1 构建原型

设计、原型和构建属于双菱形设计方法的开发阶段。在这个阶段,解决方案或概念被创建、原型化、测试和迭代。最终产品是通过重复涉及用户的设计-评估-重新设计周期迭代出现的，原型则为这一过程提供了便利。设计包括两个方面：概念设计部分，重点是对产品的想法，涉及开发概念模型来捕捉产品将做什么以及它将如何运行；具体设计部分的重点在设计的细节，如菜单类型、触觉反馈、物理部件和图形。这两者是交织在一起的，并且具体的设计问题需要一些考虑才能形成原型，而原型设计的想法将导致概念的演变。

人们常说，用户不能告诉你他们想要什么，但是当他们看到并使用产品时，很快就能知道他们不想要什么。原型化提供了一个想法的具体表现——无论是新产品还是对现有产品的修改——使得设计师可以交流他们的想法，用户也可以尝试使用它们。

10.1.1 什么是原型

设计人员将自己的想法进行原型化，以使用户能够对交互式产品的设计进行有效的评价。原型具有许多形式，它是允许涉众与之交互和探索其适用性的一种设计表现形式。在开发的早期阶段，这些原型可能是建筑物或桥梁的比例模型，可以由纸板或现成的组件制成，也可以是基于纸张的显示器轮廓、线的集合和数字图像、视频模拟、复合的软硬件片段，以及工作站的三维模型，甚至可能是每隔几分钟就崩溃的软件的一小部分。随着设计的进行，原型经过评估，将变得更加完整、合适和健壮，越来越类似于最终的产品。原型的局限性在于，它通常会强调一组产品特性而掩盖其他特性。

例如，在开拓有关 PalmPilot(1992 年推出的掌上电脑系列，图 10-5)的想法时，公司创始人杰夫·霍金根据他想象的设备大小和形状雕刻了一块木头。杰夫·霍金常常随身携带这块木头，假装把信息输入其中，只是为了看看拥有这样的一个装置是什么感觉。这是一个简单的(甚至可以说是奇怪的)原型的例子，但它的目的是模拟使用场景。

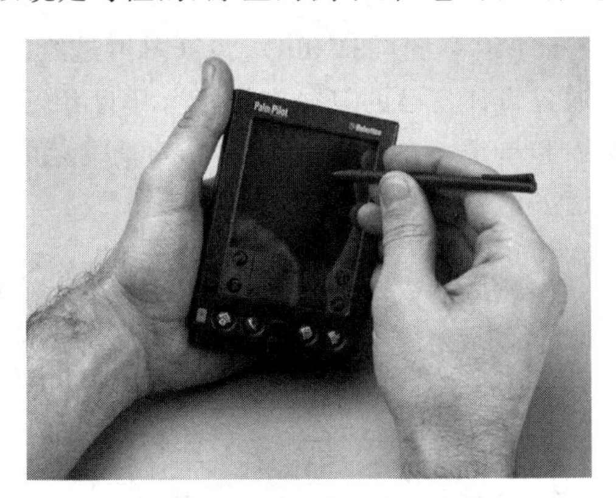

图 10-5 PlamPilot 掌上电脑

3D 打印机技术的进步和价格的降低，增加了它在设计中的应用频率，人们可以从软件包中提取 3D 模型，并打印原型。软玩具、巧克力、服装甚至整栋房子都可以用这种方式“打印”出来。

在与涉众讨论或评估想法时，原型是团队成员之间的交流工具，也是设计师探索设计思想的有效途径。构建原型的活动鼓励了设计中的反思，被许多设计师认为是设计的一个重要方面。例如，测试一个想法的技术可行性，澄清一些模糊要求，做一些用户测试和评估，或者检查某个设计方向是否与产品开发的其他部分兼容。为了明确用户如何执行一组任务，以及提议的设计是否会支持他们这样做，可能会产生一个基于纸张的模型。

原型分产品原型和服务原型，后者包括角色扮演和人作为原型和产品本身的组成部分。服务原型有时以引入视频场景的方式出现。

10.1.2 低保真原型

低保真原型看起来不太像最终产品，它可能使用不同的材料，如纸张和纸板，而不是电子屏幕和金属；它可能只执行有限的功能；或者它只能表示函数，而不能执行任何函数。

低保真原型往往简单、廉价，可以快速生产。这也意味着它们可以快速修改，以便支持探索备选的设计和想法。在开发的早期阶段，如在概念设计期间，这一点特别重要，因为用于探索想法的原型应该是灵活的，并鼓励探索和修改。低保真原型并不意味着要保持和整合到最终产品中。设计和试验复杂系统时，使用低保真原型可以帮助涉众描述创造性的想法。

1. 故事板

故事板是低保真原型，经常与场景结合使用。它可以是一系列屏幕草图，也可以是一系列展示用户使用交互式设备执行任务的场景。当与场景一起使用时，故事板将提供更多细节，为涉众提供与原型进行角色扮演的机会，通过逐步遍历场景与原型交互。

2. 草图

低保真原型通常依赖于手绘草图（图 10-6）。“草图不是绘画，而是设计”，研究者将其称为“草图语言”，可以通过设计自己的符号和图标并不断练习来克服任何限制。草图可以是简单的盒子、火柴人和星星。在故事板草图中，可能需要的元素有数字设备、人员、情绪、表格、书籍等，以及诸如给出、查找、传送和写入等动作。

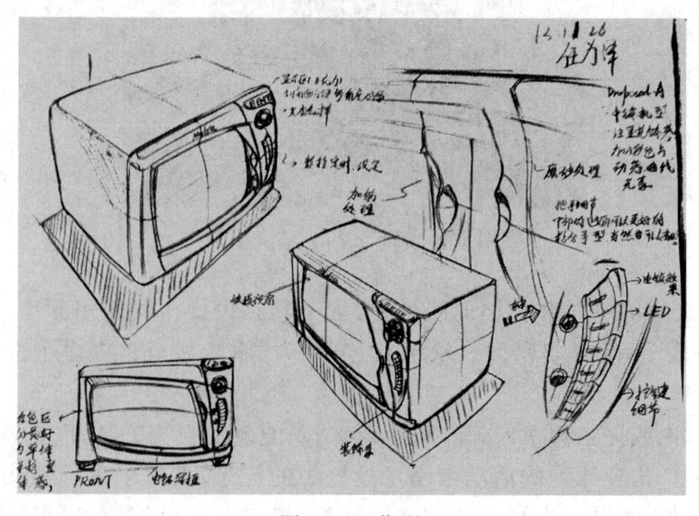

图 10-6 草图

3. 索引卡片

索引卡片是一种成功而简单的交互原型制作方法，用于开发一系列交互式产品，包括网站和智能手机应用程序。每一张卡片代表交互的一个元素，可能是一个屏幕，或仅仅是一个图标、菜单或对话交流。在用户评估中，用户可以按顺序浏览卡片，假装在与卡片交互时执行任务。

10.1.3 高保真原型

高保真原型看起来像最终产品，它通常提供比低保真原型更多的功能。例如，使用Python或其他可执行语言开发的软件系统的原型比基于纸张的模拟具有更高的保真度：带有虚拟键盘的塑料模压件会比PalmPilot的木质原型具有更高的保真度。

图10-7为电子手表产品的高保真原型图。

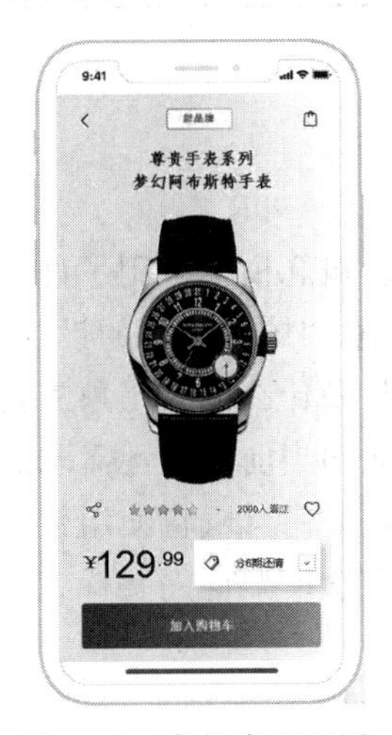

图10-7　高保真原型图

高保真原型可以通过修改和集成现有组件（包括硬件和软件）来开发，这些组件由各种开发人员工具包和开源软件广泛提供。在机器人学中，这种方法称为修补，而在软件开发中则称为机会主义系统开发。例如，利用现有的硬件和开源软件构建一个原型，以测试用手机自动演奏乐器的想法。

低保真度和高保真度之间存在连续性。例如，在野外使用的原型将具有足够的保真度，能够回答其设计问题，并了解交互、技术约束或情境因素。在设计-评估-重新设计的周期内，原型在保真度的各个阶段得到发展。表10-1总结了高保真和低保真原型的优点与缺点。

表 10-1 低保真和高保真原型的优缺点

类 型	优 点	缺 点
低保真原型	可以快速修改 更多的时间可以花在改进设计上,然后才开始开发 评估多个设计概念 有用的通信设备 概念的证明	有限的错误检查 缺乏详细的开发规范 促进者驱动 可用性测试的有用性有限 导航和流量限制
高保真原型	(几乎)完整的功能 完全交互 用户驱动 明确定义导航方案 用于探索和测试 预期产品的外观和感觉 充当“活的”或不断演变的规范 营销和销售工具	更多的资源密集型开发 修改很耗时 概念设计的低效性 被误认为最终产品的可能性 设定不当预期的可能性

10.2 概念设计

概念设计涉及开发概念模型。概念模型采用了许多不同的形式,并且没有详细说明,所以很难把握。相反,可以通过探索和体验不同的设计方法来理解概念设计。

概念模型是对人们可以对产品做什么以及用户需要哪些概念来理解如何与产品交互的概述。前者将产生于对问题空间和当前功能性需求的理解。需要哪些概念来理解如何与产品交互取决于各种问题,如用户将是谁、将使用什么样的交互、将使用什么样的接口、术语、隐喻、应用程序域等。开发概念模型首先要深入了解用户及其目标的数据,并试图与其产生共鸣。

在情境设计中,可以采用不同的方法实现与用户的共鸣,如情境访谈、交流会议和“墙壁漫步”。这些活动共同保证不同的人对数据的看法和他们观察到的信息能够被捕获,这有助于加深理解,使整个团队接触到问题空间的不同方面,并使团队沉浸在用户世界中。这激发了基于对用户及其情境的广泛理解的想法:一旦捕获了这些想法,就可以根据其他数据和场景对其进行测试,与其他设计团队成员进行讨论,并为与用户进行测试而将其原型化。

使用不同的创造力和头脑风暴技术与团队其他成员一起探索想法,可以建立其所期望的用户体验及目标的蓝图,使用场景和原型来捕获和实现想法可以帮助实现这个过程。使用现成的组件使想法的原型化更加容易,这也有助于探索不同的概念模型和设计思想。情绪板(传统上用于时尚设计和室内设计)可以用来捕捉新产品的期望感觉。

制定一系列情景也有助于概念设计以及思考不同想法的结果。研究者提出了正负情景的概念,用于尝试捕捉某一特定设计方案最积极和最消极的结果,帮助设计师更全面地了解提案。有人扩展了这一思想,使用积极和消极的视频场景来探索未来的技术。

如用视频来代表一种帮助改善饮食的新产品的正面和负面影响,以探讨隐私问题和态度。这两个视频(每个都有 6 个场景)聚焦于某个超重的人(图 10-8),医生建议他使用一种新产品来减肥。该产品由带隐藏式摄像头的眼镜、手腕上的微芯片、中央数据存储和短信系统组成,其中短信系统用于此人的手机发送信息,告诉他当前看到的食物的热量,并在他接近每日热量摄入限值时警告他。

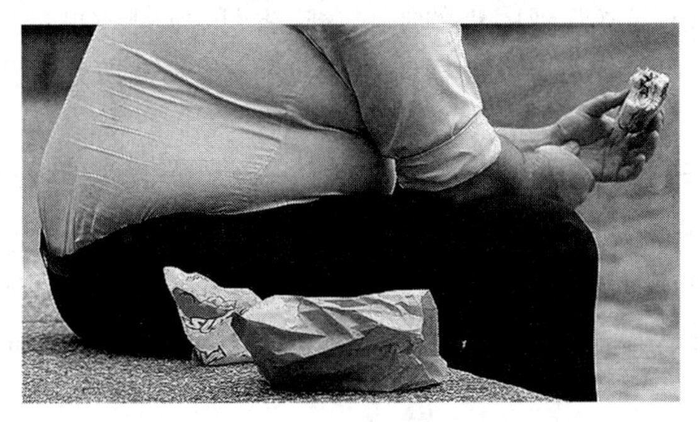

图 10-8 某个超重的人

10.2.1 建立初始概念模型

概念模型的核心组成部分是隐喻和类比、用户接触到的概念、这些概念之间的关系以及所支持概念与用户体验之间的映射。其中一些部分将来自产品的需求,比如任务中涉及的概念以及它们之间的关系。其他部分,如适当的隐喻和类比,将由沉浸在数据中并试图理解用户的观点来提供。

帮助生成初始概念模型的方法主要关注以下问题。

(1) 如何选择能帮助用户理解产品的界面隐喻?

(2) 哪种(哪些)交互类型最能支持用户的活动?

(3) 不同的界面类型是否意味着可供选择的设计见解或选项?

这些方法都提供了对产品的不同思考方式,并能帮助生成潜在的概念模型。

1. 界面隐喻

界面隐喻以能够帮助用户理解产品的方式将熟悉的知识和新的知识结合在一起。基于对用户和其情境的理解,选择合适的隐喻,并结合新的、熟悉的概念,需要在实用性和相关性之间取得平衡。例如,思考一个用来教 6 岁孩子数学的教学系统。一个可能的隐喻是教室,其中有老师站在前面。但是,考虑到产品的对象(用户)和可能吸引他们的东西,一个能让他们想起令人愉快东西的隐喻更有可能让他们保持投入,如球类游戏、马戏团、游戏室等。

人们尝试了不同的识别和选择界面隐喻的方法。例如,有研究者结合创造力方法探索日常用品、纸张原型和工具包,以支持学生群体为移动设备设计新颖的界面隐喻和手势。他们发现,为平板电脑和智能手机开发隐喻会产生灵活的隐喻。另外,有人考虑到试图模仿实体商店的系统的局限性,决定用公寓作为虚拟现实网上购物体验的隐喻。

汤姆·埃里克森提出了选择一个良好的界面隐喻的三个步骤。第一步是了解系统将做什么,即识别功能需求。开发部分概念模型并尝试它们可能是该过程的一部分。第二步是了解产品的哪些部分可能会导致用户问题(即哪些任务或子任务将导致问题)、哪些部分是复杂的、哪些部分是关键的。隐喻仅仅是产品和隐喻所依据的真实事物之间的部分映射。理解用户可能从中遇到困难的领域意味着可以选择隐喻来支持这些方面。第三步是生成隐喻。在用户对相关活动的描述中寻找隐喻,或者识别应用领域中使用的隐喻,都是很好的起点。

生成合适的隐喻后,需要对它们进行评估。汤姆·埃里克森提出了以下五个问题。

(1) 隐喻提供了多少结构?一个好的隐喻会提供结构——最好是熟悉的结构。

(2) 隐喻在多大程度上与问题有关?使用隐喻的困难之一是,用户可能会认为他们理解得比实际更多,并开始将隐喻的不适当元素应用到产品中,从而导致混淆或错误的期望。

(3) 界面隐喻容易表达吗?一个好的隐喻将与特定的物理、视觉和音频元素以及词语联系在一起。

(4) 你的听众会理解这个隐喻吗?

(5) 隐喻的可扩展性有多大?它包含可能在将来有用的额外的方面吗?

对于一个介绍团体旅行项目的软件来说,一个潜在的隐喻来自一个家庭餐厅。这似乎是合适的,因为家庭餐厅可以让一家人坐在一起,并且每个人都可以选择他们想要的。

2. 交互类型

交互有五种不同类型:指示、对话、操作、探索和响应。哪种类型的交互最适合当前的设计,取决于应用程序领域和正在开发的产品类型。例如,电脑游戏最可能适合操作风格,而用于绘图的软件应用程序有指示和对话的交互类型。

大多数概念模型都是交互类型的组合,交互的不同部分将与不同类型相关联。例如,在团体旅行组织软件中,用户的任务之一是查找特定目的地的签证规则。这需要一种指示性的交互方式,因为系统不需要任何对话来显示规则。而试图为一群人确定一个度假计划更像是一次对话。例如,用户可以从选择目的地的某些特征以及一些时间限制和首选项开始,然后软件将响应几个选项,用户继续提供更多的信息或首选项等。或者,还没有任何明确需求的用户可能更喜欢在被询问特定选项之前探索可用性。当用户选择具有附加限制的选项且系统询问用户是否满足这些限制时,可以使用响应。

3. 界面类型

在这个阶段考虑不同的界面似乎为时过早,但这里有一个设计目的和一个实际目的。考虑产品的概念模型时,重要的是不要受到预先确定的界面类型的过度影响。不同的界面类型鼓励和支持潜在用户体验和可能行为的不同观点,从而促进其他设计思想。

实际上,原型产品需要一个界面类型,或者至少是可供选择的界面类型。选择哪一个类型取决于需求产生的产品约束。例如,输入和输出模式将受到用户和环境需求的影响。因此,在这一点上考虑界面也向制作实际的原型迈出了一步。

为了说明这一点，我们考虑界面子集以及它们给团体旅行组织软件带来的不同视角。

(1) 可共享界面。旅行组织软件必须是可共享的，因为它的用户是旅行团体。它还应该是令人兴奋和有趣的。该系统需要考虑可共享界面的设计问题。例如，如何最好地将个人设备(如智能手机)与共享界面结合使用。允许团体成员在一段距离内进行交互意味着需要多个设备，因此需要多种形式因素的组合。

(2) 实体界面。这是一种基于传感器的交互，其中人可以移动块或其他实物。以这种方式思考旅行组织软件会让人联想到一个有趣的场景：人们在旅行中可能会与代表他们自身的实物进行协作，但拥有这样的界面存在一些实际问题，因为这些实物可能会丢失或损坏。

(3) 虚拟现实。旅行组织软件似乎是利用虚拟现实界面的理想产品，因为它将使个人能够虚拟体验目的地，也许还能体验一些可利用的活动。需要使用虚拟现实的并不是整个产品，而是用户想要体验目的地的相关元素。

10.2.2 扩展初始概念模型

对于原型或对用户进行测试时，概念模型的核心想法需要扩展，如该产品和用户分别将执行什么功能、这些功能是如何相关的，以及需要什么信息来支持它们。在需求活动期间，将考虑以下一些问题，它们在原型制作和评估后进行演化。

(1) 产品将执行哪些功能。例如，旅行组织软件旨在为一个团体推荐特定的度假选项，但它需要做的只有这些吗？如果需要自动预订怎么办？它会一直等待，直到给它一个偏好的选择吗？在签证要求的情况下，旅行组织软件是简单地提供信息，还是链接到签证服务？确定系统将执行的操作和用户将执行的操作有时称为任务分配。这一权衡具有认知影响，并影响协作的社会方面。对于用户来说，认知压力太大，则设备可能难以使用。另外，如果产品控制得太多且不灵活，用户可能根本不会使用。另一个需要做出的决策是，哪些功能可以硬性植入产品，哪些功能要置于软件控制之下，从而间接地由用户控制。

(2) 这些功能之间有什么关系。功能可以是暂时相关的。例如，一个功能必须先于另一个执行，或者两个功能可以并行执行。功能也可能通过任意数量的可能分类相关联。例如，与智能手机上隐私相关的所有功能，或用于在社交网站上查看照片的所有选项。任务之间的关系可能会限制使用，也可能会指示产品中合适的任务结构。例如，如果一个任务依赖于另一个任务，则可能需要限制任务的完成顺序。如果已经生成了任务的用例或其他详细分析，这些都会有所帮助。不同类型的需求(如故事或原子需求外壳)提供不同级别的详细信息，因此有些信息是可用的，而有些信息将随着设计团队探索和讨论产品而发展。

(3) 需要什么信息。执行任务需要哪些数据？系统如何转换这些数据？数据是通过需求活动确定和捕获的需求类别之一。在概念设计期间，应考虑这些需求，以确保模型提供执行任务所需的信息。关于结构和显示的详细问题，将更有可能在具体设计活动中处理，但所显示的数据类型产生的影响可能会影响概念设计问题。例如，使用旅行组织软件来确认一团体的可能度假计划，需要以下内容：需要什么类型的度假、可用预算、期望目的地(若有)、首选日期和持续时间(若有)、团体共有多少人、团体中是否有人有特殊要求

（如残疾）。为了执行该功能，系统需要这些信息，必须有权访问详细的度假计划和目的地说明、预订可用性、设施、限制等。

初始概念模型可以在线框（一组显示结构、内容和控制的文档）中捕获。线框可以在不同的抽象级别上构建，可以显示产品的一部分或完整的概述。

10.3 具体设计

概念设计与具体设计密切相关，不同之处在于重点的改变。在设计过程中，有时会突出概念问题，而有时则会强调具体细节。制作一个原型意味着不可避免地做出一些具体决策，尽管这些决策只是暂时的。

设计者需要平衡环境、用户、数据、可用性和用户体验需求与功能需求的范围。这些范围有时是冲突的。例如，可穿戴交互式产品的功能将受到用户穿戴时想要执行的活动的限制；计算机游戏可能需要是易学的，但也需要具有挑战性。

交互式产品的具体设计包含很多方面：视觉外观（如颜色和图形）、图标设计、按钮设计、界面布局、交互设备的选择等。几种界面类型以及与其相关的设计问题、指南、原则和规则，帮助设计者确保其产品满足可用性和用户体验目标。这些都代表了在具体设计过程中的各种决策，还涉及与用户特征和情境相关的问题。

10.4 敏捷设计的概念

交互设计活动的参与者有许多不同的角色，包括界面设计师、信息架构师、可用性工程师和用户体验设计师。其中，用户体验设计师是最常用于描述执行交互设计相关任务的人员，这些任务包括界面设计、用户评估、信息架构设计、视觉设计、角色开发和原型制作。在实践中，用户体验设计师可以得到一系列支持。

为用户体验设计师工作提供支持的 4 个主要领域如下。

(1) 与使用敏捷开发模型的软件、产品开发团队工作，引领技术和流程的适应型发展，从而产生了敏捷用户体验方法。

(2) 重用已有设计和概念。交互设计和用户体验设计模式为成功的设计提供了蓝图，通过利用以前的工作成果并避免“重新发明轮子”来节省时间。

(3) 可重复使用的组件——从屏幕部件和源代码库到完整的系统，从电机和传感器到完整的机器人——可以进行修改和集成，以生成原型或完整的产品。设计模式体现了交互的想法，但可重用的组件提供了代码和部件的实现块。

(4) 有许多工具和开发环境可供设计人员开发视觉设计、线框、界面草图、交互式原型等。

10.4.1 敏捷设计过程

敏捷设计（图 10-9）以用户的需求进化为核心，采用迭代、循序渐进的方法进行软件开发。在敏捷设计中，软件项目在构建初期被切分成多个子项目，各个子项目的成果都经过测试，具备可视、可集成和可运行使用的特征。换言之，就是把一个大项目分为多个相互联系但也可独立运行的小项目，并分别完成。在此过程中，软件一直处于可使用状态。

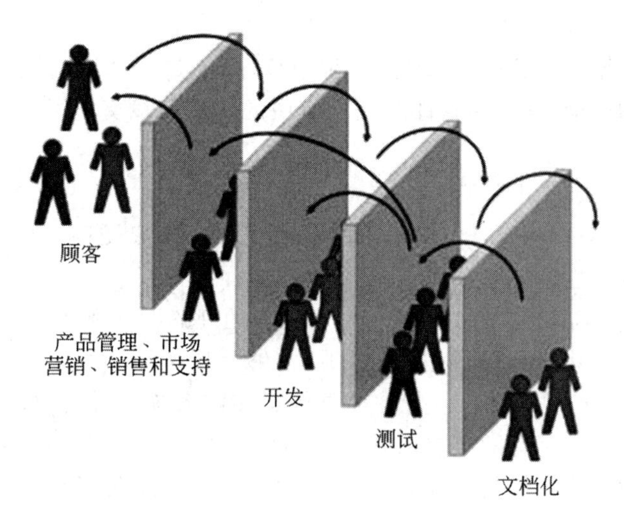

图 10-9 敏捷设计

向敏捷设计的转变促使人们重新思考如何将用户体验设计技术和方法集成到敏捷的紧密迭代中。模式和代码库以及开源组件和自动工具可以使拥有和谐一致的设计的交互原型更快、更容易地建立起来，从而为展示和评估作准备。

敏捷设计是一个持续的应用原则、模式以及实践来改进软件结构和可读性的过程。它致力于保持系统设计在任何时间都尽可能简单、干净和富有表现力。敏捷设计的内容如下。

(1) 快速迭代。相对那种半年一次的大版本发布来说，小版本的需求、开发和测试更加简单快速。

(2) 让测试人员和开发者参与需求讨论。需求讨论以研讨组的形式展开最有效率，需要包括测试人员和开发者。这样可以更加轻松地定义可测试的需求，将需求分组并确定优先级。同时，该种方式也可以充分利用团队成员间的互补特性。

(3) 编写可测试的需求文档。开始就要用“用户故事”的方法来编写需求文档。这样可以将注意力放在需求上，而不是解决方法和实施技术上。过早地提及技术实施方案会降低对需求的注意力。

(4) 多沟通，尽量减少文档。在任何项目中，沟通都是一个常见的问题。好的沟通是敏捷开发的先决条件。在圈子里待得越久，越会强调良好高效沟通的重要性。团队要确保日常的交流，面对面沟通比邮件强得多。

(5) 做好产品原型。建议使用草图和模型来阐明用户界面。并不是所有人都可以理解一份复杂的文档，但人人都会看图。

(6) 及早考虑测试。这在敏捷开发中很重要。在传统的软件开发中，很晚才开始写测试用例，这导致过晚发现需求中存在的问题，提高改进成本。较早地开始编写测试用例,这样当需求完成时,可以接受的测试用例也基本一起完成了。

10.4.2 敏捷建模的核心原则

敏捷建模(Agile Modeling,AM)是一种态度,而不是一个说明性的过程。它定义了一系列核心原则和辅助原则,为软件开发项目中的建模实践奠定了基石。AM 的核心原则如下。

(1) 主张简单。从事开发工作时,应当主张最简单的解决方案就是最好的解决方案。不要过分构建软件,只要基于现有的需求建模,日后需求有变更时,再来重构这个系统,尽可能保持模型的简单性。

(2) 拥抱变化。需求时刻在变,人们对于需求的理解也时刻在变。随着项目的进行,项目环境也在不停变化,因此开发方法必须要能够反映这种现实。

(3) 可持续性。即便团队已经把一个能够运转的系统交付给用户,项目也还可能是失败的——实现项目投资者的需求,其中就包括系统应该有足够的鲁棒性,适应日后的扩展需求。可持续性可能指的是系统的下一个主要发布版,或是正在构建的系统的运转和支持。要做到这一点,不仅要构建高质量的软件,还要创建足够的文档和支持材料。开发时要能想象到未来。

(4) 递增的变化。和建模相关的一个重要概念是不用一开始就准备好一切。实际上,模型中不用包容所有细节。开发一个小的模型或者概要模型,打下一个基础,然后不断改进模型,或是在不需要的时候丢弃这个模型。这就是递增的思想。

(5) 令投资最大化。项目投资者为了开发出满足需要的软件,要投入时间、金钱、设备等各种资源。投资者可以选取最好的方式投资,也可以要求团队不浪费资源。并且,他们还有最后的发言权,决定要投入多少资源。

(6) 有目的地建模。对于产出,如模型、源代码、文档,应该清楚为什么要建立它,为谁建立它。要确定建模的目的以及模型的受众,在此基础上再保证模型足够正确和详细。这项原则也适用于改变现有模型。

(7) 多种模型。开发软件要使用多种模型,因为每种模型只能描述软件的单个方面,要开发商业应用产品,需要什么样的模型?考虑到软件的复杂性,建模工具箱应该包容大量有用的技术。没必要为一个系统开发所有的模型,而应该针对系统的具体情况挑选一部分模型。

(8) 高质量的工作。不喜欢做这项工作的人是因为没有成就感;日后重构这项工作的人不喜欢是因为它难以理解,难以更新;最终用户不喜欢是因为它太脆弱,容易出错,也不符合他们的期望。

(9) 快速反馈。从开始采取行动到获得行动的反馈,时间至关紧要。和其他人一起开发模型,想法可以立刻获得反馈。和客户紧密合作,可以了解和分析用户需求,或是开发满足需求的用户界面,这样就提供了快速反馈的机会。

(10) 软件是主要目标。应以有效的方式制造出满足投资者需要的软件。如果不符合,都应该受到审核甚至取消。

(11) 轻装前进。模型越复杂,越详细,改变极可能就越难实现。如果一个开发团队要开发并维护一份详细的需求文档、一组详细的分析模型,再加上一组详细的架构模型以及一组详细的设计模型,他们很快就会发现大部分时间不是花在编写源代码上,而是更新文档上。

10.5 敏捷用户体验

用户体验设计人员一直关注着敏捷软件开发对自身工作的影响。敏捷用户体验旨在通过整合交互设计与敏捷方法来尝试解决问题。虽然敏捷软件开发和用户体验设计有共同之处,如迭代、关注可衡量的完成指标以及用户参与,但是与用户体验设计相比,敏捷软件开发需要思维方式上的转变,即重新组织和思考用户体验活动与产品。

在瀑布模型软件开发过程中,在任何执行阶段之前,需求就已经非常具体了。而在敏捷软件开发过程中,需求只明确到开始的执行阶段。当执行阶段继续时,需求也会基于变化的商业需求而调整侧重点,从而越来越完善。

要将用户体验设计集成到敏捷工作流中,还需要类似的过程。在每一个迭代循环周期的开始要调整一下侧重点。从建立完整需求变换到只是及时或足够的需求,目的是减少不必要的工作,这也意味着用户体验设计人员(与软件工程师一起)不得不重新思考他们的方法。用户体验设计人员的每个活动需要在整个迭代循环的什么环节完成到什么程度,以及这些活动的结果是如何整合到执行阶段中去的,都需要在敏捷开发环境中调整。设计产品是设计人员需要交付的东西,一旦交付就代表已完成。而对于敏捷软件工程师而言,它们是消耗品,随着执行阶段的深入与需求的明确,它们需要改变。

在敏捷框架中执行用户体验活动需要灵活的观点,将产品视为可交付的,而不是仅仅作为交付物。这也需要跨功能的团队,其中的专家来自很多学科(包括用户设计和工程),他们紧密协作,以加深对用户、环境、技术能力以及技术可行性的理解。特别地,敏捷用户体验需要注意以下3个与实践相关的问题。

(1) 要进行哪种用户研究、进行到什么程度以及何时进行。

(2) 如何安排用户体验设计以及敏捷工作实践。

(3) 要生成什么文档、生成多少以及何时生成。

10.5.1 用户研究

“用户研究”指的是开始产品开发之前刻画用户、任务以及使用环境时必要的数据收集与分析活动。这些调查经常使用实地研究与民族志,但是敏捷开发致力于短周期迭代的活动,并不支持长期的用户研究。以用户为中心的活动,如评价设计的元素或是用来明确需求或任务环境的访谈,都可以与技术开发一起进行,但是一旦迭代开始后,就没有时间来进行大量的用户研究了。

解决方法之一是在项目开始之前或发布开始之前就进行用户研究,这通常称为迭代0(或循环0),可以用来实现包括软件架构设计和用户研究在内的前期活动。

为每个项目进行用户研究的另一种方法是建立一个持续的用户研究计划,在较长的时间内修改和完善公司对其用户的了解。例如,微软公司积极招募其软件的用户来签约,并参加对未来开发有帮助的用户研究。一个项目所需的特定数据收集与分析在迭代0的过程中就可以执行,但应在充分理解用户及其目标的背景下完成。

10.5.2 精益用户体验

精益用户体验采用了不同的用户研究方法,它将产品投放到市场中,并从中获取用户反馈,特别关注的是设计和开发创新产品。精益用户体验旨在快速创建与部署创新产品。它和敏捷用户体验有关联,其基本理念之一是敏捷软件开发,强调良好用户体验的重要性。

精益用户体验基于建构-衡量-学习三者之间的紧密迭代,它的核心理念是精益创业理念,其灵感源自日本的精益生产流程。精益用户体验过程如图10-10所示,它强调减少浪费、学习实验法的重要性,以及明确计划产品的需求、假想和假设产品结果的必要性。将焦点从输出(如新的智能手机应用程序)转移到结果(如通过移动渠道进行更多商业活动)阐明了项目的目标,并提供了定义成功的指标。

测试假设是通过实验来完成的,但进行实验之前,需要证据来证实或反驳每一个假设。最小可行产品是可以构建的最小产品,它允许通过将其提供给用户组并观察发生的情况来测试假设。因此,实验和收集到的证据基于产品的实际使用状况,团队也可以从中学习一些东西。

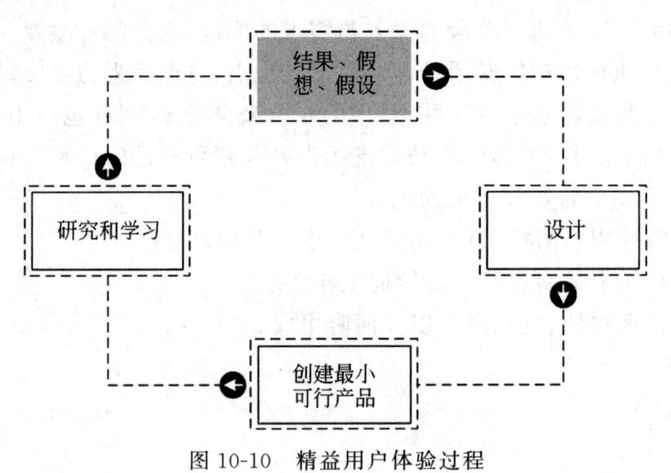

图10-10 精益用户体验过程

10.5.3 调整工作实践

如果在执行阶段之前需求就已经明确了,设计人员就会趋向于在项目一开始就开发完整的用户体验设计,以实现完整的设计思路。在敏捷用户体验中,这指的是“预先进行大量设计”。敏捷开发强调通过演化式开发来定期交付工作软件,并在实现过程中完善需求。在这个情境下,预先进行大量设计产生了实际问题,因为需求的再优化意味着系统可能不再需要交互元素(特征、工作流、选项)或再设计。为了避免不必要的详细设计工作,用户体验设计活动需要围绕敏捷迭代一起进行。其中的挑战在于如何组织这一过程,从而获得良好的用户体验,并保证产品前景。

在设计和实现阶段,用户体验设计人员与开发者的合作很密切,目的是确保他们的设计可以实现,且正在实现的就是他们设计的东西。这样做有三个好处。第一,设计时间不会浪费在不能实现的东西上;第二,可用性测试(对于一系列特征)与情境调查(针对下一个集合)可以在同一个客户身上执行,节省时间;第三,交互设计人员可以从各个方面(用户与开发者)得到及时的反馈。更重要的是,他们有时间来对反馈做出回应,因为他们采用了敏捷工作的方式。例如,如果开发时间比预想的要长,可以改变计划;如果用户认为其他东西的优先级更高,则可以舍弃一个特征。总而言之,"以用户为中心的敏捷设计带来了比以用户为中心的瀑布型设计更好的软件设计结果"。

这种平行轨迹的工作方式已成为实现敏捷用户体验的主流方式。有时根据工作的内容、迭代的长度和得到合适的用户输入所需的时间这样的外在因素,用户体验设计者需要预先迭代两次。这种工作方式不会减少用户体验设计人员和其他小组成员对于密切合作的需求,虽然轨迹是平行的,但不应被视为分开的过程。

10.5.4 文档最小化

对于用户体验设计人员来说,捕捉与交流设计想法最常见的方法就是文档法。如用户研究结果与相应的角色、详细的界面草图和线框图等。因为用户体验设计人员交付的是设计本身,所以能否交付的一个重要指标是是否有足够能说明他们已经实现目标的文档。其他形式的设计捕捉(如原型和仿真)也是很有价值的,但文档法最常用。敏捷开发鼓励文档最小化,以便将更多的时间花在设计上,这样便能通过可行的产品为用户带来价值。

文档最小化并不意味着"没有文档",有些文档在大多数项目里都是受欢迎的。但是,敏捷用户体验中的一个关键原则是文档不能取代沟通和合作。

10.5.5 快设计和慢设计

用户体验实践的挑战之一是如何最好地使用敏捷方法进行软件和产品的开发。敏捷方法是有益的,它强调生产一些有用的东西、用户协作、快速反馈,以及最小化文档。然而,把注意力集中在短时间周期内,会给人很匆忙的印象。应该仔细规划,以便在短时间周期和反射式设计过程之间创建一个适当的平衡点,这样用户体验设计就不会过于匆忙。

慢设计是慢节奏的一部分,该理念主张文化转变,以减缓生活节奏。慢设计的主要目的是通过寿命长且可持续的产品设计专注于提升个人、社会和自然环境的福祉。更慢的工作本身并不能消除匆忙的印象,但慢设计也强调了提供时间来反思的重要性,让用户参与并创建自己的产品,让产品及其使用随着时间的推移而发展。

敏捷方法虽然存在,但是在必要的时候花时间反思,而不是匆忙做出决定的做法仍要保持。人们需要在快速反馈以确定可行的解决方案和停下来反思之间找到平衡点。

习题

1. 设计、原型和构建属于双菱形设计方法的开发阶段。在这个阶段,解决方案或概念被创建、( )、测试和迭代。

A. 原型化　B. 简单化　C. 复杂化　D. 智能化

2. ( )的重点是产品的想法,涉及开发模型来捕捉产品将做什么以及它将如何运行。

A. 原型设计　B. 具体设计　C. 概念设计　D. 产品设计

3. ( )的重点在设计细节,如菜单类型、触觉反馈、物理部件和图形。

A. 原型设计　B. 具体设计　C. 概念设计　D. 产品设计

4. ( )具有许多形式,它是允许涉众与之交互和探索其适用性的一种设计表现形式。

A. 模型　B. 产品　C. 模具　D. 原型

5. 在开拓有关 PalmPilot 掌上电脑的想法时,公司创始人杰夫·霍金根据他想象的设备大小和形状准备了一个( )作为低保真原型。

A. 金属　B. 木头　C. 塑料　D. 玻璃

6. ( )原型看起来不太像最终产品,也不能提供同样的功能,它往往简单、廉价。

A. 低保真　B. 产品　C. 高保真　D. 服务璃

7. ( )原型看起来更像最终产品,它通常提供更多功能。

A. 低保真　B. 产品　C. 高保真　D. 服务璃

8. ( )涉及开发概念模型,但很难把握。相反,可以通过探索和体验不同的设计方法来理解它。

A. 保真设计　B. 产品设计　C. 具体设计　D. 概念设计

9. ( )不是帮助生成初始概念模型的方法主要关注的问题。

A. 如何选择能帮助用户理解产品的界面隐喻

B. 应该采用什么样的软件体系结构和数据库形式

C. 哪种(哪些)交互类型最能支持用户的活动

D. 不同的界面类型是否意味着可供选择的设计见解或选项

10. 交互式产品的具体设计有很多方面:视觉外观、图标设计、按钮设计、( )、交互设备的选择等。

A. 功能布局　B. 系统架构　C. 界面布局　D. 敏捷设计

11. ( )是指以用户的需求进化为核心,采用迭代、循序渐进的方法进行软件开发。

A. 功能布局　B. 系统架构　C. 界面布局　D. 敏捷设计

12. 敏捷设计是一个持续的应用原则、模式以及实践来改进软件的结构和可读性的(　　)。

A. 过程　　B. 模板　　C. 函数　　D. 文档

13. 敏捷设计的内容不包括(　　)。

A. 需求文档　　B. 产品原型　　C. 功能裁剪　　D. 快速迭代

14. 敏捷建模定义了一系列核心原则和辅助原则,为软件开发项目中的建模实践奠定了基石。但敏捷建模的核心原则不包括(　　)。

A. 主张简单　　B. 投资最小化　　C. 拥抱变化　　D. 可持续性

15. (　　)旨在通过整合交互设计与敏捷方法来尝试解决问题,这需要思维方式的转变,即重新组织和思考用户体验活动与产品。

A. 快速系统设计方法　　B. 敏捷软件开发方法

C. 稳健系统设计方法　　D. 敏捷用户体验

16. (　　)是指在产品开发开始之前刻画用户、任务以及使用环境时必要的数据收集与分析活动。

A. 用户研究　　B. 精益用户体验

C. 慢设计　　D. 快设计

17. (　　)采用的方法是将产品投放到市场中,并从中获取用户反馈,特别关注的是设计和开发创新产品。

A. 用户研究　　B. 精益用户体验

C. 慢设计　　D. 快设计

实验与思考:理解人机交互与交互设计的区别

1. 实验目的

(1) 描述原型及其不同类型的活动,从需求活动期间开发的模型中生成简单原型。

(2) 为产品建立概念模型,并证明选择是正确的,能解释情境和原型在设计中的使用。

(3) 了解什么是敏捷设计,熟悉敏捷建模的核心原则。

(4) 了解用户体验在敏捷开发项目中的地位。

2. 工具/准备工作

在开始本实验之前,请回顾课文的相关内容。

需要准备一台能够访问因特网的计算机。

3. 实验内容与步骤

(1) 制作一个故事板,描述如何给汽车加油。

例如,可能的一组做法是开车去加油站,取出油泵的喷嘴,插入油箱,挤压喷嘴上的开关,直到油箱加满,放回喷嘴,付款。

------------------ 请另外附纸,建立描述如何给汽车加油的故事板,粘贴于此 ------------------

(2) 餐厅隐喻的缺点之一是,当团体成员在不同的地点时,需要有共同的体验。团体旅行组织软件另一个可能的界面隐喻是旅行顾问。旅行顾问与旅行者讨论需求,并相应地调整度假计划,提供两三种选择,但大多数决定都是代表旅行者做出的。请在该隐喻的基础上回答五个问题。

① 旅行顾问隐喻提供结构吗?

答: ____

____

② 隐喻在多大程度上是相关的?

答: ____

____

____

③ 隐喻容易表达吗?

答: ____

____

④ 你的听众会理解隐喻吗?

答: ____

⑤ 隐喻的可扩展性有多大?

答: ____

____

(3) 回顾"第7章 发现需求"的"实验与思考"活动中介绍的一站式汽车商店。你认为在迭代开发开始之前应该采取什么类型的用户研究?在所有方法中,哪一种对持续进行的项目是有用的?

答: ____

____

____

____

4. 实验总结

____

____

____

____

5. 实验评价(教师)

____

____

第 11 章　直接操纵与界面设计

导读案例：如果你想成为一名交互设计师

5 年前，罗伯特·赖曼为《库珀通讯》写了一篇题为《如果你想成为一名交互设计师》的文章。和许多人一样，我读后大受启发：那正是我理想的职业。听从赖曼的建议，我接受培训，成了一名交互设计师(图 11-1 所示为交互设计师的工作)。

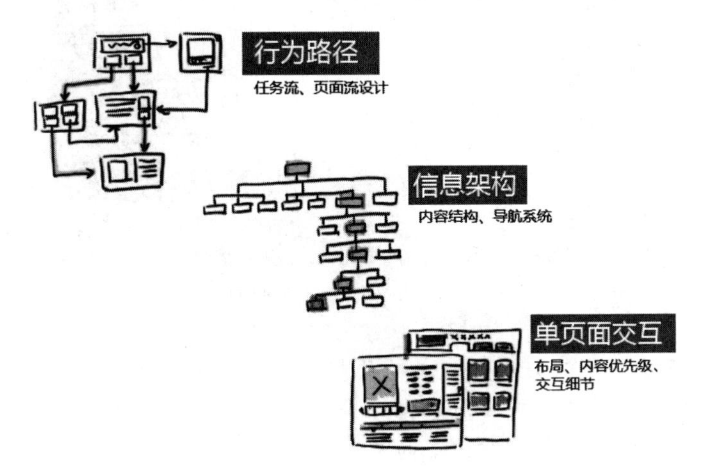

图 11-1　交互设计师的工作

现在，因为我的书的缘故，人们开始问我同样的问题：如何成为一名交互设计师？成为一名交互设计师意味着什么？每天究竟要做哪些工作？赖曼的佳作依然值得借鉴，在此基础上我再补充一些我自己的看法。

1. 最近 5 年的交互设计

在赖曼写下《如果你想成为一名交互设计师》之后的 5 年中，交互设计领域发生了许多变化。网络泡沫导致不少设计师纷纷离开这个领域。但是网络新近的复苏又使新的从业者加入进来。为了促进业内知识的累积，交互设计师们成立了一个新的团体——交互设计协会(赖曼为首届主席)。此外，继软件、因特网等“传统”业务之后，交互设计开始进入一些新的领域，包括手机、医疗设备、金融、娱乐与零售服务等。

而传统领域也在发生变化：因特网已成为应用软件设计的平台，即便是那些无须在线编程和运行的软件，也日渐成为“在线工作”与“下线工作”的混合体。就连操作系统也在逐步摆脱 25 年前赖以建构的桌面隐喻的束缚。一切都显得那么自然，有如探囊取物——使交互设计师在今天成为一份理想的职业。

2. 交互设计师的一天

根据时间和项目的不同,交互设计师的日常工作包括客户访谈、现场研究、头脑风暴、撰写文档、制作原型(图11-2)以及产品测试。具体工作取决于项目进程。除了埋头撰写文档,每一天都会有所不同。不错,依然有很多重复性工作:写邮件,收邮件,参加会议和处理报告,但也不乏令人兴奋的时刻。

图11-2 制作原型

交互设计师同创意打交道——使抽象的想法付诸现实。可以通过头脑风暴想象前所未有的事物,然后建造出来。可以塑造行为,使世界变得更加有趣美好。还可以用彩笔在白板和"随意贴"上描绘自己的创意,帮助人们解决问题。如果足够出色,还有机会同拥有先进科技及巨大影响力的公司合作,让世界因你而不同。

要实现上述梦想,你必须具备3个条件:气质、培训和经验。

3. 交互设计师的3个条件

(1) 气质。赖曼对于气质价值的论述依旧准确。对于用户的"同情共感"与学习新事物的能力是任何设计师都不可或缺的两大特质,也是该职业必备的基石。

这并不意味着你需要成为"善于交际的人物"(当然这样更好)。但确实意味着你应当对人类感兴趣,包括人的行为与局限性。你至少理论上要关注人与社会环境。一名优秀的交互设计师需要学会设身处地为用户着想,而不是把自己想象成用户,或者把用户看作与自己类似的人。

在全球著名的MBTI职业性格测试中,拥有"直觉型"人格同样十分关键。能够凭借直觉进行跳跃性思维对设计师至关重要。因为你不可能永远看清问题全局,接触每一个用户,对项目了如指掌。你不得不猜测与假设——这时你需要直觉。

(2) 培训。如果你认为自己的气质适合这样的工作,就需要学习一些基础知识。选择好的入门书,如《软件观念革命——交互设计精髓》(关于Face 2.0)、《设计界面》与《通用设计原则》。还需要了解工作介质,如因特网、移动通信和软件系统。你不必成为一名程序员，但需要了解每种介质技术上的可行性。工业设计准则与良好的沟通技巧也很有帮助。

与有经验的设计师共处，无论是在工作中，还是通过非正式的聚会、会议或在线交流(比如交互设计协会的邮件讨论)，都受益匪浅。那些信手拈来的知识、观点与方法都是设计文化的一部分。

快速培训的途径之一即在校学习(尽管过程紧凑、学费高昂)。我现在首推3所学校：卡内基-梅隆大学、伊利诺斯州立大学的设计学院和英国皇家设计学院。遗憾的是，上述学校提供的都是面向研究生的课程。相信未来几年将会出现本科专业。

没有交互设计的本科专业，大学阶段该如何准备呢？我的建议如下：进入一所好的设计院校学习工业设计或传媒设计，或者关注设计以外的任意领域。人文学科、人类学、文学、心理学、社会学、戏剧、政治、文化研究都有助于你成为一名更加丰富的设计师。

(3) 经验。培训与知识储备，这些还远远不够。即便作为一名交互设计读物的作者，我依然认为书本只能为你提供从业背景，只有设计本身才能让你成长为一名交互设计师。

设计经验从何而来呢？主要有两种方法：一所好的学校能让你接触到现实课题(关于商务、技术以及用户限制)；你也可以提供专业设计或免费为别人设计。

邮件讨论、本地团体与人才市场是着手找工作的首选。多数工作是通过口头推荐找到的，因此，同其他设计者的联系也能有所帮助。

(4) 自我展示。尽管库珀、谷歌公司或许会在招聘过程中让你完成一系列测试，但所有公司都要求作品展示。准确地说，你要准备两份作品：一份在线作品与一份书面作品。

在线作品应当提供作品综述，包含一些样本文件；书面作品(面试携带)则是对作品更加深刻的展现，以便论述项目问题与解决过程。除了介绍成果，工作过程也很重要。没有作品怎么办？可以为有待解决的问题设计一个解决方案。

4. 为什么要做交互设计师

因为这样你就能改变世界。不错，我们貌似只是在修补按钮、下拉菜单、仪表等，但真正的工作却是改变这个世界，让它一点一滴地更加人性。我们帮助人们完成日常工作，无论是游戏、救生还是转账。我们将自己的价值注入这个世界，让事物变得有用、易用、愉快、健康。这样的工作(图11-3)真不赖。

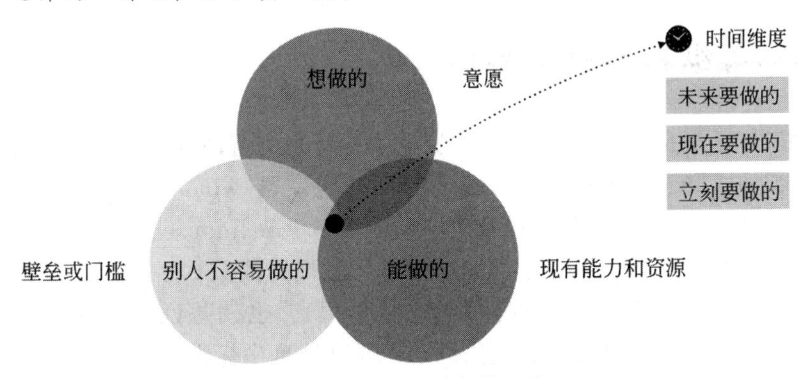

图11-3 交互设计师的工作

资料来源:丹·萨弗,http://www.uigarden.net/chinese/。

注:本文作者丹·萨弗是“自适应路径”的高级交互设计师。在电子商务、应用软件、硬件等领域表现出色。曾与朗讯科技、华纳兄弟、玛雅·维兹等多家公司合作。

阅读上文,请思考、分析并简单记录:

(1) 通过阅读,你怎么理解“交互设计师在今天已经成为一份理想的职业”?请简述之。

答:____

____

____

____

(2) 丹·萨弗认为,要成为一名交互设计师,必须具备哪3个条件?请简述之。

① ____

____

② ____

____

③ ____

____

(3) 通过上述阅读,你还能得到什么启发?请简述之。

答:____

____

____

____

(4) 请简单记述你所知道的上一周内发生的国际、国内或者身边的大事。

答:____

____

____

____

____

11.1 直接操纵和 WIMP 界面

“直接操纵”最早是由施耐德曼提出的,它通常体现为所谓的 WIMP 界面。WIMP 可以有两种相似的含义:一种是指窗口、图标、菜单、定位器(window、icon、menu、pointer);另一种是指窗口、图标、鼠标器、下拉式菜单(window、icon、mouse、pull-down menu)。

直接操纵界面的基本思想是指用光笔、鼠标、触摸屏或数据手套等坐标指点设备,直接从屏幕上获取形象化命令与数据的过程(图 11-4)。也就是说,直接操纵的对象是命令、数据或者对数据的某种操作,直接操纵的工具是屏幕坐标指点设备。

在直接操纵用户界面中,用户可以看到真实世界的可视化表示,通过对真实世界中熟

图 11-4 直接操纵

悉物体的表示进行操作来完成特定任务。这样的界面往往比较容易学习和使用,但对用户界面开发人员而言比较困难和复杂。通过与真实世界可视化表示的交互,用户可以快速完成许多操作,并能立刻见到操作的结果。

扩展直接操纵的较新概念包括虚拟现实、增强现实和其他有形且可触摸的用户界面。虚拟现实把用户放在沉浸式环境中,正常环境被呈现人工世界的头盔显示器遮挡;数据手套中的手势允许用户指点、选择、抓取和导航。增强现实让用户待在正常环境中,但添加了透明覆盖物,其上有建筑物的名称或隐藏对象的可视化等信息。有形且可触摸的用户界面给予用户物理对象来操纵,目的是操作界面。例如,把几个塑料块相互靠近,来创建办公室的平面布置图。目前,所有这些概念不仅应用于个人交互,还应用于更广泛的人造世界中,即创建协同工作和其他类型的社会媒体交互。

所谓沉浸,就是让人在由设计者营造的当前目标情境下感到愉悦和满足,而忘记真实世界的情境。而增强现实是一种实时地计算摄影机影像的位置及角度并加上相应图像的技术,它在屏幕上把虚拟世界套在现实世界上,并进行互动。

施耐德曼认为直接操纵应具有以下特点。

(1) 该系统是真实世界的一种扩展。它假定用户对于兴趣范围内的对象和操作非常熟悉。系统简单地将其复制并呈现在另一种媒介——屏幕上。人们可以在一个熟悉的环境中以熟悉的方式工作,关注数据本身,而非应用程序或工具。不太熟悉的系统物理构造在视图中隐藏起来,不会打扰用户。

(2) 对象和操作一直可见。这就像一个桌面,物体总是一直可见的。用于执行操作的提示也是可见的——从复杂的语法和命令名称变成带标签的按钮。光标的动作和运动直观、自然,而且是物理可见的。纳尔逊将这个概念描述为"虚拟现实",即一个可以被操纵的真实世界的反映。哈特菲尔德称其为"所见即所得"。鲁特科夫斯基把这种将智能应用在任务上而非提供一个工具的特性称为"透明"。哈钦斯、霍兰和诺曼认为它应当直接包含在对象世界中,而不是通过一个中间媒介交流。

(3) 迅速且伴有直观显示结果的增量操作。因为触觉反馈(即触摸某物体时手的感觉）还不能实现，所以操作的结果应当立即以新的形态直观地显示在屏幕上，也可以提供声音反馈。前一个操作的效果会迅速地被看见，任务的进展是持续的、不费力的。

（4）增量操作可以方便地逆转。如果发觉操作是错误的或并非期望的，要能够方便地撤销。

直接操纵的概念是在第一个图形化系统之前出现的。最早的一些全屏幕文本编辑器已经包含了类似特性。屏幕上的文本类似桌上的一张纸，可以创建它（真实世界的扩展），也可以浏览整体（持续的可见性）。可以很容易地编辑修改它（通过快速的增量操作），并立即看到结果。需要的时候，操作可以逆转。当然，它促进图形系统的出现，明确了直接操纵的概念。

但是，直接操纵界面还有一些潜在的困难。首先，用户必须知道一个可视化对象表示的意义是什么。其次，真实世界的可视化表示可能令人误解。由于许多界面看起来眼熟，且与真实世界中的某些事物类似，因此用户可能认为理解了特定界面表示的意义，但实际结论可能是不正确的。第三，对某些操作，键盘可能是最有效的直接操作设备，所以用鼠标或手指指向图标实际上可能更慢。当用户是习惯用键盘输入复杂密集指令的有经验的打字员时，这个问题尤为突出。最后，为真实世界中的对象和动作选择合适的表示并不简单。必须为真实世界选择一个简单的比喻或类比。所以直接操纵用户需要和许多用户一起进行大量测试。

在实践中，直接操纵对屏幕上所有对象和操作并非都是可行的，原因如下。

（1）这个操作在图形化系统中可能很难概念化。

（2）系统的图形能力可能有局限性。

（3）窗口中用于放置操纵控件的空间也许存在限制。

（4）让人们学习并记住所有需要的操作也许很困难。

出现这些情况时，我们就会使用间接操纵。在间接操纵中，文本——如下拉式或弹出式菜单——取代了符号，键盘键入代替了定位指向。

大多数窗口系统都综合了直接和间接操纵。菜单可以通过指向菜单图标并进行选择（直接操纵）来访问。而菜单本身，是一些操作的名称列表（间接操纵）。当列表上的某个操作通过指向或键盘被选择后，系统便开始执行相应的命令。

11.2 直接操纵的应用

虽然没有一个界面会具有所有令人赞赏的属性或设计特点，但所讨论的每个例子都有足够多的特性来赢得大量用户的热情支持。一个最受喜爱的直接操纵的例子是驾驶汽车，通过前窗可以直接看到景象，刹车和驾驶等的性能已经成为文化常识。很多应用系统中的优雅交互是由于逐渐优雅地应用了直接操纵。

11.2.1 文字处理软件

早期的文本编辑是由面向行的命令语言完成的，用户每次只能看到一行，上下移动文件或做任何改变都需要键入命令。后来出现的全屏幕编辑器是具有光标控制的二维界面,用户能够查看全屏幕文本,编辑或插入文本。全屏幕编辑器受到办公自动化用户的一致偏爱,使之能够专注于内容。

到20世纪90年代早期,全屏幕编辑器被描述为“所见即所得”。目前,微软公司的Word软件处于主导地位,大多数与其竞争的文字处理软件则逐渐成为往事。

11.2.2 电子表格软件

第一个电子表格软件VisiCalc是哈佛商学院学生丹·布里克林于1979年开发的。他在商务研究生课程进行重复计算时遇到挫折,于是和朋友一起创建了“即时计算电子工作表”,允许在254行63列上进行计算,并立即显示结果。

电子表格可以被编程。如第4列显示第1列至第3列中值的总和,每当前3列中的数值有变化,第4列的值也会随之改变。它可用于设置制造成本、分销成本、销售收入、佣金和利润之间的复杂依赖关系,按销售区域和不同月份进行分类存储。电子表格用户能试算备选计划或“假设分析”场景,并立即看到改变对利润的影响。这种对会计数据表的模拟使商业系统分析员易于理解对象和允许的动作。

VisiCalc的竞争对手迅速涌现出来。它们不仅对用户界面进行了有吸引力的改进,而且扩展了所支持的任务。Lotus 1-2-3于20世纪80年代主导了市场,如今的电子表格领导者是微软公司的Excel软件。电子表格程序提供了图形显示、多窗口、统计程序和数据库访问等功能,大量操作特性由菜单或工具栏调用,扩展性则由强大的宏工具提供。

11.2.3 空间数据管理

地理应用系统提供基于现实模型的地图,给出了自然的空间表示。人们把“空间数据管理系统”原型的基本思想归因于麻省理工学院的尼古拉斯·尼葛洛庞帝。在早期的应用场景中,用户坐在彩色的世界图形显示设备面前,可以放大其中的太平洋区域来查看军舰护航标记,缩放显示的详细数据。此后出现了施乐PARC空间数据管理系统的信息可视化器,支持用三维动画来探索建筑物、文件目录、组织结构图以及几种二维和三维的信息布局。

ArcGIS是得到广泛应用的地理信息系统,它提供丰富的、分层的地图相关信息的数据库。用户能够放大感兴趣的区域,选择希望查看的信息种类(道路、人口密度、地形、降雨量、政治边界和更多信息),并进行一定的搜索。这些操作很简单但极其流行的公路、天气和经济地图可覆盖所有大陆。

谷歌地图和更强大的谷歌地球把来自空中照片、卫星图像和其他来源的地理信息结合在一起,以创建能够容易查看和显示的图形信息数据库。在一些区域,其细节能够一直扩延到街道上的个别房屋。空间数据管理系统的成功取决于设计人员在选择对用户来说自然且易于理解的图标、图形表示和数据布局方面的技能。缩放或滑过数据的乐趣甚至吸引着焦虑的用户,而他们迫切需要附加功能和数据。

11.2.4 计算机辅助设计

大多数用于汽车、电路、飞机或机械工程的计算机辅助设计系统都使用直接操纵原则。房屋建筑师和居家设计师配置了强大的工具 Autodesk Inventor(图 11-5)，其组件可用于处理结构工程、平面布置图、内部构造、环境美化、配管工程和电气安装等。使用这类程序时，操作者可在屏幕上看到电路简图，单击后，能够把部件移进或移出所建议的电路。设计完成后，计算机能够提供关于电流、压降和造价方面的信息，以及关于不一致或制作问题的警告。同样，报纸版面设计师或汽车车身设计师能够在几分钟内尝试多个设计，并记录有前景的方法，直至他们找到更好的方法为止。使用这些系统的乐趣源于直接操纵感兴趣的对象，并迅速生成多个备选方案。

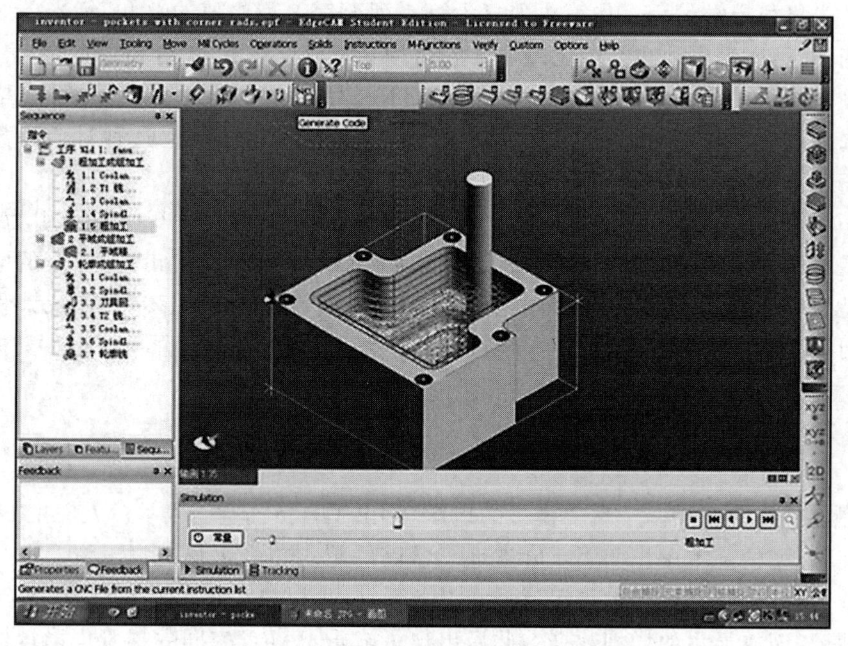

图 11-5 Autodesk Inventor 操作界面

大量制造企业都在使用 AutoCAD 和类似的系统，对于厨房和浴室布局、环境美化计划及其他情形，也有专门的设计程序。这些程序允许用户控制不同季节阳光的角度，以查看环境的影响和房屋不同部分的阴影。用户可以查看厨房布局，计算地板与工作台面的尺寸估值，甚至直接用软件打印出材料清单。在住宅和商业市场中，室内设计软件领域的产品设计用来跨越从桌面到万维网的所有环境工作，并且提供各种视图(俯视图、架构视图、正视图)来为客户生成更真实的设计概况。

一些应用系统用于计算机辅助制造和过程控制，如霍尼韦尔公司的 Experion 过程知识系统给炼油厂、造纸厂或发电厂的从业者提供其工厂的彩色图解视图。而图解视图可能在多个显示器或墙面大小的地图上显示，并用红线指示任何超出正常范围的传感器值。

11.2.5 直接操纵的持续演进

虽然对有些应用来说，提供现实世界的适当表示或模型以转到使用视觉语言可能很困难，但在使用可视化的直接操纵界面后，大多数用户几乎不再会使用复杂的语法符号来描述基本的视觉过程。文字处理、绘图或电子表格软件有大量的特性，学习这些特性的命令是难以设想的，而视觉线索、图标、菜单和对话框甚至使间歇用户也可能成功地使用系统。

直接操纵界面的应用十分广泛，包括个人理财和旅游安排。在智能家居中，许多家庭控制都涉及平面布置图，所以直接操纵动作自然就发生在平面布置图的显示上，并且每个状态指示器(如盗窃报警器、热传感器与感烟探测器)和激活器(如开/关窗帘或遮光器的控制器、空调控制器、音/视频扬声器或屏幕的控制器)在平面布置图上都有可选择的图标。例如，用户只需把 CD 图标拖到卧室和厨房，就能把起居室中 CD 播放的声音发送到这些房间，能够通过移动线性标尺上的标记来调节音量。

视频的直接操纵由直接拖动内容的选项所扩展。使用传统的直接操纵窗口组件时，用户沿着时间标尺移动滑块得到期望的视频位置。用户试图更好地理解所有数据和现在可用的其他视觉内容，通过导航板可以管理这些信息。

到 20 世纪 90 年代，直接操纵已经超越对桌面的设计影响，如虚拟现实、普适计算、增强现实和有形用户界面。虚拟现实把用户放在一个与外界隔离的沉浸式环境中。用户看到立体眼镜内的人工世界，只要一转头，这个人工世界就被更新。用户通过数据手套内的手势来控制活动，数据手套允许他们指点、选择、抓取和导航。手持式控制器允许他们具有一个 6 自由度(三维位置和三维方向)的指示器，来模仿单击，或在它们指示的方向飞行。虚拟世界允许用户穿过人身、游过海洋、坐在电子云上绕核子转动，或与那些通过互联网连接的远距离协作者共同参与到幻想世界中。现在，这个概念已经扩展到第二人生游戏中。在游戏中，用户能够穿越空间进行远距离传物，在另一个世界中有社交活动。用户能够呈现各种化身的形象，并且完全改变特征；老人能够变成年轻人，男人能够变成女人，长发能够变成短发。

将来肯定有很多直接操纵的变体和扩展形式，但基本目标仍将保持：能快速学习的可理解界面、可预测和可控制的动作以及确认进展的适当反馈。直接操纵之所以有吸引力，因为它是快速甚至是有趣的。如果动作简单，可逆性就是有保证的，记忆起来也容易，会减少焦虑，用户感觉处于控制地位，满意度会不断提高。

11.3 直接操纵的设计

直接操纵界面的一般设计指南如下。

(1) 使用易于理解的图标。图标的意义应该尽可能明确。例如，在 Windows 系统中，“回收站”表示被删除文件的放置位置。

(2) 避免令人迷惑的类比。图标应以预期的方式工作。例如，对 Windows 系统的回收站来说，如果放到回收站中的文件不能恢复，图标就没有按预期的方式工作。在实际生活中，放到垃圾箱中的东西在被清空之前是可以取回的。

(3) 不违反大众习惯。不同用户群体可能对一个图标如何工作有不同设想。例如，在美国，绿色左箭头表示可向左拐，因为交通已使用了红灯。但在加拿大，闪烁的绿灯表示可向左拐。

(4) 为特定目的使用图标。例如，为满足新手和熟练打字员的要求，Windows 的计算器程序被设计成既可以通过键盘输入数据，也可以用鼠标单击计算器面板。

11.3.1 三个直接操纵原则

直接操纵的吸引力体现在用户的热情中，它的优势能够概括为以下三个原则。

(1) 用有意义的视觉隐喻连续表示感兴趣的对象和动作。

(2) 用物理动作或按压有标签的按钮来取代复杂的语法。

(3) 使用快速的、增量的可逆动作，这些动作对感兴趣对象的影响是立即可见的。

使用以上三个原则，就可能设计出具有以下有益属性的系统。

(1) 新用户能够快速学会基本功能，这一般通过更有经验用户的演示来实现。

(2) 专家用户能够快速工作，以执行范围广泛的任务，甚至是定义新的功能和特性。

(3) 有知识的间歇用户能够记住操作概念。

(4) 很少需要出错消息。

(5) 用户能立即看到他们的动作是否正在推动其目标，如果该动作是起反作用的，他们仅能改变活动的方向。

(6) 用户感受到的焦虑较少，因为界面是可理解的且动作易于反向。

(7) 用户获得信任感和掌控感，因为他们是动作的发起人，感觉到处于控制地位，并且能预测界面的反应。

与文本描述符相比，处理对象的视觉表示可能更“自然”，更符合于人天生的能力：在人类进化的过程中，动作和视觉技能的出现远在语言之前。心理学家早就知道，当提供视觉而非语言的表示时，人们会更快地领会空间关系和动作，而且形式数学系统的适当视觉表示经常促进直觉和发现。

11.3.2 视觉思维与图标

视觉语言和视觉思维的概念是由安海姆提出的，并且得到商业图形设计人员、符号学(研究记号和符号的学科)方向的学者和数据可视化大师的欣然接受。计算机可以提供一种不寻常的视觉环境，用于揭示结构、显示关系和使吸引用户的互动成为可能。计算机界面渐增的视觉性质，有时能够挑战有逻辑的、线性的、面向文本的、理性的程序员，而他们是第一代黑客的核心。尽管这些陈规或笨拙的模仿经不住科学的分析，但它们确实表达了计算技术正在遵循的两条道路。

对象或动作的计算机图标通常很小，而更小的图标经常用于节省空间或集成到其他对象之中，如窗口边框或工具栏中。绘图程序经常用图标表示工具或动作(如套索或剪刀表示裁剪图片，刷子表示绘画，铅笔表示绘图，橡皮表示擦净)，而文字处理软件通常用文本菜单表示动作。这种差异似乎反映了视觉导向和文本导向用户的不同认知风格，至少是在任务方面的差异。或许当用户正在从事视觉导向任务时，使用图标而“保持视觉风格”是有益的。而在从事文本文档任务时，通过使用文本菜单而“保持文本风格”是有益的。

对视觉图标和文本项都可能使用的情况(如在目录列表中)，设计人员面对着两个相互交织的问题：如何在图标和文本之间选择，以及如何设计图标。研究表明，图标加文本是有效的。如何在图标和文本之间选择，不仅取决于用户和任务，还取决于所建议图标或文字的质量。

图标可能包括很多使用鼠标、触摸屏或笔的手势，它们可能表示复制(上下箭头)、删除(一个叉)、编辑(一个圈)等，也可以与声音相关联。

11.3.3 直接操纵编程

除了通过直接操纵来执行任务，也可以考虑通过直接操纵来编程，至少针对某些问题是这样。如电子表格软件就有丰富的编程语言，允许用户通过执行标准的电子表格动作来编制程序段(记录宏)。这些动作的结果保存在电子表格的另一部分功能中，用户能以文本形式进行编辑、打印和存储。数据库程序允许用户创建并激活按钮时引发一系列动作和命令，并生成报告。同样，Adobe Photoshop 记录用户动作的历史，允许用户使用动作序列和重复使用直接操纵来创建程序。

执行一个重复性的界面任务时，如果计算机能够可靠地识别出重复的模式，并自动创建有用的宏，将是有用的。这样，在用户确认的情况下，计算机就可以自动接管和执行该任务的剩余部分。对自动编程更有效的方法是给用户提供视觉工具来确定和记录他们的意图。一些手机的按键能够编程来给家里或医生打电话，或呼叫其他紧急号码。这允许用户面对较简单的界面，并屏蔽掉任务的细节。

直接操纵编程给代理场景提供了一个选择方案。代理的倡导者相信计算机能够自动发现用户的意图，或能够基于目标的模糊陈述采取动作。如果用户能够用可理解的、从视觉显示中选择的动作来指定想要的事物，通常就能够迅速实现其目标，保持他们的控制感和成就感。

11.4 3D 界面

一些设计人员梦想能构建出接近三维现实的丰富界面。他们认为界面越接近现实世界，就越容易使用。这种对直接操纵的极端解释值得怀疑，因为用户研究表明，使人迷失方向的导航和复杂的用户动作等，都能使现实世界和 3D 界面的性能降低。很多界面(有时称为 2D 界面)通过限制移动、限制界面动作和确保界面对象的可见性而设计得比现实世界简单。然而，用于医学、建筑、产品设计和科学可视化目的的“纯”3D 界面的强大实用性，对界面设计人员来说仍是重要挑战。

一个吸引人的可能性是，“增强”的界面比3D现实要好。增强的特性使超人的能力成为可能，如快于光速的远距离传物、飞越物体、物体的多个同步视图和X光线视觉等。与那些只寻求模仿现实的人相比，好玩游戏的设计人员和创造性应用系统的开发人员已经把技术推进得更远。

对于那些基于计算机的任务（如医学成像、建筑绘图、计算机辅助设计、化学结构建模和科学仿真），纯3D表示显然是有用的，且已经成为重要产业。然而，这些情形中的成功也经常是由于界面优于现实的设计特性。用户能够如魔法般地改变颜色或形状、复制对象、缩放对象、用电子邮件发送它们和附加浮动标签等，还能够执行其他有用的超自然动作，包括取消最近动作等。

吸引人的、成功的3D表示的应用之一是游戏环境，包括第一人称动作游戏和角色扮演幻想游戏。在第一人称动作游戏中，用户在城市街道上巡逻，或在沿着城堡的走廊飞奔的同时射击对手；而角色扮演幻想游戏中具有优美展示的岛屿港口或山丘要塞。很多游戏允许用户选择3D化身来表示他们自己，而使社交场合丰富多彩。用户可以选择与自己相像的化身，但他们经常选择奇异的造型或奇幻的形象，具有颇富魅力的特征，如非凡的力量或美丽形象。

一些基于Web的游戏环境，诸如《第二人生》（图11-6），可能包括数百万用户和数千个由用户创建的“世界”，如学校、大型购物中心或城市居民区。游戏爱好者可能每周都要花很长时间沉浸在他们的虚拟世界中，与合作者聊天或与对手谈判。索尼公司的《无尽的任务》（Ever Quest）用这种雄心勃勃的描述来吸引用户：欢迎来到无尽的任务世界，一个真正3D的大型多人奇幻角色扮演游戏。请准备好进入这个巨大的虚拟环境——一个完整的世界，这里拥有不同的物种、经济系统、联盟和政策。

图11-6　来自《第二人生》中虚拟世界的图像

这些环境可能证明是成功的，因为基于空间认知的社会背景逐渐丰富，即用户开始认识到环境和选择站在他们身边的重要参与者的重要性。这些环境可能开始支持有效的业务会议，设想虚拟参观埃及吉萨大金字塔，探索它的内部走廊和查看细节，直至石头上的凿痕。

三维艺术和娱乐体验通常由Web应用软件实现，给创新应用软件提供另一种机会。3DNA之类的公司创建3D前端，为购物、游戏、互联网和办公室应用软件提供房间，这对游戏、娱乐和运动的爱好者非常有吸引力。早期的Web标准，如虚拟现实建模语言并没有产生巨大的商业成功，已经让位于更丰富的Web标准，如X3D。该标准拥有大企业的支持者，将导致可行的商业应用软件的产生。

3D技术的适当用法是把突出显示添加到2D界面中，如看起来似乎被抬起或按下的按钮、重叠和留下阴影的窗口或类似现实世界物体的图标。它们可能是有趣的、可识别的和令人难忘的，也可能造成注意力分散和混乱，因为增加了视觉复杂度。构建电话、图书或CD播放机等真实设备的尝试，使首次用户笑容可掬，但这些想法并未流行起来，可能是因为产生3D效果的设计折中损害了可用性。

以下列举一些有效的3D界面特性，可能充当设计人员、研究人员和教育工作者的检查表。

(1) 谨慎使用遮挡、阴影、透视和其他3D技术。

(2) 尽量减少用户完成任务所需的导航步骤数。

(3) 保持文本为易读的(较好的渲染、与背景的对比度良好和不超过30°的倾斜)。

(4) 避免不必要的视觉混乱、注意力分散、对比度增大和反射。

(5) 简化用户移动(保持移动为平面的，避免像穿墙而过这样的惊人之事)。

(6) 预防错误(即创建只切割需要之处的外科工具和只产生真实分子和安全化合物的化学工具箱)。

(7) 简化物体的移动(便于对接、跟随可预测路径、限制旋转)。

(8) 按对齐结构组织项目组，以允许快速的视觉搜索。

(9) 使用户能构建视觉组，以支持空间回忆(把选项放在角落或有色彩的区域)。

基于奇思妙想的突破似乎是可能的。用立体显示、触觉反馈和3D声音来丰富界面，也是相当有益的。如果遵循了这些指南，就可能更快地得到以下更大的回报。

(1) 提供概览，这样用户就能看到大图片(俯视图显示、聚合视图)。

(2) 允许远距离传物(通过在概览中选择目的地来快速切换背景)。

(3) 提供X光线视觉，以便用户能够看透或看穿物体。

(4) 提供历史操作保存(记录、取消、回放、编辑)。

(5) 允许对物体进行丰富的用户动作(保存、复制、注释、共享、发送)。

(6) 允许远程协同(同步的、异步的)。

(7) 给予用户对说明文本的控制权(弹出、浮动或偏心标签和屏幕提示)，让他们按需查看细节。

(8) 提供用于选择、标记和测量的工具。

(9) 实现动态询问，以便快速滤掉不需要的项。

(10) 支持语义缩放和移动(简单的动作把对象移到前面和中心，并披露更多的细节)。

(11) 使地标能够显示它们自己，甚至是在远处。

(12) 允许多个坐标视图(用户能处于多个位置、一次能看到多种排列的数据)。

(13) 开发更可识别和记忆的、新奇的3D图标来表示概念。

三维环境深受某些用户的赏识，对某些任务是有帮助的。如果设计人员超越模拟三维现实的目标，三维环境就会有用于新的社会、科学和商业应用系统的潜力。增强的3D界面能够成为使某种类型的3D远程会议、协同和远程操作流行的关键。当然，应对采用良好设计的3D界面（纯的、受约束的或增强的）进行更多的研究，以发现除了吸引首次用户的娱乐特性之外的回报。

11.5 远程操作

远程操作有两个起源：个人计算机中的直接操纵和在复杂环境中由操作者进行的物理过程控制。典型的任务是运行发电厂或化工厂、控制制造厂或外科手术、驾驶飞机或车辆。如果这些物理过程发生在远程位置，我们就是在讨论远程操作或远程控制。为了远程执行控制任务，操作者可能与计算机交互，计算机可能在没有人干预的情况下执行一些控制任务。

如果可接受的用户界面能够构建出来，实现设备的远程控制或操作的机会就很大。当设计人员有足够的时间来提供适当的反馈，以允许有效的决策时，在制造、医疗、军事行动和计算机支持的协同工作方面有吸引力的应用系统就是可行的。家庭自动化应用系统能把电话应答机的远程操作扩展为安全和访问系统、能源控制和家电操作。太空、水下或敌对环境中的科学应用系统使新的研究项目能够既经济又安全地实施。

在传统的直接操纵界面中，感兴趣的对象和动作连续显示：用户通常使用指向、单击或拖动而不是输入操作，且指示变化的反馈是即时的。但这些目标在远程操作设备中就不可能实现。因此，设计人员必须花费额外的努力来处理较慢的响应、不完整的反馈、增大故障的可能性和较复杂的错误恢复过程。这些问题与硬件、物理环境、网络设计和任务域紧密相连。

一个典型的远程应用系统是远程医疗系统，或通过通信链路实现的医疗护理。这允许内科医生远程地给病人做检查，以及外科医生完成远程手术。一个不断增长的应用系统是远程病理学系统，病理学家在远程显微镜下检查组织的样本或体液。发送工作站有一台装在电动光学显微镜上的高分辨率摄像机。接收工作站的病理专家能够使用鼠标或小键盘来操纵该显微镜，并看到放大的样本的高分辨率图像。两名看护者通过电话交谈来协调控制，远程病理学家能够请求将载玻片人工放置在显微镜下，等等。

远程环境的体系结构引入若干复杂因素，内容如下。

(1) 时间延迟。网络硬件和软件造成发送用户动作和接收反馈的延迟，如传输延迟或命令到达显微镜的时间（如通过调制解调器来传输命令）和操作延迟。系统中的这些延迟妨碍操作者得知系统的当前状态。

(2) 不完整的反馈。原来为直接控制而设计的设备可能没有适当的传感器或状态指示器。例如，显微镜能够传送它的当前位置，但它运转得很慢，以致不指示当前的精确位置。

(3) 非期望干预。由于被操作的设备是远程的，因此与桌面直接操纵环境相比，非期望干预更可能发生。例如，如果本地操作者意外移动了显微镜下的载玻片，指示的位置可能是不正确的。在执行远程操作期间，也可能发生故障，却没有良好指示发送到远程场所。

这些问题的解决方案之一，是把网络延迟和故障作为系统的一部分来详细说明。这样用户可以看到系统开始状态的模型、已被初始化的动作和系统执行动作时的状态。他们可能更喜欢确定目的地（而不是动作），然后等待，直到动作被完成，之后，如果需要就重新调整目的地。

远程操作通常也用于军事和民用航天项目中。无人机已得到广泛使用，远程操作的导弹发射飞机已被测试。敏捷、灵活的移动机器人存在于很多危险的任务情形中。水下与太空探索等军事任务和艰苦环境，是强有力的改进设计的驱动器。

习题

1. “直接操纵”通常体现为所谓的（　　）界面，其含义是指窗口、图标、鼠标器、下拉式菜单。

A. CTSX　　B. WIMP　　C. DIYX　　D. AIUI

2. 直接操纵界面的基本思想是指用（　　）设备，直接从屏幕上获取形象化命令与数据。

A. 全自动化　　B. 机器语言　　C. 坐标指点　　D. 电子命令

3.（　　）直接操纵的较新概念包括虚拟现实、增强现实和其他有形且可触摸的用户界面。

A. 扩展　　B. 经典　　C. 沉浸　　D. 强化

4. 所谓（　　），就是让人专注在由设计者营造的当前目标情境下，感到愉悦和满足，而忘记真实世界的情境。

A. 扩展　　B. 经典　　C. 沉浸　　D. 强化

5.（　　）是一种实时地计算摄影机影像位置及角度并加上相应图像的技术，这种技术的目标是在屏幕上把虚拟世界套在现实世界，并进行互动。

A. 扩展现实　　B. 现实世界　　C. 虚拟现实　　D. 增强现实

6.（　　）不属于施耐德曼认定的直接操纵应具有的特点。

A. 增量操作不可以顺利地逆转

B. 系统展现了真实世界的一种扩展

C. 对象和操作一直可见

D. 迅速且伴有直观的显示结果的增量操作

7.（　　）不属于直接操纵界面的一般设计指南内容。

A. 使用易于理解的图标　　B. 避免令人迷惑的类比

C. 无须考虑一般大众的习惯　　D. 为特定目的使用图标

8. 视觉语言和视觉思维的概念是由安海姆提出的。计算机可以提供一种不寻常的（　　）环境，用于揭示结构、显示关系和使吸引用户的互动成为可能。

A. 听觉　　B. 视觉　　C. 感觉　　D. 味觉

9. 对于那些基于计算机的任务（如医学成像、建筑绘图、计算机辅助设计、化学结构建模和科学仿真）（　　）表示显然是有用的，且已经成为重要产业。

A. 线性　　B. 多维　　C. 纯3D　　D. 平面

10. 三维艺术和娱乐体验通常由（　　）软件实现，它给创新应用软件提供另一种机会。

A. 数学语言　　B. Web应用　　C. 机器语言　　D. 操纵杆

11. 有效的3D界面特性可能充当设计人员、研究人员和教育工作者的检查表，但（　　）不属于其中。

A. 谨慎使用遮挡、阴影、透视和其他3D技术

B. 尽量减少用户完成任务所需的导航步骤数

C. 保持文本为易读的（较好的渲染、与背景的对比度良好和不超过30°的倾斜）

D. 复杂化用户移动（将移动设置为曲面，如像穿墙而过这样的惊人之事）

12. 远程操作有两个起源：个人计算机的直接操纵和在复杂环境中由操作者进行的（　　）控制。

A. 物理过程　　B. 化学方式　　C. 自动操纵　　D. 语音识别

13. 远程环境的体系结构引入若干复杂因素，但不包括（　　）。

A. 不完整反馈　　B. 实践延迟　　C. 预先行动　　D. 非期望干预

实验与思考：熟悉直接操纵界面

1. 实验目的

（1）熟悉直接操纵与虚拟环境的基本概念和内容。

（2）了解人机交互设计师的岗位特点和职业要求。

（3）欣赏手机界面设计的优秀作品。

2. 工具/准备工作

在开始本实验之前，请回顾课文的相关内容。

需要准备一台能够访问因特网的计算机。

3. 实验内容与步骤

（1）请简单描述直接操纵的三个原则。

答：

①＿＿＿＿＿＿＿＿＿＿＿＿＿＿＿＿＿＿＿＿

②＿＿＿＿＿＿＿＿＿＿＿＿＿＿＿＿＿＿＿＿

③＿＿＿＿＿＿＿＿＿＿＿＿＿＿＿＿＿＿＿＿

（2）在最近受欢迎的数字产品或服务中，找出一种有效使用直接操纵方式的例子。另外，说明在这个例子中采用直接操作方式提高用户便利性的主要因素是什么。

答：______

______

______

______

(3) 思考与练习。

请阅读下文：

手机GUI设计基本知识

所谓手机GUI设计，就是手持设备的图形用户界面设计。狭义理解是手机和掌上电脑，广义上可以推广至手机、移动电视、车载系统、手持游戏机、MP3、GPS等一切手持移动设备。

手机GUI设计基于对手持设备产品使用特性的理解、对用户的研究和对界面使用情景的深入研究。GUI的设计分为平台内置和主题设计部分，前者需要专业的设计公司根据厂家的实际产品进行设计分析，然后进行整体设计，后者则可以经由任何用户自主设计。当然，后者的设计限制和平台限制都比较大。有些手机平台支持用户的自定义设计。

设计研究的流程为：产品特性→用户心理→市场背景→图形设计策略→设计检验→实际设计投放。

首先要考虑界面的基本要素。手机的界面层级包括待机界面→主菜单→二级菜单→三级菜单。界面除了图标和文字外，比较重要的还有呼叫、发送信息等，以及计算器、日历界面等。

明确意义的图标、风格鲜明的版面设计是手机界面设计的重要工作，其中以摩托罗拉、诺基亚等为代表的欧洲简单风格以及韩国的时尚绚丽的风格较为流行。

在更新颖的交互操作和与手机ID设计的整体结合上，韩系手机做得比较好，而在可用性和体验难度上，欧系手机则比较优秀。

设计的注意事项如下。

尺寸问题：128×160像素、176×220像素、240×320像素尺寸是较常见的手机屏幕尺寸，设计时可以根据实际产品要求进行。更大的屏幕可以有更多的交互表现和视觉元素的支持，较为自由。

色彩问题：由于LCD本身的限制，手机在色彩的还原程度上没有计算机那样完善。因此，选用色彩时要根据使用的屏幕进行调节。

可实现性问题：受到硬件运算速度和内存的影响，以及不可预计的后台程序开发难度，过于复杂的效果将很难实现，因此与程序工程师、界面设计工程师、硬件工程师的沟通尤为重要。

具体建议如下。

工具：Photoshop、AI和一些3D软件是制作的常用工具，最终输入时需要一些模拟程序以及平台程序的支持，不过在GUI设计阶段可以暂不考虑。

尺寸：建议选择240×320像素大小的屏幕尺寸设计，自由度和发挥空间会大一点。

概念：设计的概念是尤其重要的部分，敢于尝试新颖的交互模型和GUI视觉元素是设计的重要工作。

资料来源：一翔的BLOG，http://www.uilook.com/blog/trackback.asp? tbID=50。

请分析：

① 请解释什么是广义的手机GUI设计。

答：

② 请简述手机GUI设计研究的流程。

答：

③ 常见的手机屏幕尺寸有哪些？

答：

④ 常用的手机界面制作软件工具有哪些？

答：

4. 实验总结

5. 实验评价(教师)

第 12 章　命令、菜单与表格

导读案例：中国制造获 2021 设计界“奥斯卡”奖

创立于 1953 年的 iF 设计大奖，简称 iF，是由德国历史最悠久的工业设计机构——汉诺威工业设计论坛创立的。德国 iF 国际设计论坛每年评选 iF 设计奖，它以“独立、严谨、可靠”的评奖理念闻名于世，旨在提升大众对设计的认知，其最具分量的金奖素有“产品设计界的奥斯卡奖”之称。

2021 年，德国 iF 大奖的参赛作品多达 10 000 件，分为 9 个竞赛单元：产品设计、包装设计、传达设计、室内建筑设计、专业概念、服务设计、建筑设计、用户体验、用户界面。共有 75 件作品获得金质奖，其中中国大陆获奖作品有 11 件，简单介绍如下。

(1) 智能厨房(北京)。智能厨房(图 12-1)通过自行开发的机器人程序系统来控制机械臂和厨房的电，以实现所选菜肴的自动烹饪过程。

图 12-1　智能厨房

(2) 智能笔记本(深圳)。这是一款智能笔记本(图 12-2)，能实现手写、记笔记和绘图的同步功能。

图 12-2　智能笔记本

（3）感应小便池（佛山）。感应小便池（图 12-3）瓷体表面使用的蓝色自洁釉具有良好的抗菌作用，使其易于清洁。冲洗系统中增加了一个消毒模块，便于消毒和除臭，从而优化了公共厕所的卫生环境。

图 12-3　感应小便池

（4）悬挂式地漏（福建）。该地漏（图 12-4）的流线型设计能加快排水速度。

图 12-4　悬挂式地漏

（5）折叠自行车（昆山）。这款便携式折叠自行车（图 12-5）可轻松放入后备厢，自动锁的设计也提高了安全性和便捷性。

图 12-5　折叠自行车

(6) 垃圾处理设备(杭州)。这是一款能在18小时内将2吨生物垃圾转化为清洁有机物的设备(图12-6)。

图12-6　垃圾处理设备

(7) 农夫望天辣椒酱包装设计(广东)。辣椒酱包装(图12-7)的管子设计成辣椒状,这样直观生动的包装设计会激发消费者的好奇心和购买欲。

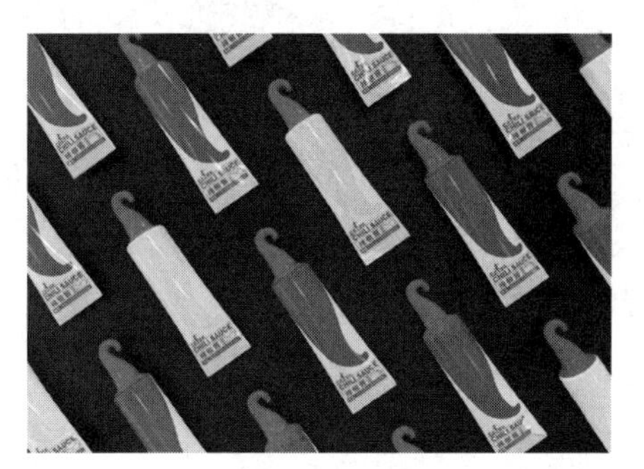

图12-7　农夫望天辣椒酱包装设计

(8) 00:00冰激凌包装设计(深圳)。00:00冰淇淋包装设计的主题是环境保护。这3种产品形状(图12-8)涉及3种环境灾难:冰川融化、森林大火和流行病毒。冰淇淋棒上的文字和日期提供了有关环境状况的最新信息,提醒消费者保护地球的重要性。

(9) 时间的碎片(深圳)。设计者希望以这样的视觉效果(图12-9)呼吁消费者对传统纸张的重视和爱惜。

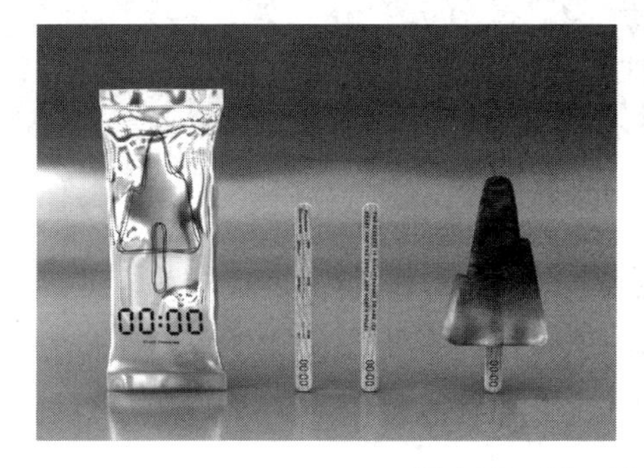

图12-8　00:00冰激凌包装设计

图 12-9 时间的碎片

(10) 交互式智能扫地机(长春)。此款智能扫地机(图 12-10)通过传感器和智能算法自行运转工作。同时,它也可以获取城市数据,包括天气、环境、噪声等。

图 12-10 智能扫地机

(11) 白鹿原同尘酒店(广州)。该建筑项目(图 12-11)是一个集建筑、规划、景观、公共设施为一体的改造计划。

图 12-11 白鹿原同尘酒店

资料来源:欧洲时报英国版,英伦圈,2021年4月26日,有删改。

阅读上文,请思考、分析并简单记录:

(1) 2021 德国 iF 设计大奖最具分量的金奖素有什么称呼?意味着什么?请简述之。

答:____

____

(2) iF 设计奖的评奖理念是什么？其竞赛单元有哪些？

答：

(3) 2021 年 iF 设计奖的参赛作品多达 10 000 件，其中中国大陆获奖作品有 11 件。请欣赏，你最喜欢其中的哪个作品，为什么？

答：

(4) 请简单记述你所知道的上一周内发生的国际、国内或者身边的大事。

答：

12.1 命令与计算机语言

有效的计算机语言不仅能表示任务并满足人们交流的需要，而且能与在计算机上记录、操纵和显示这些语言的机制协调一致。计算机技术已成为人类语言发展的重大促进因素之一，网络使更广泛的传播成为可能。

12.1.1 编程命令语言

早期的计算机主要进行数学计算，所以第一代编程语言有浓重的数学风格。逐渐地，计算机对现实世界产生影响，如指挥机器人、在银行机器上投放货币、控制制造过程，以及控制宇宙飞船运行等。这些较新的应用系统鼓励语言设计人员采用方便的记法指挥计算机，满足用户使用语言进行交流和问题求解的需要。

20 世纪 60 和 70 年代开发的计算机编程语言，如 FORTRAN、COBOL、ALGOL、PL/I 和 Pascal，是为了在非交互计算机环境中使用而设计的。程序员编写数百或数千行代码，仔细检查，然后用计算机编译或解释它，以产生想得到的结果。增量编程是 BASIC 和 LISP、APL 及 PROLOG 等更高级语言的设计目的之一，这些语言的程序员期望在线构建小的程序块和交互测试等模块，目标仍是创建被保存、研究、扩展和修改的大程序。快速编译和执行的吸引力导致 C 语言中使用的简洁但有时晦涩的符号取得了广泛成功。

团队编程的压力、共享的组织标准和对可复用性日益增长的需求,促进了 Ada 和 C++ 语言中面向对象编程概念的发展。网络环境的需求和跨平台工具的追求导致 Java 和 C# 的出现。

随着 HyperCard、SuperCard 和 ToolBook 等脚本语言的出现,强调屏幕呈现和鼠标控制的脚本语言在 20 世纪 80 年代末期开始流行。这些语言包括新的运算符,而 Java 语言扩展了面向 Web 屏幕管理、安全网络操作和可移植性的可能性。Perl 和 Python 之类更丰富交互服务的脚本语言也在 Web 环境中流行。

关系数据库的数据库查询语言是 20 世纪 70 年代中后期开发的,它使结构化查询语言(SQL)得以广泛使用。SQL 强调短代码段,它们可以在终端编写并立即执行。用户的目标是产生结果而非程序。数据库查询语言及信息检索语言的关键是布尔运算 AND、OR 和 NOT 的规范。布尔表达式对于有经验的因特网搜索者来说也是关键,它可以实现对较明确网站的更好访问。

命令语言起源于操作系统命令。用户发出一个命令,并观察会发生什么。如果结果正确,就发出下一个命令;如果不正确,就采用其他策略。命令是简短的,其存在是短暂的。一些命令语言会保存命令的历史,即创建宏。

因特网地址可被视为一种命令语言的形式。网址以协议名(http、ftp、gopher 等)开始,接着是冒号和两个正斜线,然后是服务器地址(也可以包括国家代码或域名,如 gov、edu、mil 或 org)和可能的目录路径及文件名。例如: http://www.whitehouse.gov/WH/glirnpse/top.html。

与菜单系统不同,命令语言的用户需要有良好的记忆和打字速度。人们使用计算机和命令语言系统来完成范围广泛的任务,如文本编辑、操作系统控制、文献检索、数据库操纵、电子邮件管理、金融管理、航班或旅馆预订、库存监督、制造过程控制和冒险游戏开发等。由于直接操纵和菜单选择界面的出现,新命令语言的开发速度已经显著减慢。

12.1.2 计算技术中的自然语言

计算机出现以前,人们就梦想创造出能处理自然语言的机器。文字处理软件、录音机和电话等文字处理设备的成功,确实也给人们很大的鼓舞。然而,语言是微妙的,存在很多特殊情况,如上下文的复杂关系,以及其中包含的人际交流中强大且影响广泛的情感关系。

在自然语言翻译方面,尽管大多数有效的系统要求输入经过预处理,或者对输出进行后处理,但机器翻译软件对人们还是有所帮助的。如在多语言搜索引擎中,用户能够用一种语言键入查询关键字,然后得到很多种语言的搜索结果。

12.2 菜单设计

不能使用直接操纵策略时,菜单和表格填充就成为有吸引力的选择。如今,现代风格的下拉菜单、复选框、对话框中的单选按钮和因特网页面上的嵌入式链接,都可以通过单击、手指或输入笔的轻触来选择。这些基本的菜单风格在因特网上有很多变化，相应的程序设计手段也比较灵活。平滑的动画、彩色和整洁的图形设计能够把简单的菜单变成可定制组件，有助于定义网站或应用程序的独特视觉感受。

为了保证界面具有吸引力且易于使用，除了菜单、表格填充和对话框，还需要精心考虑和测试很多设计问题，如与任务相关的组织，菜单项的措辞和顺序，图形布局和设计，选择机制（键盘、指点设备、触摸屏和语音等），在线帮助及错误纠正等。

12.2.1 与任务相关的菜单组织

菜单能提供有效的识别线索，而不是强迫用户回忆命令的语法。用户用指点设备或按键来做出选择，并获得即时反馈。对于没有受过什么训练、偶尔使用界面、对术语不熟悉或在构造其决策过程方面需要帮助的用户来说，简单的菜单选择特别有效。而有精心设计的复杂菜单和快速交互的菜单选择，对专家用户也具有吸引力。

针对菜单、表格填充和对话框，设计人员的主要目标是创建一种与用户任务相关，可感知、理解、记忆的简便组织。将书分成若干章、程序分成若干模块、动物王国分成若干物种的层次分解过程可以组织学习。

早期的一些研究证明了设计有意义的菜单项组织的重要性。一棵有 3 个级别、总数为 16 项的简单菜单树，按照有意义的组织形式，出错率几乎减半，用户思考的时间（从菜单呈现到用户选择某项的时间）也减少了。此后的研究也发现，有意义类别（如食品、动物、矿物和城市）的使用，使用的响应时间比随机或按字母顺序组织得要短。研究者的结论是，分类的菜单组织优于纯粹按字母表顺序的组织，特别是当术语有某些不确定性时。根据这些结果建议，菜单结构设计的关键是仔细考虑与任务相关的对象和动作。对于音乐会售票系统，其任务对象可能是位置、表演者、费用、日期和音乐类型；而动作可能包括浏览列表、搜索和买票。界面对象可能是有音乐类型的复选框，以及包含音乐会位置滚动菜单的对话框。表演者的名字可能在滚动列表中，或通过表格填充来输入。

在移动应用系统中，保证简单性和易学性很重要，使用频率通常成为组织菜单的主导因素。例如，对电话界面来说，增加电话号码是比删除电话号码普遍得多的任务。因此，“增加”命令应该是易于访问的，而“删除”可以推向菜单的较低级别。

12.2.2 菜单界面的语义组织

对菜单结构的设计，首先考虑按照用户任务来确定语义组织，即首先确定任务菜单的选项和结构，其次才是确定屏幕上选项的数目。菜单中的选项在功能上与按钮相当，一般具有命令、菜单和窗口项中的一种或几种。

菜单的类型一般有单一菜单、线状序列菜单、树状结构菜单、循环网络以及非循环网络菜单等（图 12-12），其中树状结构菜单最为常见。

线状序列和多重菜单提供了简单有效的手段，用一组相关联的菜单贯穿整个决策过程，使决策过程结构化。用户清楚地知道如何向前推进和目前在菜单中所处的位置，可以

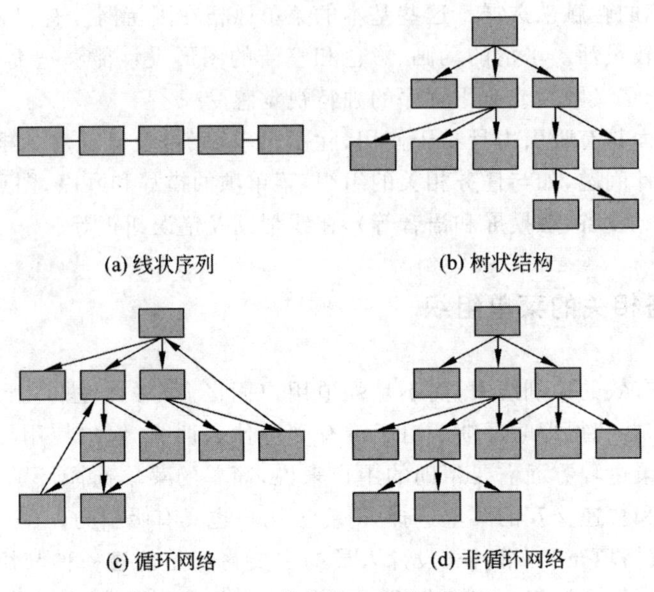

图 12-12　菜单的多种语义组织

重返以前的选项，也可以结束或重新开始这个序列。Word 中的"页面设置"界面就是包含了一个线形序列菜单，以选择页边距、纸张、版式、文档网格等（图 12-13）。

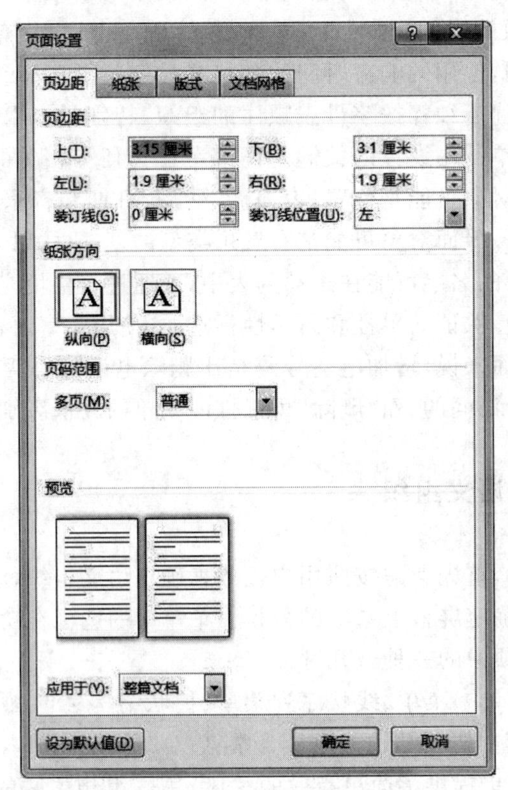

图 12-13　Word 的"页面设置"界面

当一组选项的个数过多时，通常将其划分为若干类，类似的选项组合成一组，最后形成一个树状结构，如 Word 中的菜单栏。设计树状菜单时，菜单树的深度（层数）与广度（每层的选项数目）将影响用户的操作速度。一般认为，每个菜单包含 4～8 个选项，总层数不超过 4 层。当菜单很大时，倾向于选用广而浅的菜单树。

12.2.3 菜单界面设计

菜单界面提供各种菜单项，用户不必记忆应用功能命令就可以借助菜单界面选择系统功能。菜单中被选中的项以高亮度显示出来，同时按钮的形状和颜色也发生改变。

在菜单系统中，用户接收命令且必须在有限的一组选项中进行识别和选择，更多的工作是响应而不是发出命令。设计良好的菜单界面能够把系统语义（做什么）和系统语法（怎么做）明确、直观地显示出来，并提供各种系统功能的选择。

菜单界面通常出现在屏幕顶端或侧面，并以类别标题作为菜单栏的一部分。菜单的内容大部分会隐藏，只有被选中或光标滑过时才会出现。每个菜单的选项通常从上到下排列，最常用的在最上面，相似功能的选项被安排在同一组，例如所有格式化命令都在同一组。

菜单界面的风格有很多种，包括平面菜单、下拉菜单、弹出菜单、情境菜单、可折叠菜单和扩展（如级联）菜单等。平面菜单适合尺寸小的显示器（如智能手机和相机、智能手表），或同时显示较少选项的显示设备。然而，它们通常需要在每个选项中嵌套选项列表，用户需要操作多个步骤才能到达目标选项。

软件中的工具栏包括弹出菜单（图 12-14）、下拉菜单、图标菜单（如 Windows 的“控制面板”）等。

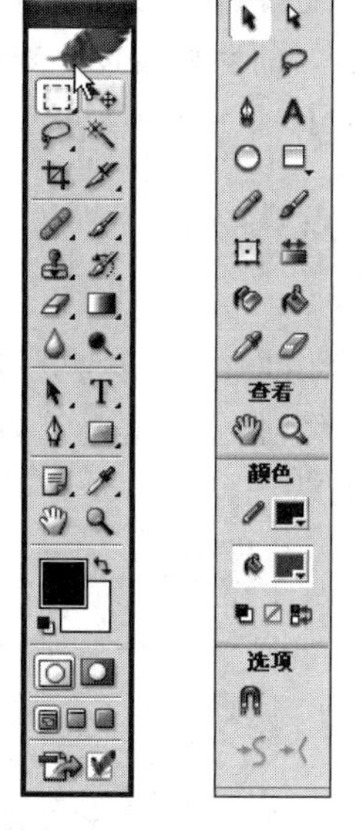

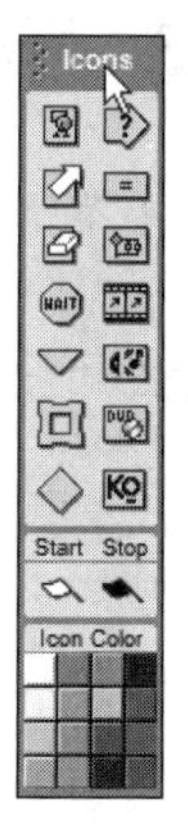

图 12-14 Photoshop、Flash、Authorware 中的工具栏

12.2.4 菜单的设计原则

设计菜单界面时应遵循以下原则。

（1）根据系统功能的类别，将选项进行分组和排序，并力求简短，前后一致。

（2）合理组织菜单界面的结构与层次。分配菜单界面的宽度和深度，使菜单层次结构和系统功能层次结构相一致。实践证明，广而浅的菜单树优于窄而深的菜单树。

（3）为每幅菜单设置一个简明、有意义的标题，以明确该幅菜单的作用。例如，可以把第一级菜单命名为主菜单，其中的各菜单项反映了系统的基本功能和程序框架。一般而言，靠左对齐列出的标题是广为接受的方式。

(4) 合理命名各菜单项的名称。使用熟悉的、前后一致的菜单项名,并保证各选项彼此不雷同。

(5) 菜单项的安排应有利于提高菜单选取速度。可以依据使用频度、数字顺序、字母顺序、功能逻辑顺序等原则来安排菜单项顺序。

(6) 保持各级菜单显示格式和操作方式的一致性。例如,在菜单和联机帮助中必须使用相同的术语,对话必须具有相同的风格。

(7) 为菜单项提供多种选择途径,以及为菜单选择提供捷径。菜单的多种选择途径提高了系统的灵活性,使之能适应不同水平的用户。菜单选择的捷径提高了系统运行效率。

(8) 对菜单选择和点取设置反馈标记。例如,当用光标进行菜单选择时,凡是经过的菜单项,应提供反馈标志,但是这时并未选取。经用户确认无误后,用户使用显式操作来选取菜单项。对选中的菜单也应给出明确的反馈标记,如可以加边框,或者在前面加√符号等。对当前状态下不可使用的菜单选择项,也应给出可视的暗示(如用灰色显示)。

(9) 设计良好的联机帮助。对于大多数不熟练用户来说,联机帮助具有非常重要的作用。如果用户作了一个不可接受的选择,应该在指定位置显示出错信息。

12.3 单菜单

单菜单要求用户在两项或更多项之间选择。最简单的情形是二元菜单,如"是/否""真/假"或"男/女"选项。这些简单的菜单(图12-15)可能重复使用,所以要仔细选择快捷方式和默认行为。

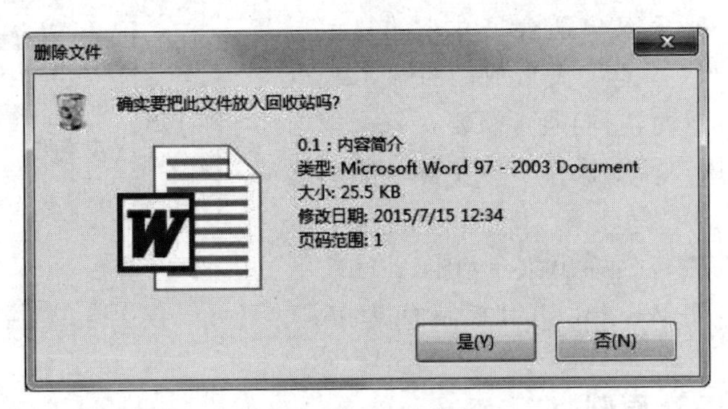

图12-15 二元菜单

单选按钮(圆形)支持多项菜单的单项选择,而复选框(方形)允许在一个菜单中选择一项或多项。多选菜单是处理多个二元选择的简便方法,用户做决定时能够浏览项目的完整列表(图12-16)。

12.3.1 下拉、弹出、工具栏菜单

在下拉菜单中,用户能通过顶部的菜单栏(图12-17)做出选择。单击菜单标题会出

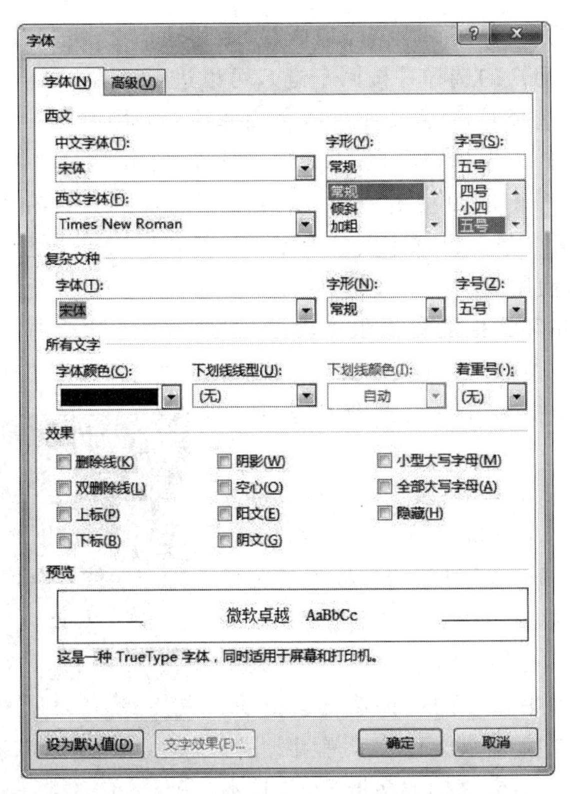

图 12-16 在多选菜单中单击复选框来选择项目

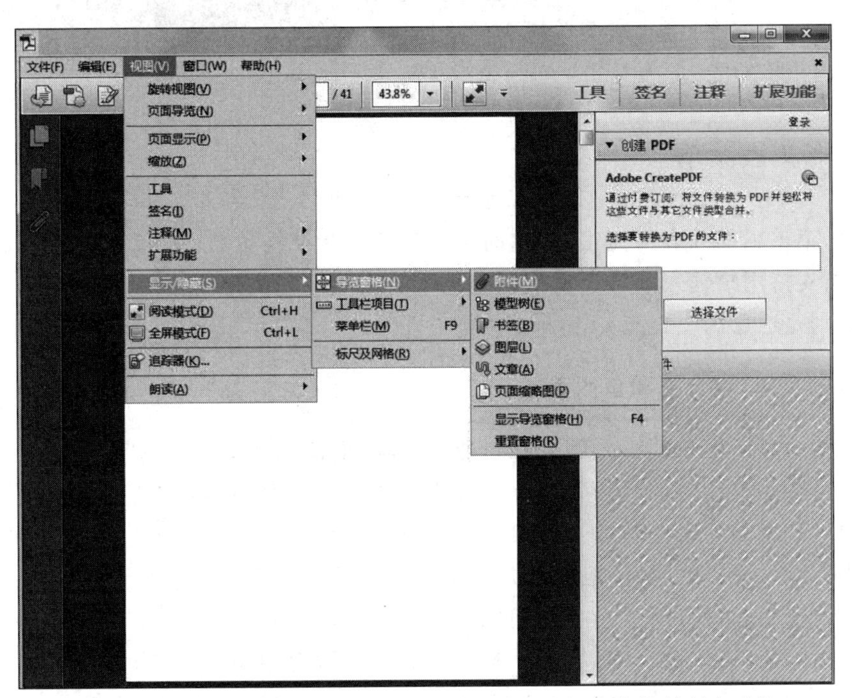

图 12-17 Adobe Reader 层叠下拉菜单允许用户探索软件的所有功能

现相关项的列表,然后在项(用突出显示来响应)上移动指点设备和单击需要的选项(或用上下箭头键突出显示用户的选择并按回车键),可以进行选择。由于选项位置不变,所以当一个选项不可用于选择时,就需要把它变灰而非从列表中删除。

创建定制窗口组件越来越容易,从而允许设计人员使用基本下拉设计的变体。例如,菜单可能放在应用程序窗口的左侧和空白的侧面。保持可读性和保证用户能够识别菜单,与创造这些新设计的目标同样重要。专家用户可以使用快捷键(如用于复制的 Ctrl+C 组合键),记住经常使用的菜单项按键,因而显著加快了交互速度。

工具栏、图标菜单和面板能提供很多动作,用户通过单击选择并应用于所显示的对象。用户应该能够用所选择的项来定制工具栏,并控制这些工具栏的数量和布局。如果希望节省屏幕空间,可以清除大部分或全部工具栏。

弹出菜单出现在显示屏上,以响应指点设备的单击或轻触。菜单内容通常取决于光标的位置。因为弹出菜单会覆盖一部分显示屏,所以要保持菜单文本小型化。弹出菜单也可以组织成一个圆圈,以形成饼菜单(图 12-18),也称为标记菜单。这些菜单很方便,在一个小的项集合中的选择速度会更快。在显示屏上的任何地方都能展开弹出菜单,因此特别适合大型显示墙。它不会遮挡太多屏幕,并且不需要返回固定的工具栏来访问菜单。通过将数据输入与菜单选择集成在一起,流菜单之类的创新设计可扩展弹出菜单的能力。

图 12-18 饼菜单

12.3.2 长列表菜单

有时,菜单项的列表可能很长,这时可以创建树状结构菜单。典型的列表按字母表顺序排序,以支持用户输入前导字符后跳到适当的区域。分类列表可能是有用的,菜单列表的排序原则是适用的。

1. 滚动菜单、组合框和鱼眼菜单

滚动菜单显示菜单的第一部分和附加菜单项,而附加菜单项通常是菜单序列中下一个项集的箭头。滚动(或分页)菜单可能有连续数十项乃至更多项,使用大多数图形用户界面中均可发现的列表框容量。虽然快捷键可能允许用户键入字母“M”,并直接滚动到以“M”开头的第一个单词处,但用户并非总能发现这个特性。组合框把滚动菜单与文本输入域结合在一起,使这种特性更加明显。用户可输入前导字符来加速滚过列表。另一种选择是鱼眼菜单(图 12-19),它在屏幕上同时显示所有菜单项,但只以全尺寸显示光标附近的项;离光标越远,显示的字体就越小。有 10～20 个选项,而缩放比率较小,且所有项始终可读的菜单,很受欢迎。当项数和缩放比率很小以致更小的项变得不可读时,鱼眼

菜单比滚动菜单速度更快，但层次菜单比鱼眼菜单仍然更快。

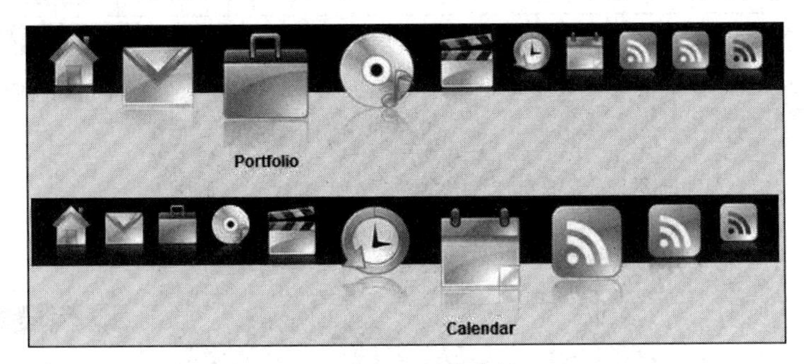

图 12-19　鱼眼菜单

2. 滑块和字母滑块

当项由数值范围构成时，就自然用上了滑块。用户使用指点设备，沿着刻度尺拖动滑块(滚动框)来选择值。当需要更大精度时，可以通过单击位于滑块两端的箭头来调整。滑块、范围滑块和字母滑块具有紧密性，常用于交互可视化系统的控制面板(图 12-20)中。

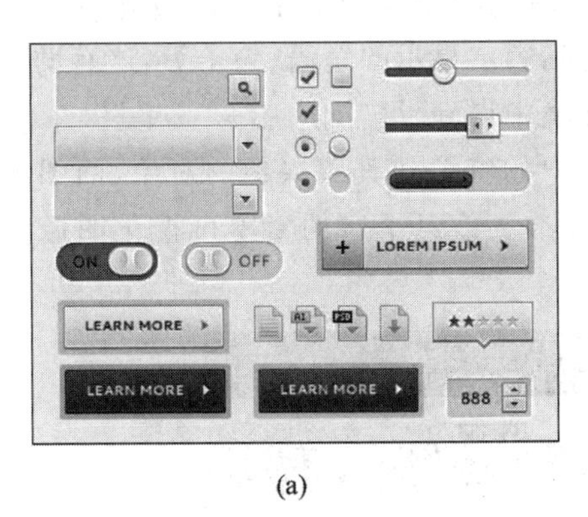

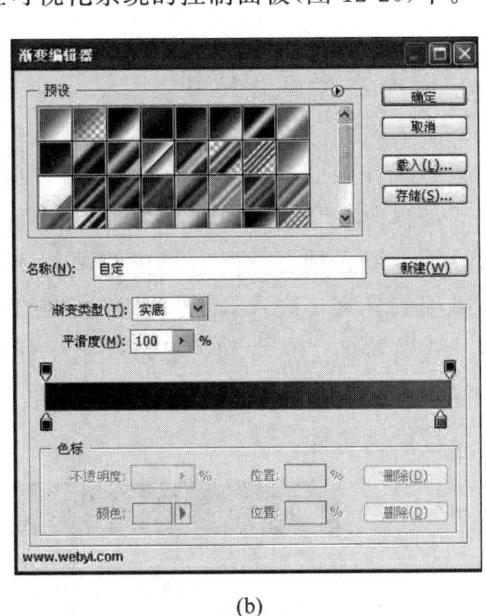

(a)　　(b)

图 12-20　字母滑块允许用户从大量分类项中选择其一

3. 二维菜单

多列菜单的二维菜单有良好的选项概览性，可减少所需动作数，并且允许快速选择。多列菜单在网页设计中特别有用，应用图标(图 12-21)或文本可将查看长列表所需的滚动减到最少。例如，用日历选择航班的出发日期，用彩色空间表示颜色选择器以及图标或地图上的区域等。

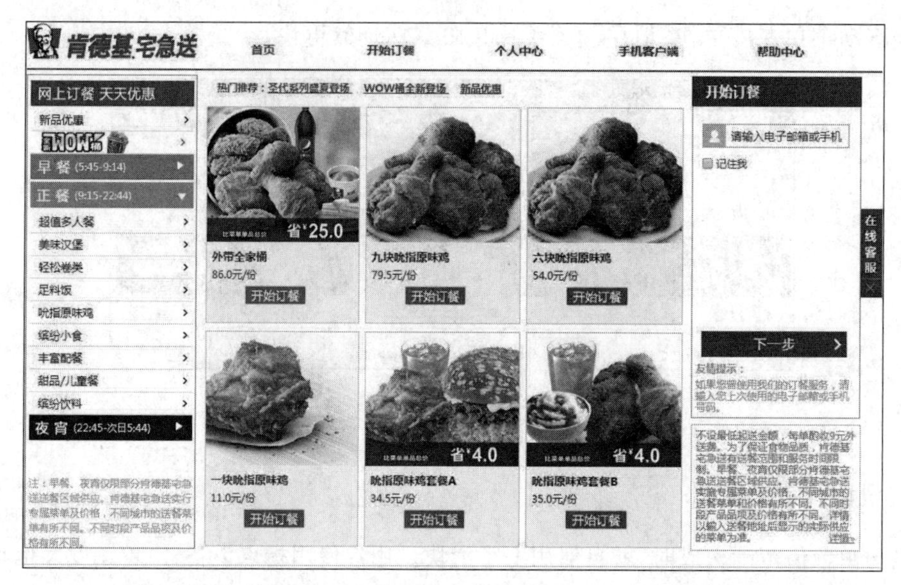

图 12-21　在线食品店网页——使用图标和文本标签的多菜单

12.3.3　嵌入式菜单和链接

除了以上介绍的各种显式菜单，菜单项还可以嵌入文本或图形之中，且仍然是可选的。例如，允许用户阅读有关人、事件的书，通过在上下文中选择名字的方式可以检索详细的信息等。嵌入到有意义文本中的菜单项包括突出显示的短语、句子等，这有助于用户理解菜单项的含义。嵌入式链接已经在网络环境中得到了广泛应用。

嵌入式链接的上下文相关显示有助于让用户始终关注其感兴趣的对象，而图形菜单是一种特别有吸引力的方式，如日程表（图 12-22）。信息丰富的紧凑可视化图像使庞大菜单的显示成为可能。

图 12-22　用户能够从日历视图中选择一天

12.4 表格填充数据输入

用户输入的过程实际上是一次完整的人机对话，它要占用最终用户的大部分使用时间，也是容易发生错误的部分。

输入可以分为控制输入和数据输入两类。控制输入完成系统运行的控制功能，如执行命令、菜单选择、操作回退等；数据输入则提供计算机系统运行所需的数据。命令语言和菜单界面一般用于控制输入界面，但也可以作为收集输入数据的途径之一。

数据输入的总目标是简化用户的工作，在尽可能降低输入出错率的情况下完成数据的输入。一般有以下设计规则。

(1) 数据输入的一致性。在同一条件下应该使用相同的动作序列、定界符和缩写符等。

(2) 使用户输入减至最少。输入越少意味着工作效率越高，出错机会越少，也减少了用户的记忆负担。在程序运行进程中，如果有些输入数据项有默认值，就不必重复输入，可直接使用系统的默认值。

(3) 为用户提供信息反馈。需要输入时，应该向用户发出提示，输入提示符格式及内容应适应用户的需要。若屏幕上可以容纳若干输入内容，可将先输入的内容保留在屏幕上，以便用户能够随时查看与比较，明确下一步干什么。

(4) 用户输入的灵活性。良好的数据输入界面应由用户来控制输入进度。用户可以集中地一次性输入所有数据，也可以分批输入数据和修改错误。

(5) 提供错误检测和修改机制。数据输入是烦琐、枯燥的工作，加上人的健忘、易出错、注意力易分散等原因，不可避免地会发生错误。为了修改输入错误，数据输入区应具备简单的编辑功能，如删除、修改、显示、翻滚等。应提供恢复(undo)功能。

可以采用多种形式的数据输入界面，如问答式对话、菜单选择、填表、直接操纵、关键词、条形码、光学字符识别以及声音数据输入等。

在计算机系统处理大量数据信息的场合下，如数据库系统、信息系统、办公自动化系统等，需要输入一系列数据，这时使用填表界面最理想。填表界面设计要注意表格、表格在屏幕上的显示及编辑功能设计(图 12-23)。

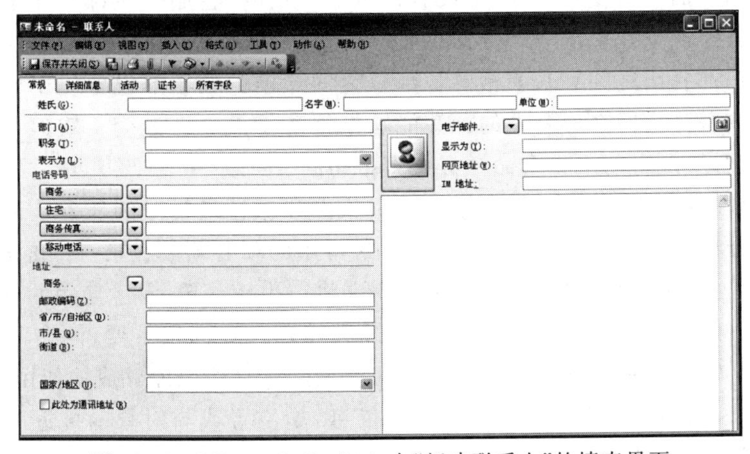

图 12-23 Microsoft Outlook 中“新建联系人”的填表界面

12.5 声频和小显示器菜单

当手眼都忙碌时,如用户正在开车或测试设备,或者为了适应盲人或视力障碍用户,声频菜单就有了用武之地。移动设备一般只具有小屏幕,于是大多数桌面屏幕设计就变得不实用,这就产生了专门适用于这些设备的新界面及菜单设计。

12.5.1 声频菜单

使用声频菜单时,先向用户说明提示和选项列表,而用户使用键盘上的键、按键式电话或说话来响应。视觉菜单有持久性这个独特优点,而声频菜单则必须记忆。同样,视觉突出显示能确认用户的选择,而声频菜单必须提供可听见的确认信息。当用户听选项列表时,必须把声频建议的选项与目标相比较,逐渐进行匹配。有的设计要求用户立即接受或拒绝每个选项,有的设计允许用户在全部列表正在读出的任何时候做出选择。必须提供重复选项列表的方式和退出机制。

语音识别使交互语音系统的用户可以说出他们的选项,而不用按字母键或数字键。人们也在探索使用自然语言分析改进语音识别系统。

为开发成功的声频菜单,知道用户的目标和使最常见的任务易于执行至关重要。为加快交互速度,读出指导提示时,交互语音系统可提供允许用户讲话的选项。

12.5.2 用于小显示器的菜单

移动应用领域主导着具有小显示器的设备的使用:娱乐应用软件包括非正式的、内容密集交互的长对话。另一方面,常用的信息和通信软件(如日程表、地址簿、导航助手、维修和仓库管理系统或医疗设备)包括经常在时间或环境压力下进行的重复、简短和高度结构化的会话。通常,菜单和表格构成这些界面的主体部分。

屏幕越小,界面就会变得越短(当没有显示器可用时,自始至终都是完全线性的声频界面)。小设备一次只能呈现一部分信息,因此,必须特别注意用户如何在连续的菜单项之间、层次结构的各级之间和长表格的各部分之间导航。较小的设备使用放置在屏幕旁边或下面的"软"键,它们在屏幕上的标签能够根据环境而动态改变。软键允许设计人员对每一步中最合乎逻辑的下一个命令提供直接访问。

作为响应性设计,易于启动最常用的应用软件和执行最常用的任务是最重要的。在只有触摸屏而没有按钮的设备上,如 iPhone,最常用的项必须放在第一个屏幕上。

简洁地编写和精心编辑标题、标签和说明书将产生较简单、易于使用的界面。每个词都应适合小屏幕,不需要的字符或空间都应被去掉。一致性很重要,但在不能提供背景时,菜单类型的明显区别有助于用户保持方向。大图标之所以能够成功使用,是因为它们很容易识别。未来的应用软件可能使用背景信息,如位置或与对象的接近度来提供相关信息。这些应用软件可用在软键上,显示最有可能的菜单项和建议输入的默认值。

习题

1. 书面语言的历史丰富多彩。埃及象形文字已经有了(　　)年的历史。

A. 400　　B. 4000　　C. 500　　D. 5000

2. 由于用户使用命令语法、快捷键和缩写来快速发送文本数据，移动设备正导致命令行的(　　)。

A. 回归　　B. 消失　　C. 加速　　D. 闲置

3. 在计算机出现以前，人们就梦想创造出能处理(　　)的机器。

A. 机器语言　　B. 人工语言　　C. 自然语言　　D. 程序语言

4. 语言是微妙的，存在很多特殊情况，如(　　)的复杂关系，以及其中所包含的在人与人的交流中有着强大且广泛影响的情感关系。

A. 重叠　　B. 上下文　　C. 前后文　　D. 交错

5. 不能使用直接操纵策略时，(　　)填充就成为有吸引力的选择。

A. 异步　　B. 选项和结构　　C. 远程　　D. 菜单和表格

6. (　　)能为用户提供有效的识别线索，而不是强迫用户回忆命令的语法。

A. 图形　　B. 菜单　　C. 命令　　D. 表格

7. 研究已经证明设计有意义的菜单项组织的重要性。对于有意义的(　　)，出误率几乎减半，用户思考的时间也减少了。

A. 组织形式　　B. 命令格式　　C. 对话方式　　D. 表格组织

8. 菜单结构设计的关键在于首先要确定任务菜单的(　　)，其次才是显示屏幕上选项的数目。

A. 宽度和深度　　B. 选项和结构　　C. 大小和形状　　D. 菜单和表格

9. 一般认为，每个菜单包含(　　)个选项，总的层数不超过4层。

A. 9～12　　B. 5～10　　C. 3～7　　D. 4～8

10. 一般认为，当菜单很大时，倾向于选用(　　)的菜单树。

A. 多层联系　　B. 狭而深　　C. 广而浅　　D. 嵌套复杂

11. 在菜单系统中，用户接收命令且必须在有限的一组选项中进行识别和选择，他们更多的是(　　)命令。

A. 响应　　B. 发出　　C. 编辑　　D. 提出

12. 菜单界面适合于(　　)的系统，每一菜单项都可以对应于一个子程序功能或下一级子菜单。

A. 非结构化　　B. 结构化　　C. 系统化　　D. 程式化

13. 菜单结构设计的关键在于首先考虑按照(　　)来确定语义组织，即首先要确定任务菜单的选项和结构，其次才是显示屏幕上选项的数目。

A. 应用领域　　B. 程序语言　　C. 系统结构　　D. 用户任务

14. (　　)不是设计菜单界面时应遵循的原则。

A. 根据系统功能的合理分类，将选项进行分组和排序，并力求简短，前后一致

B. 合理组织菜单界面的结构与层次

C. 任意指定各菜单项的名称

D. 菜单项的安排应有利于提高菜单选取速度

15. 数据输入的总目标是简化用户的工作，在尽可能降低输入出错率的情况下完成数据的输入。(　　)不是数据输入的设计规则。

A. 数据输入的一致性　　　　B. 使用户输入达到最大化

C. 为用户提供信息反馈　　　D. 用户输入的灵活性

实验与思考：熟悉网页设计

1. 实验目的

(1) 熟悉企业网页设计的基本内容与要求。

(2) 通过因特网搜索与浏览欣赏成功网站的设计，分析网站建设需要注意的问题，学习网页设计的成功经验。

2. 工具/准备工作

在开始本实验之前，请回顾课文的相关内容。

需要准备一台能够访问因特网的计算机。

3. 实验内容与步骤

(1) 网站的对比分析。下面主要通过对一些成功网站的分析来了解网页设计需要注意的问题，学习网页设计的成功经验。

步骤1：任务分析。为了成功地展示企业整体形象，为访问者和潜在的消费者提供所需的信息，企业建设网站时要完成的6个任务如下。

① 表达企业的整体形象。

② 提供对企业信息的方便访问途径。

③ 允许访问者以不同方式访问网站。

④ 为消费者提供有意义的双向沟通方式。

⑤ 维系消费者的注意力并鼓励其重复访问。

⑥ 提供对产品和服务及使用方式的方便访问。

请在网上找到你认为能满足其中3个以上任务的网站，并解释它是如何实现这些目标的。

请记录：你找到的这2个网站是：

① 网站名称：________________________________

网址：____________________________________

入选理由：________________________________

____

____

请简述该网站是如何实现这些目标的。

答：____

____

____

② 网站名称：____

网址：____

入选理由：____

____

____

请简述该网站是如何实现这些目标的。

答：____

____

____

步骤2：比较网页设计。网页设计作为一种视觉语言，要讲究色彩、编排和布局。版式设计通过文字图形的空间组合表达出和谐与美。

请在网上找到2个你认为网页设计较好的网站，并以10分为满分，给这些网站的网页设计打个印象分。

> **提示**：一些成功的网站设计的例子包括：
>
> http://china.alibaba.com/(阿里巴巴·中国)
>
> http://china-pub.com(互动出版网)
>
> http://ctrip.com(携程旅行网)

请记录：你找到的这2个网站是：

① 网站名称：____

网址：____

印象分：____

② 网站名称：____

网址：____

印象分：____

步骤3：比较网站运营质量。进入网上书城(如当当、亚马逊和互动出版网等)，订购一本《项目管理与应用》书，比较其商品数量、价格(折扣)、配送和支付手段等环节的优劣。

请简述你的分析结论。

答：____

____

____

____

4. 实验总结

____

____

____

____

5. 实验评价(教师)

____

____

第13章 用户文档与在线帮助

导读案例：奈飞设计团队分享Hawkins设计系统

Hawkins是一个虚构的印第安纳州小镇的名字，大家对它的了解来自奈飞(Netflix)最受欢迎的系列剧之一《怪奇物语》的背景，但这个名字的含义不止这些。整个奈飞生态体系都使用的设计系统的基础产品的名字也叫Hawkins(图13-1)。

图13-1 《怪奇物语》影像展示的Hawkins设计系统灵感

你是不是曾经用过用户体验不一致的应用？这对于高效工作来说可能是一场噩梦。而我们为奈飞开发的这套系统可以减少大多数的此类麻烦。它可以确保大家拥有一致的用户体验，同时共享尽可能多的代码。

下面重点介绍为什么开发Hawkins以及这项计划是如何获得整个工程组织支持的。

1. 什么是设计系统？

就Hawkins而言，设计系统由两个主要方面组成。

首先是构成Hawkins基础层的设计元素，是由整个设计团队使用的Figma组件组成的。它们采用阿里为工程团队开发的模型。这些模型一致且直观，这一点非常重要。

其次是React组件库，这是一个用来开发用户界面的JavaScript库。工程团队通过采用这个组件库来确保每个组件都是可重用的，可以针对不同情况灵活配置。还确保每个组件都可以组合，并且可以用于多种不同的组合。

2. 设计系统为什么重要？

应用套件的规模越大，用户体验就越差。这时用设计系统作为开发应用的蓝图可以减轻负担。拥有一致的用户体验还可以减少培训的时间。如果用户知道在一个应用里如何填写表单,访问表中的数据或接收通知,他们就容易知道下一个应用该如何操作。

设计系统的按钮、表格、表单等只有一种实现,这大大减少错误的数量,并改善每个应用的总体运行状况和性能。整个工程组织都在致力于改进同一组组件,而不是各自使用独立的组件。改进组件后,无论是增加额外功能还是修复错误,都可以让整个组织共享好处。

3. 开发 vs 购买

决策时要问的第一个问题是要从头开始开发整个设计系统还是利用现有解决方案,这两种方案都各有利弊。

自己动手开发——DIY 的好处是每一步都可以控制。但由于要对此负全责,所以需要更长的时间才能完成。

利用现有的解决方案——即使利用现有解决方案,仍然可以定制某些特定的元素,但最终得到的是大量免费的开箱即用的资源。你可能继承解决方案的大量问题,也可能继承经过实战洗礼的设计资源。

对于 Hawkins,两种办法都用。在设计方面是自行开发。这使设计者对整个设计语言的用户体验拥有完全的、创造性的控制。在工程方面用 Material-UI,在现有解决方案的基础上构建。Material-UI 提供了大量可用的组件,设计师再对其进行配置和设计,以满足 Hawkins 的需求。

4. 吸引用户并获得支持

开发 Hawkins 最大的问题是获得整个工程组织的支持。跟踪每个组件的使用次数、软件包本身的安装次数以及有多少应用使用 Hawkins,被确定为是否获得支持的指标。

尽管一开始开发设计系统会花费大量时间,但是一旦系统在整个组织内受到信任并完全实施,组织就会因此大为受益。Hawkins 的初始开发阶段耗时两个季度,第一阶段是建立设计语言,第二阶段是实施。在整个开发阶段,工程和设计部门都在紧密合作。最终利用 Figma 中的大量组件和 Material-UI 开发了一个大型的组件库,并开始找工程团队使用 Hawkins。

开发组件库时,可以从有助于增加对 Hawkins 支持的四个关键方面入手。

① 组件文档——确保每个组件都有完整文档,并用 Storybook 提供示例。

② 随叫随到的支持——Slack 里设置了轮班的支持,工程师不仅可以寻求指导,还可以报告他们可能遇到的任何问题。

③ 展示 Hawkins 的实用性——接下来去参加团队会议,展示 Hawkins 的价值。这为工程师提供了一个问问题的机会,也为设计师提供了收集反馈信息的机会,确保 Hawkins 计划满足他们的需求。

④ 用概念验证引导功能——最后用概念验证引导团队适应功能或应用。这很好地促进了 Hawkins 团队与工程团队之间的良好关系。

到现在,Hawkins 团队仍然坚持上述做法,以确保设计系统的可靠性,并具备工程组织的信任度。

5. 处理异类

Hawkins 的库都是由基本组件组成的，它们构成了整个奈飞应用的基础。当工程师对 Hawkins 的使用增加时，就用原子组件来构建更复杂的体验。这些组件不宜直接放到 Hawkins 里，因为它们太复杂，并且不是整个系统都会用到的。

因此开发者在 Hawkins 的基础上建立了一个并行库，为那些没法放进原始设计系统的复杂组件提供一个家。这个库以 Lerna monorepo 的形式出现，具备快速启动新软件包的工具，让工程人员在开发应用时可以发现可用的组件。还可以对每个包进行独立的版本控制，避免在更新 Hawkins 或下游应用时出现问题。

由于会有太多的组件放到这个并行库里，所以采用"开源"方法来分担每个组件的责任。每一位工程师贡献新组件，帮助修复错误，或者发布现有组件的新功能。这种模式把所有权从单个工程师分散到由多个开发者和工程师协同工作的团队。

Hawkins 还需要作大量改进，提高性能，以使应用更加容易。特别是在奈飞以外的地方使用 Hawkins 时，更是如此！

资料来源：灵感墙，学堂，2021 年 3 月 18 日。https://www.25xt.com/article/75287.html。有删改。

阅读上文，请思考、分析并简单记录：

(1) Hawkins 是一个虚构的印第安纳州小镇的名字，设计团队把它作为自己开发的新系统的名字。你还能举出这样起名字的例子吗？请简述之。

答：____

(2) Hawkins 开发团队使设计系统由两个主要方面组成。请简述之，并阐述他们为什么这么做。

答：____

(3) 请简述，开发组件库时设计团队入手的四个关键方面。

答：____

(4) 请简单记述你所知道的上一周内发生的国际、国内或者身边的大事。

答：____

13.1 文档的建立

用户界面的标准化和持续改进使计算机应用程序更容易使用,但使用新的界面对于新用户仍然面临新的挑战。即使对有经验的用户来说,学习高级特性和理解新的任务域也需要付出努力。一些用户向了解该界面的其他人学习,一些其他用户通过反复试验来学习,还有一些用户则使用(通常是在线的)文档。用户手册、在线帮助或教程常常会被忽视,但当用户试图在某种条件下完成任务却卡住时,这些资源就是珍贵的。

学习任何新事物都是挑战,谈到学习计算机系统,很多用户都体验过焦虑和挫折。很多困难可能直接源于糟糕的菜单、显示或说明书的设计。随着提供普遍可用性的目标变得更加重要,在线帮助服务逐渐变得必要。

除了常见的在线与纸质文档,其他教学方式还包括课堂教学(传统的、基于 Web 的或在线的),个人培训和辅助,电话咨询,视频与音频记录和 Flash 演示等形式。

较早的研究表明,编写得好、设计得好的用户手册,无论是纸质的还是在线的,都是很有效的。虽然对改进用户界面设计的关注逐渐增加,但交互式应用程序的复杂性和多样性也在增加。因此,通过纸质和在线这两种形式的补充材料来帮助用户,这种需求将一直存在。

13.1.1 在线与纸质文档

给用户提供指南的方式多种多样。很多纸质使用手册已转换成在线格式。上下文相关的帮助也很常见,范围从简单的弹出框(通常被称为工具提示、屏幕提示或气球帮助)到更高级的助手和向导。大多数厂商有网站,以常见问题的汇集为特色。还有活跃的用户社区,它们提供更“草根”类型的帮助和支持。

在线文档的存在理由如下。

(1) 物理优势。

① 只要电子设备或计算机可得,信息就可得。

② 用户不需要为之分配物理工作空间就可以打开文档。

③ 信息能以电子方式被快速低成本地更新。

(2) 导航特性。

① 如果在线文档提供索引、目录、图的列表、术语表和快捷键列表,那么任务所需的特定信息能够被快速查找。

② 在数百页中查找一页,用计算机完成通常比用纸质文档快得多。

③ 文本内的链接能够把读者引导到相关材料;与外部资料的链接,诸如字典、百科全书、翻译和 Web 资源能够有助于理解。

(3) 交互服务。

① 一些在线文档允许读者给文本加书签、注解或标记,通过电子邮件发送文本和注解。

② 作者能够使用图形、声音、色彩和动画等元素，这有助于解释复杂动作和创造动人的体验。

③ 读者能够求助于新闻组、在线社区、电子邮件、聊天室和即时消息，从其他用户那里获得进一步的帮助。

④ 视觉障碍用户（或其他有需要的用户）能够使用屏幕阅读器听到语音说明。

(4) 经济优势。在线文档的复制和发布比纸质文档便宜。

13.1.2 纸面与显示器阅读

印刷技术已经发展了500多年，纸面和颜色、字型、字符宽度、字符清晰度、文本与纸的对比度、文本列宽、页边距尺寸、行间距甚至室内照明均做了充分的试验，以努力产生最有吸引力且最可读的格式。

阅读计算机显示器所造成的视觉疲劳和压力是常见问题，但这些情况与休息、频繁的中断和任务多样化相关。即使用户没有察觉视觉疲劳或压力，他们用显示器工作的能力可能也低于用纸质文档工作的能力。

从显示器上阅读的潜在缺点如下。

(1) 字体可能差，特别是在低分辨率的显示器上。形成字母的点可能大到每个都可见，使得用户花费精力来辨识字符。单间隔（宽度固定）字体缺少适当的字距调整，不适当的字母间距和行间距以及不适当的颜色均可能使识别复杂化。

(2) 字符与背景之间的对比度低和字符边界模糊也可能造成麻烦。

(3) 显示器的眩光可能更大，闪烁和一些屏幕的弧形显示面可能令人烦恼。

(4) 小显示器需要频繁的页面转换，而转换命令是中断性的，这使人不安，特别是当它们速度慢且分散视觉注意力时。

(5) 纸的阅读距离易于调整，而大多数显示器的位置是固定的。因此平板计算机和移动设备的用户经常把显示器放在比桌面显示器低的位置，以方便阅读。

(6) 布局和格式化可能成为问题。多列布局可能需要持续地上下滚动；分页符可能分散注意力和浪费空间。

(7) 与纸相比，使用位置固定的显示器来减少手和身体的移动，可能更使人疲劳。

(8) 对显示效果的不熟悉和对导航文字的担心能够增加压力。

随着移动设备、电子阅读器（图13-2）和基于Web的图书馆变得普及，人们对从显示器阅读的兴趣正在增加。当要在线阅读大量资料时，分辨率高且较大的显示器更好。如果打算用显示文本取代纸质文档，那么响应时间快、显示速率快、白底黑字和页面大小的显示器都是重要的考虑。

一些应用程序，如微软的Word，提供专门的阅读布局视图，该视图限制控制的数量且增加文本可用的空间。动态分页考虑显示器尺寸，以便给整个文档分页而不是滚动，使显示效果更清晰。

大型在线图书馆改善了阅读体验。报纸和学术期刊的出版商正在积极满足在线访问文章的高需求量，同时努力确保收回成本。文档设计人员必须使资料能在小、中、大显示

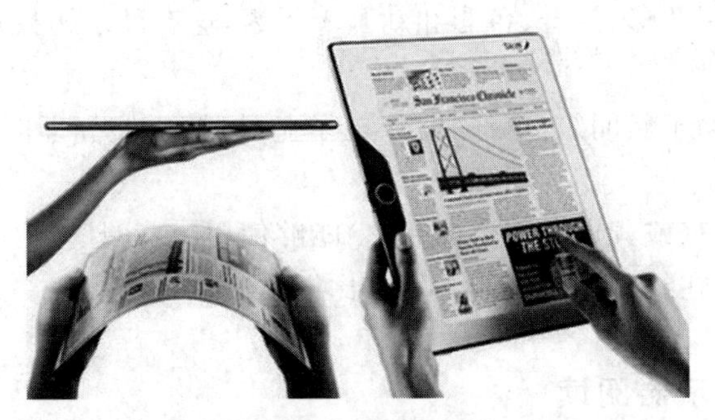

图 13-2　电子阅读器

器上以不同的字体大小被阅读,以适应视力障碍的用户。

文本标记技术(XML 或 XHTML)支持自动生成纸质和在线的版本、目录、多种多样的索引、增强的搜索能力、用于快速浏览的缩短版本和到更多细节的链接。某些高级特性包括自动转换成外语,用于注解、书签和标记的工具,让文本大声读出的能力和针对不同类型读者的突出显示等。

13.1.3　文档内容的形成

通常,计算机系统的培训和参考资料使用纸质文档,但这些手册经常会写得很糟糕,不适合用户背景。测试和修改必须在系统广泛传播之前完成,系统的成功与文档的质量紧密联系在一起,而编写有效的文档需要时间和技巧。用户不会从头到尾地阅读使用手册,他们的兴趣集中在搜集信息或完成任务。用户还根据不同的任务选择不同类型的文档。

1. 精简的使用手册

研究表明,学习者偏爱在计算机上尝试动作而不是阅读冗长的使用手册。他们想立即执行有意义、熟悉的任务,亲眼看到结果。耐心地按顺序通读使用手册的用户比较少见。

因此使用手册需要精简设计,把工具固定在任务域,鼓励用户尽快积极地参与到实际动手做的体验中来,倡导对系统特性的有指导探索和支持错误识别和恢复。用户手册和文档设计的关键原则随着时间的推移改进,被详细描述并在实践中被验证。当然,每本好手册都应该有目录和索引,术语表详细阐述技术用语,建议附带有出错消息的附录。

视觉设计对读者是有帮助的,特别是高度可视的直接操纵界面和图形用户界面。查看大量精心选择的、屏幕打印图,能使用户理解界面和逐渐形成界面的预测模型。包含复杂的数据结构、迁移图和菜单的图形给予用户对系统模型的访问权,以显著改进性能。

2. 组织与写作风格

编写教材是一项有挑战性的工作,作者应该十分熟悉技术内容,了解读者背景及其阅读水平，还应准备足够的例子和完整的示例会话。这对于按顺序阅读的使用手册和其他文档是有效的。开始编写任何文档之前，需要彻底调查预期用户是谁和该文档将被如何使用。

用户在若干不同的认知水平上与文档交互，寻找与完成任务相关的信息。他们需要理解该文档正在解释什么，将其应用于导致他们查阅文档的任务。文档的措辞与整体结构同样重要。

13.2 文档的访问

研究表明，大多数用户偏爱通过探索特性和其他手段来学习界面特性，希望迅速方便地访问针对他们正在尝试完成的特定任务的说明。因此，可用多种方式来搜索和遍历不同于纸质文档的在线信息。能够提供上下文相关的帮助是在线文档的另一优点。

13.2.1 在线帮助

用户通常解决特定问题时想获得在线帮助，直接跳到所需的信息而不是按顺序通读一套在线文档。使用在线文档的传统方法是让用户输入或选择帮助菜单项，系统显示按字母顺序安排的主题列表，用户能够在这些主题上选择阅读更多有帮助的信息。在线帮助简要描述界面对象和动作，这对于间歇的、知识渊博的用户可能是最有效的，但新用户可能需要有指导的培训。

有时，简单的列表——如快捷键、菜单项或鼠标快捷键的列表——能够提供必要的信息，列表中的每一项可能都有其特性描述。

为微软公司大多数产品建立的在线帮助和支持中心，提供了查找被称为主题的相关文章的很多方式。用户能够浏览按层次列出主题的有组织的目录，或者搜索文章的文本。最后，解答向导允许用户输入使用自然语言的请求，然后该程序选择相关关键词，并提供一个按类组织的主题列表。例如，当键入“告诉我如何在信封上打印地址”时，会产生以下主题。

你想要做什么？

创建和打印信封。

通过合并地址列表来打印信封。

这个例子显示了来自自然语言系统的成功响应，但响应质量在典型的使用情形中变化很大。用户可能未输入适当的术语，或者他们不理解相关说明。

在线教程是一种交互培训环境，用户在其中可以查看与实际任务场景相联系的、对用户界面对象和动作的解释性描述。使用电子媒体来培训用户可以把服务工作做得很好。而复杂的学习模式与精心设计的、指导用户并改正错误的教育教程结合在一起，提供明确的挑战、有帮助的工具和优良的反馈。虽然不依赖自然语言交互，但提供用于工作和控制学习体验的清晰的上下文，效果更好。

13.2.2 与上下文相关的帮助

在线帮助系统提供与上下文相关的信息最简单的方式是监视光标位置,提供关于光标指示对象的有帮助的信息。另一种方法是提供系统发起的帮助,通常称为“智能帮助”,它尝试利用交互历史、用户群模型和任务表示来做出用户需要什么的假设。

交互对象上下文相关帮助的一种简单方法,是基于界面中的交互窗口部件。把光标定位在窗口部件(或其他可视界面对象)上,然后按帮助键或让光标在该对象上悬停数秒,以产生关于光标正在其上停留的对象的信息。在这一技术的通用版本中,用户只需把光标移动到需要的位置且在该对象上悬停,就能产生一个小的弹出框(通常称为工具提示、屏幕提示或气球帮助),其上有对该对象的解释。另一方案是立即显示,包含解释内容的气球。此外,当在界面部件上悬停或选择界面部件时,帮助会自动更新。用户控制的帮助也能被用于比窗口部件复杂的对象,如控制面板或表格。

计算机系统及其附带文档被各种各样的人群使用,他们与一系列复杂度不同的应用程序交互。设计和创建文档时,作者要了解潜在的用户,重视满足某些特殊用户群的需要,如老年用户、残疾用户等。

13.2.3 多媒体动画演示

动画演示已经成为一种高技术的艺术形式。开发者设计它们的目的主要是广告公司能创作最好的动画、彩色图形、声音和信息呈现来炫耀系统特性,以吸引软件或硬件的潜在用户。这些演示建立一种正面的产品形象,近年来已经成为培训用户的标准技术。在这种情况下,重点是演示循序渐进的过程和解释动作的结果。自动节奏和人工控制分别使不动手和动手的用户满意。使用标准的回放控制允许用户停止、重放或跳过某部分,提高他们的可接受性。

动画演示可以用于幻灯片放映、屏幕截图动画的视频片段。幻灯片放映适合表格填写或基于菜单的界面,但动画更适合演示直接操纵交互,如拖放操作、缩放操作或动态查询滑块操作等。动画演示在传达工具的目的和用法方面比静态解释更有效,用户看过动画演示后,完成任务的速度更快,也更准确。

13.3 文档开发过程

文档开发也应该像所有项目一样,被适当管理,被合适的人员处理,适当地进行监视。文档开发过程的指南如下。

(1) 寻找专业的作者或撰稿人。

(2) 尽早准备用户文档(在实现之前)。

(3) 建立指南文档,跨所有相关部门协调和集成。

(4) 彻底审查文稿。

(5) 实地测试早期版本。

(6) 给文档读者提供反馈机制。

(7) 定期修改,以反映变化。

文档开发必须尽早启动。如果文档写作在实现之前就开始,将会有充足的时间来复审、测试和改进。实现者阅读正式规格说明时,可能会漏掉或误解某些设计要求,而编写良好的用户文档会澄清该要求。早期就开始开发文档也使软件能尽早地开展其可学习的初步测试,甚至是在界面构建之前。在软件完成前的几个月,文档可能是向潜在客户、实现者和项目经理传达设计者意图的最好方式。

有用户参加的非正式走查通常是对软件设计者和文档作者有启发作用的体验。有适当数量用户参加的实地试验构成了识别用户文档和软件问题的过程。一个简单有效的策略是让参加实地试验的用户使用文档时标记文档,快速指出打印错误或使人误解的信息章节。这会经历一个持续演进式改进的过程,每个版本都会消除已知错误,添加改进内容和扩展功能。如果用户能够与作者交流,迅速改进的机会就更大。保存帮助资料和使用日志将确定系统需要修改的部分。

随着计算机受众的不断扩大,在人机交互界面上,设计者需要接受平衡功能与时尚创造性的设计挑战。用户对计算机系统的提示、解释、错误诊断和警告的体验,在软件系统的接受方面起着至关重要的作用。消息有时意味着对话,其措辞在针对新用户设计的系统中非常重要,非拟人化设计对引导设计人员设计可理解、可预测和可控制的界面是必要的。

改进设计的另一个方面是信息布局。好的布局能减少搜索时间,提高用户满意度,也将涉及与普遍可用性、用户生成内容、激增的网站设计和开发技术相关的问题。

13.4 出错信息与处理

现代计算机系统可以完成许多高级、复杂的任务,必然导致自身的复杂性增加。一个好的交互系统不可能要求用户不犯错误,因此应该有较强的处理各种错误的能力。除了在设计时考虑各种容错机制、稳定性以及诊断措施以外,计算机用户界面上也应提供避免用户操作错误的提示及对各种错误的分析信息。

用户在操作计算机系统的过程中,难免会出现各种错误,而偶然或生疏用户发生错误的可能性更大。另外,设计、测试不完善的应用程序系统也会有隐含的错误。在个别情况下,硬件也会发生故障。

比纠正错误更好的是预防错误。因此,出错处理原则可分为两类:一类是错误预防原则;另一类是错误恢复原则。设计者的目标首先是防止错误发生;其次是发生了错误要设法改正错误,恢复系统。

13.4.1 错误预防原则

预防错误的原则有以下几点。

(1) 避免相似的命令名、动作序列等,以免产生混淆。

(2) 建立一致性原则和模式,有利于减少学习时间和错误。

(3) 提供上下文和状态信息,使用户易于理解当前状态,避免因盲目操作而发生错误。

(4) 减少用户的记忆负担。

(5) 降低对从事活动的技能要求,如在键盘操作中减少 Shift、Ctrl 等复合键的使用。

(6) 使用大屏幕和清楚、可视的反馈,以在计算机图形接口中可准确地进行定位和选择,以寻找和识别小的目标。

(7) 减少键盘输入,以减少出错机会。

13.4.2 错误恢复原则

出错信息是用户指南中整个界面设计策略的关键部分,该策略应确保出错信息是综合的、协调的,对于一个或多个应用程序是一致的。一个好的系统应该有检测错误和使错误恢复等措施。错误恢复原则如下。

(1) 提供恢复(undo)功能,好的系统设计应能进行多次回溯恢复。

(2) 在程序运行中提供撤销(cancel)功能。有些操作要很长时间才能完成,应允许用户随时撤销,而不必等到命令执行完后再恢复。

(3) 对重要的、有破坏性的命令提供确认措施,以避免破坏性操作。

在所有设计人员都要评审和遵循的风格指南中讨论帮助和错误处理机制,确保出错信息被设计到计算机系统或网站之中,而不是在最后或作为事后的想法被加上。

对一些国际性的软件,有经验的设计人员为了在开发和维护更新阶段易于翻译,会把出错信息和帮助文本信息分隔成独立的文件。当安装系统的区域不是该软件的母语地区时,就允许现场选择本地语言。出错常常是由于缺乏知识、理解不正确或疏忽大意造成的,当用户遇到这些消息时,可能感到迷惑和焦虑,因此出错信息和诊断警告的措辞是至关重要的。

改进出错信息是改进现有界面最容易、最有效的方式之一。如果软件能捕捉出错频率,设计人员就能集中研究对最重要消息的优化。错误频率分布也使界面设计人员和维护人员能够修改错误的处理过程、改进文档和教程、改变在线帮助甚至许可的动作。完整的消息集合应该被同事和管理人员评审,凭经验测试并包含在用户文档中。

习题

1. 用户界面的标准化和持续改进已经使计算机应用程序变得更容易使用,但对于计算机的新用户来说,使用新的界面(　　),需要努力理解界面对象和动作。

A. 仍然面临着新的挑战　　B. 完全能驾轻就熟

C. 必须经历繁重的学习　　D. 已经鲜见新的挑战

2. 谈到学习计算机系统,很多用户都体验过焦虑和挫折。很多困难可能直接源于糟糕的(　　)设计。

A. 菜单　　B. 显示　　C. 说明书　　D. A、B 和 C

3. 研究表明，编写得好、设计得好的（　　），无论是纸质的还是在线的，都很有效。

A. 需求说明　　B. 用户手册　　C. 程序模块　　D. 数据结构

4. 很多用户纸质使用手册已被转换成在线格式。在线文档的存在理由不包括（　　）。

A. 导航特性　　B. 交互服务　　C. 逻辑优势　　D. 经济优势

5. 用户使用显示器工作的能力可能（　　）他们用纸质文档工作的能力。

A. 超越　　B. 低于　　C. 高于　　D. 等同于

6. 文档设计人员必须构造他们的资料，以便它们能在小、中、大显示器上以不同的字体大小被阅读，适应（　　）的用户。

A. 视力障碍　　B. 超能力　　C. 肢体残疾　　D. 文化不高

7. 研究表明，学习者偏爱在计算机上（　　）。

A. 记录笔记　　B. 尝试动作　　C. 阅读长文档　　D. 收听语音手册

8. 编写（　　）是一项有挑战性的工作，开发者应该十分熟悉技术内容，了解读者背景及其阅读水平。

A. 日志　　B. 程序　　C. 目录　　D. 教材

9. 在线文档（特别是使用手册）的一个重要特性，是被适当设计的（　　），它能在显示的文本页边保持可见。

A. 日志　　B. 程序　　C. 目录　　D. 教材

10. 用户通常在解决特定问题时想获得（　　），他们想要直接跳到所需的信息。

A. 系统阅读　　B. 在线帮助　　C. 离线目录　　D. 全套教材

11. 使用在线帮助系统时，提供（　　）信息的能力是强大的优势。

A. 上下文相关　　B. 视频链接　　C. 音频链接　　D. 超链接

12. 考虑上下文的最简单方式是（　　）位置和提供关于光标下对象的有帮助的信息。

A. 文字统计　　B. 程序向导　　C. 控制链接　　D. 监视光标

13. 演示已经成为工作时培训用户的标准技术，其重点是（　　）和解释动作的结果。

A. 绚丽时髦的画面　　B. 演示循序渐进的过程

C. 强大的互操作能力　　D. 阅读丰富的工作资料

14. 文档的创作也应该像所有项目一样，（　　）。

A. 被适当管理　　B. 被合适的人员处理

C. 适当地进行监视　　D. A、B和C

15. 一个好的交互系统（　　）要求用户不犯错误，因此应该有较强的处理各种错误的能力。

A. 不可能　　B. 应该　　C. 必须　　D. 可以

16. 比纠正错误更好的是预防错误。（　　）不属于错误预防原则之一。

A. 避免相似的命令名、动作序列等，以免用户产生混淆

B. 建立一致性原则和模式，有利于减少学习时间和错误

C. 减少用户的记忆负担

D. 加强培训与学习，提高对人从事活动的技能要求

17. 设计者的目标首先是防止错误发生，其次是发生了错误要设法改正错误，恢复系统。(　　)不属于错误恢复原则之一。

A. 出错信息可以在最后或作为事后的想法加入系统

B. 提供恢复(undo)功能

C. 在程序运行中提供撤销(cancel)功能

D. 对重要的、有破坏性的命令提供确认措施，以避免破坏性操作

18. (　　)是人们最早接触的文学修辞手法之一，人们通过它把事物人格化，将本来不具备人的动作和感情的事物变成和人一样具有动作和感情的样子。

A. 仿真　　B. 假人　　C. 拟人　　D. 自然人

实验与思考：软件产品开发文件编制指南

1. 实验目的

(1) 掌握用户文档的相关知识与开发原则。

(2) 熟悉《计算机软件开发文件编制指南》(GB/T 8567-1988)，掌握软件项目规模与软件文档实施关系的处理方法。读者可以在网上搜索到这个国家标准的最新版本，以作为进一步的参考。

2. 工具/准备工作

在开始本实验之前，请回顾课文的相关内容。

请通过收集了解或虚拟构思一个应用软件开发项目，以这个项目开发过程中的软件文档需求为基础来完成本实验。

3. 实验内容与步骤

软件文件是在软件开发过程中产生的，与软件生存周期有着密切关系。请参阅有关资料(教科书或专业网站等)，了解一个软件的生存周期各阶段与各种文件编写的关系，并在表13-1中适当的位置填入"√"。请注意其中有些文件的编写工作可能要在若干个阶段中延续进行。

表13-1　软件生存周期各阶段中的文件编制

文　件	阶　段					
	可行性研究与计划	需求分析	设计	实现	测试	使用与维护
可行性研究报告						
项目开发计划						
软件需求说明书						
数据要求说明书						

续表

文　件	阶　段					
	可行性研究与计划	需求分析	设计	实现	测试	使用与维护
测试计划						
概要设计说明书						
详细设计说明书						
数据库设计说明书						
模块开发卷宗						
用户手册						
操作手册						
测试分析报告						
开发进度月报						
项目开发总结						

(1) 文件的读者及其关系。

文件编制是一个不断努力的工作过程，是一个从形成最初轮廓，经反复检查和修改，直到程序和文件正式交付使用的完整过程。

在软件开发的各个阶段，不同人员对文件的关心程度不同。请根据你的判断，用符号"√"表示某部分人员对某个文件的关心程度，填写表13-2。

表13-2　各类人员与软件文件的关系

文　件	人　员			
	管理人员	开发人员	维护人员	用户
可行性研究报告				
项目开发计划				
软件需求说明书				
数据要求说明书				
测试计划				
概要设计说明书				
详细设计说明书				
数据库设计说明书				
模块开发卷宗				
用户手册				
操作手册				

续表

文　件	人　员			
	管理人员	开发人员	维护人员	用户
测试分析报告				
开发进度月报				
项目开发总结				

（2）文件内容的重复性。

不同软件的规模和复杂度差别极大，GB/T 8567-1988 所要求的 14 种软件文件编制允许有一定的灵活性，这主要体现在应编制文件种类的多少、文件的详细程度、文件的扩展与缩并、程序设计和文件的表现形式等方面。

此外，分析在 GB/T 8567-1988 中列出的 14 种软件文件的“内容要求”部分，存在着某些重复内容。较明显的重复内容有两类，即：

第一类：____；

第二类：____。

这种内容重复是为了：________________________________

____

（3）文件编制实施规定的实例。

GB/T 8567-1988 指出，对于具体的软件开发任务，应编制的文件种类、详细程度等取决于开发单位的管理能力、任务规模、复杂性和成败风险等因素。为了控制文件编制中存在的灵活性，保证文件质量，软件开发单位应该制定一个文件编制实施规定，说明在什么情况下应该编制哪些文件。

我们采用求和法来确定应编制的文件。该方法的要点是：提出 12 个考虑因素来衡量一个应用软件，每个因素取值的范围是 1～5。项目经理可用这 12 个因素衡量所要开发的程序，确定每个因素的具体值；把这 12 个因素的值相加，得到一个总和；然后由这个总和的值来确定应该编制的文件的种类。

步骤 1：虚拟一个你正要组织开发的软件项目。你考虑这个项目的名称是：

____

步骤 2：按照表 13-3 中的 12 个因素衡量所要开发的软件，得到每个因素的值。

表 13-3　文件编制的 12 项衡量因素

序号	因　素	因素取值准则				
		1	2	3	4	5
1	创造性要求	没有：在不同设备上重编程序	很少：具有更严格的要求	有限：具有新的接口	相当多：应用现有的技巧	重大的：应用先进的技巧

续表

序号	因素	因素取值准则				
		1	2	3	4	5
2	通用程度	很强的限制：单一目标	有限制：功能范围是参量化的	有限的灵活性：允许格式上有某些变化	多用途、灵活的格式：有一个主题领域	很灵活：能在不同设备上处理范围广泛的主题
3	工作范围	局部单位	本地应用	行业推广	全国推广	国际项目
4	目标范围的变化	没有	极少	偶尔有	经常	不断
5	设备复杂性	单机、常规处理	单机、常规处理，扩充的外设系统	多机，标准的外设系统	多机，复杂的外设系统	主机控制系统、多机、自动 I/O 显示
6	人员	1～2 人	3～5 人	5～10 人	10～18 人	18 人以上
7	开发投资	6 人月以下	6 人月～3 人年	3～10 人年	10～30 人年	30 人年以上
8	重要程度	数据处理	常规过程控制	人身安全	单位成败	国家安危
9	对程序改变的完成时间要求	2 周以上	1～2 周	3～7 天	1～3 天	24 小时以内
10	对数据输入的响应时间要求	2 周以上	1～2 周	1～7 天	1～24 小时	60 分钟以内
11	程序语言	高级语言	高级语言带一些汇编语言	高级语言带相当多汇编语言	汇编语言	机器语言
12	并行的软件开发	没有	有限	中等程序	很多	完全并行开发

你为自己要开发的软件确定的各个因素的值是：

(1) 创造性要求：________

说明：____

(2) 通用程度：________

说明：____

(3) 工作范围：________

说明：____

(4) 目标范围：________

说明：____

(5) 设备复杂性：________

说明：____

(6) 人员：________

说明：____

(7) 开发投资：________

说明：________________

(8) 重要程度：________

说明：________________

(9) 对程序改变的完成时间要求：________

说明：________________

(10) 对数据输入的响应时间要求：________

说明：________________

(11) 程序语言：________

说明：________________

(12) 并行的软件开发：________

说明：________________

步骤 3：把衡量所得的各个因素的值相加，得总和之值为________分。

步骤 4：根据总和之值，从表 13-4 查出应编制的文件的种类。

表 13-4 各项因素值与文件编制要求的关系

编制文件	因素值				
	12-18	16-26	24-38	36-50	48-60
可行性研究报告			√	√	√
项目开发计划	√	√	√	√	√
软件需求说明书		√	√	√	√
数据要求说明书		③	③	③	③
概要设计说明书				√	√
详细设计说明书					√
数据库设计说明书		③	③	③	③
用户手册	√	√	√	√	√
操作手册			√	√	√
模块开发卷宗		√	√	√	√
测试计划		√	√	√	√
测试分析报告		②	②	√	√
项目开发总结报告①	√	√	√	√	√
开发进度月报		√	√	√	√

注：① 项目开发总结报告的内容应包括程序的主要功能、基本流程、测试结果和使用说明。

② 测试分析报告应该写，但不必很正规。

③ 数据要求说明书和数据库设计说明书是否需要编写，应根据所开发软件的实际需要来决定。

在你虚拟构思的开发项目中，确定应编制的文件种类是：

(1) ________________

(2) ______________________________

(3) ______________________________

(4) ______________________________

(5) ______________________________

(6) ______________________________

(7) ______________________________

(8) ______________________________

(9) ______________________________

(10) ______________________________

(11) ______________________________

(12) ______________________________

(13) ______________________________

(14) ______________________________

4. 实验总结

____

____

____

____

5. 实验评价(教师)

____

____

第 14 章　人机交互质量评估

导读案例：黄金分割律

四千年前，古埃及人把黄金分割用在大金字塔的建造上。两千三百年前，古希腊数学家欧几里得第一次用几何的方法给出黄金分割率的计算。米开朗基罗、达·芬奇把黄金分割融会于他们的绘画与雕塑，在贝多芬、莫扎特、巴赫的音乐里流动着黄金分割的完美和谐。

黄金分割律最基本的公式，就是将 1 分割为 0.618 和 0.382，然后再根据实际情况的变化，演变到其他的计算公式。黄金分割律的确切值为$(\sqrt{5}-1)/2$，即黄金分割数。

黄金分割律是公元前六世纪古希腊数学家毕达哥拉斯所发现，后来古希腊美学家柏拉图将此称为黄金分割。这其实是一个数字的比例关系，即把一条线分为两部分，此时长段与短段之比恰恰等于整条线与长段之比，其数值比为 1.618∶1 或 1∶0.618，也就是说长段的平方等于全长与短段的乘积。0.618，以严格的比例性、艺术性、和谐性，蕴藏着丰富的美学价值。

1. 人体美学的黄金分割率

人体的美学观察受到种族、社会、个人各方面因素的影响，牵涉到形体与精神、局部与整体的辩证统一，只有整体的和谐、比例协调，才能称得上一种完整的美(图 14-1)。

人们对人体黄金分割率这样的比例会本能地感到美的存在，这与人类的演化和人体正常发育密切相关。据研究，从猿到人的进化过程中，骨骼方面以头骨和腿骨变化最大，躯体外形由于近似矩形变化最小。人体结构中有许多比例关系接近0.618，从而使人体美在几十万年的历史积淀中固定下来。人类最熟悉自己，势必将人体美作为最高的审美标准，由物及人，由人及物，推而广之，凡是与人体相似的物体就喜欢它，就觉得美。于是黄金分割律作为一种重要形式美法则，成为世代相传的审美经典规律，至今不衰！

图 14-1　《蒙娜丽莎》的脸符合黄金矩形

在研究黄金分割与人体关系时，发现人体结构中有 14 个“黄金点”(物体短段与长段之比值为 0.618)，12 个“黄金矩形”(宽与长比值为 0.618 的长方形)和 2 个“黄金指数”(两物体间的比例关系为 0.618)。

0.618 是一个人体健美的标准尺度之一，但不能忽视其存在着“模糊特性”，它同其他美学参数一样，都有一个允许变化的幅度，受种族、地域、个体差异的制约。

2. 金融市场的黄金分割率

技术分析专家将黄金分割率定律引用到股市、汇市和期货市场，来探讨价位变动的高低点，准确性相当高，所以沿用至今。

当空头市场结束，多头市场来临时，投资人最关心的问题是“顶”在哪里？事实上，影响汇价变动的因素很多，想要准确地掌握上升行情的最高点是不可能的。投资人可以做的是依照黄金分割律计算可能出现的汇价反转点，即压力点，作为操作时的参考数据。

3. 地球的黄金分割

地球的北回归线附近有一条神秘地带，以盛产自然之谜著称。如著名的金字塔之谜、死海形成之谜、百慕大三角之谜、圣塔柯斯镇斜立之谜等。在地图上进行一下简单的测量就可以发现，这条地带正好落在地球的黄金分割率——0.618处。这一奇特的几何比例似乎就是上帝的暗语。

资料来源：根据因特网资料整理。

阅读上文，请思考、分析并简单记录：

(1) 请问，你怎么理解“只有整体的和谐、比例协调，才能称得上一种完整的美”，请简单评述。

答：____________________

____

____

____

(2) 请简单定义什么是黄金点、黄金矩形、黄金指数，想想这些参数有什么实际意义。

答：____________________

____

____

____

(3) 请网络搜索了解“胡焕庸线”。对照地球的黄金分割率，你觉得胡焕庸线与黄金分割有关系吗？

答：____________________

____

____

____

(4) 请简单记述你所知道的上一周内发生的国际、国内或者身边的大事：

答：____________________

____

____

____

14.1 响应时间影响模型

当因延迟而阻碍任务进度时,很多用户会产生挫折感。例如长时间等待显示或刷屏、冗长或意外的系统响应时间,还有数据崩溃、产生不正确结果的软件缺陷和导致用户困惑的糟糕设计等,都会导致用户频繁出错和满意度降低。

计算机的响应通常可以精确定义,但有一些界面以分散注意力的消息反馈,或在发起动作后立即以简单提示来响应,而实际结果却可能在几秒钟后才出现。例如,用户可能使用直接操纵的方式把文件拖到网络打印机图标上,但可能很多秒以后才出现该打印机已被激活的确认信息,或者报告该打印机离线的对话框。用户逐渐能接受网络设备响应的延迟,设计响应时间的人员和寻求高服务质量的网络管理人员必须考虑技术可行性、费用、任务复杂性、用户期望、任务执行速度、出错率和错误处理规程之间复杂的交互作用。

人们总的生产力不仅依赖于界面速度,也依赖于人的出错率和从这些错误中恢复的容易程度。人们偏爱较快(少于1s)的交互,它能提高生产力,但也可能增大复杂任务的出错率。提供快速响应时间的高成本和增加错误的损失必须按照最适宜的方式来评估。

实验证明,在网站显示性能中,延迟、熟悉性和带宽这3个因素共同影响着用户在做出搜索目标信息的各种选择时承担的认知成本和结果。实验还被用来检验"可接受的"延迟、信息发送、网站深度、反馈、压力和时间约束。初步结论是,用户不耐烦率高,延迟和不良信息发送在较大程度上影响着结果数量变化。

基于Web的应用程序和移动通信的屏幕刷新率缓慢时会使人产生挫折感,快速工作时能够使人情绪平和。在操作要求较多的Web应用程序中,屏幕刷新率通常被网络传输速度或服务器性能所限制。部分图像或网页片段可能随着散布的几秒钟的延迟而出现。

阅读屏幕上的文字信息比书上的要困难。由于用户经常浏览网页来寻找突出显示或链接,而不是阅读全文,因此,首先显示文字,以给较慢显示的图形元素留出空间是有用的。

随着计算机显示技术的改进,对无纸化"绿色"环境的重视和在线图书、报纸的可用性及深度的增加,文本和图形数据快速显示的需求正在增加。照片、电影、仿真和游戏应用程序等高端应用更增加了用户对性能的期望和需求。

14.2 评估因素

评估是设计过程中不可或缺的部分,它涉及收集和分析有关用户或潜在用户在与设计工件(如屏幕草图、原型、应用程序、计算机系统或组件)交互时的体验数据,其核心目标是改进工件的设计。评估侧重于系统的可用性(如易学和易用的程度)和用户在交互时的体验(如令人感到满意、愉快或激励的程度)。

14.2.1 评估原因

智能手机和电子阅读器等设备以及移动应用的普及，提高了人们对可用性和交互设计的认识。评估使设计师可以检查其设计是否适合目标用户群体，并能被其接受。

使用何种评估方法取决于评估目标。评估可以发生在实验室、家里、户外和工作场所等。评估通常涉及在可用性测试、实验或现场研究中对被试进行观察和对人们的表现进行衡量，以评估设计或设计概念。而一些方法不直接涉及被试，如对用户行为的建模和分析。建模用于估计用户在与界面交互时的操作，得到的模型通常作为评估不同界面潜在配置的快速方式；分析则提供了一种测试现有产品性能的方法，以便对其进行改进。不同情况下对评估内容的控制程度各不相同：有的情况下没有控制，如野外研究；有的情况下则有相当大的控制，如在实验中。

从商业和营销的角度看，只有精心设计的产品才会畅销。用户体验涉及用户与产品交互的方方面面。如今，用户期望的不仅仅是一个可用的系统，还希望从产品中获得愉悦和参与感，简单和优雅使产品的拥有和使用富有乐趣。

14.2.2 评估内容

评估活动种类繁多，从低技术含量的原型到完整的系统、从一个特定的屏幕功能到整个工作流程、从美学设计到安全特征，都可以进行评估。例如：新一代 Web 浏览器的开发者可能想知道用户能否通过他们的产品更快地找到所需信息；环境显示器的开发者可能对它能否改变人们的行为感兴趣；游戏应用开发者可能想知道他们的游戏与竞争对手相比的优劣以及用户的游戏时长；政府官员可能会关心用于控制交通灯的计算机系统能否减少事故，或者网站是否符合残障人士使用标准；玩具制造商可能会询问 6 岁的孩子是否可以操控玩具、是否会被毛茸茸的玩具外观吸引以及玩具是否安全；开发数字音乐播放器的公司关心的是不同国家、不同年龄段的人是否喜欢播放器的大小、颜色和形状。根据产品的类型、原型或设计概念以及对设计人员、开发人员和用户的评估价值，需要进行不同种类的评估。最后，用户会使用这个产品吗？

14.2.3 评估地点

评估地点取决于被评估的对象。有一些特性，如网站的可访问性，通常在实验室中被评估，因为实验室提供了系统地调查产品是否满足用户所有需求的必要条件。在用户体验方面，如孩子是否喜欢玩新玩具以及他们玩多久会感到无聊，可以在自然环境中更有效地进行评估，这通常称为野外研究。

对在线行为(如社交网络)的远程研究，可以用于评估被试在他们的交互环境中的自然互动，如在他们自己的家里或工作地点。生活实验室是实验室的人工控制环境与野外不受控自然研究的一种折中。它提供特定类型的环境设置，如家庭、工作场所或健身房，还通过融入最新科技来控制、测量和记录活动。

14.2.4 评估时间

在产品生命周期的哪个阶段进行评估取决于产品的类型和正在遵循的开发过程。例如，正在开发的产品可能是一个全新的概念，也可能是对现有产品的升级。产品还可能处在一个快速变化的市场中，需要进行评估，以确定设计是否满足当前和预测的市场需求。如果是新产品，通常需要投入大量时间进行市场研究和发现用户需求。一旦建立了需求，就可将其用于创建初始草图、故事板、一系列屏幕或设计原型等。然后对它们进行评估，看看设计者是否正确理解了用户需求，并将其适当地体现在设计中。设计将根据评估反馈、开发的新原型和随后的评估进行修改。

设计过程中的评估用于确保产品始终满足用户的需要，这被称为“形成性评估”。它涉及一系列设计过程，包括早期草图和原型的开发、调整和完善接近完成的设计等。

为评估已完成的产品成功与否所做的评估称为“总结性评估”。如果产品正在升级，评估的重点可能是确定需要改进的地方，通常是增加新特性，也可能导致新的可用性问题。在其他情况下，评估的注意力应集中于改进特定的方面，如增强导航。

产品开发的快速迭代经常将评估嵌入设计、构建和测试（评估）的短周期中。在这种情况下，评估工作在产品的开发和部署生命周期中可能几乎是连续的。

14.3 评估类型

人机交互界面的评估根据环境、用户参与度和控制级别分为三大类，分别是直接涉及用户的受控环境、涉及用户的自然环境和任何不直接涉及用户的环境。每种评估类型各有利弊。基于实验室的研究有利于揭示可用性问题，但在捕捉使用情境方面表现较差；实地研究有助于展示人们如何在预期的环境中使用技术，但是通常耗时且难以实施；建模和预测方法可快速执行，但可能忽略不可预测的可用性问题和用户体验中的细节问题。类似地，分析对于跟踪网站的使用是有效的，但不能用来了解用户对新配色方案的感想或用户行为的原因。使用哪种评估方法取决于项目的目标，以及确定界面或设备是否满足这些目标并能够有效运行所需的控制程度。

14.3.1 涉及用户的受控环境

直接涉及用户的受控环境（如可用性实验室和研究实验室）控制用户的活动，以测试假设并衡量或观察某些行为，主要方法是可用性测试和实验。实验和用户测试的目的是控制用户做什么、何时做以及做多长时间。它们旨在减少可能影响结果的外部因素与干扰，如背景的说话声。该方法已广泛且成功地用于评估在笔记本电脑和其他设备上运行的软件应用程序，被试可以坐在这些设备前执行一系列任务。

通常，这种评估用户界面的方法涉及使用多种方法的组合（即实验、观察、访谈和问卷),在受控环境中收集数据。可用性测试通常是在实验室中进行的,但越来越多的访谈和其他形式的数据收集是通过电话、数字通信或在自然环境中远程完成的。可用性测试的主要目标是确定一个界面是否适合预期的用户群来执行为其设计的任务。这涉及调查典型用户如何执行典型任务。典型用户指的是系统的目标用户(如青少年、成年人等),典型任务指的是设计的可执行活动(如购买时尚产品)。通常,设计人员需要比较不同版本下用户出错的次数和类型,记录他们完成任务花费的时间。当用户执行任务时,通常要对其进行视频记录,而且他们与软件的交互通常会通过日志软件记录。用户满意度问卷调查和访谈也可以用来收集用户对系统使用体验的意见。也可以通过观察产品网站对数据进行补充,以收集关于产品在工作场所或其他环境中如何使用的信息。结合这些不同技术收集的定性和定量数据,可以得出关于产品在何种程度上满足了用户需求的结论。

14.3.2 涉及用户的自然环境

涉及用户的自然环境(如网络社区和在公共场所使用的产品)中很少或没有对用户活动加以控制,以评估用户在实际环境中如何使用产品。主要方法是实地研究(如野外研究),目的是与用户一起在自然环境中评估产品。它主要用于以下情形。

(1) 帮助新技术确定机遇。

(2) 确定新设计的需求。

(3) 促进技术的引入,或为在新环境中部署现有技术提供信息。

通常的方法是观察、访谈和查阅日志记录。数据以事件和对话的形式记录下来,包括研究人员做笔记,通过音频或视频记录,或者由被试记日记和笔记,尽量不影响人们在评估过程中所做的事情。

实地研究也可以是虚拟的,可以在多用户游戏、在线社区、聊天室等环境中观察。这类实地研究的目标之一是研究其中发生的各种社交过程,如协商和合作。研究人员通常成为参与者,且不控制交互。虚拟实地研究在地质和生物科学中也很流行。

14.3.3 不涉及用户的环境

在任何不直接涉及用户的环境中,研究人员对界面的各个方面进行评论、预测和建模,以确定最明显的可用性问题。不涉及用户进行的评估需要研究人员想象或模拟人们会如何使用界面。通常使用检验方法,基于可用性知识、用户行为、系统的使用环境以及用户进行的活动类型来预测用户行为和识别可用性问题。包括以经验法则为指导、应用典型用户知识的启发式评估,以及涉及逐步完成场景任务或回答一组问题,以获得详细原型的走查法。其他技术包括分析和建模等。

启发式评估中最初使用的是基于屏幕的应用程序。这些应用程序已经被用于评估基于 Web 的产品、移动系统、协作技术、计算机化玩具、信息可视化以及其他新型系统。

认知走查法包括模拟用户在人机对话的每一步中解决问题的过程,检查用户在这些交互的每一步中的进展情况。它被用于评估智能手机、大型显示器以及其他应用，侧重于评估设计的易学性。

分析是一种记录和分析客户网站数据或远程数据的技术。Web 分析是对互联网数据的度量、收集、分析和报告，以理解和优化 Web 的使用。其分析对象包括在特定时间段内访问网站主页的访问者数量、用户在主页上花费的平均时间、用户访问了哪些其他页面，或者用户在访问完主页后是否会离开网站等。

模型主要用于比较相同应用程序不同界面的效果，如特征的最佳排列方式和位置。常用菲茨定律来预测使用指向设备或者使用移动设备或游戏控制器上的密钥达到目标所花费的时间。

14.3.4 评估研究案例

以下通过两个研究案例的对比来说明在不同环境中以及在对用户活动控制程度不同的情况下如何进行评估。

1. 案例 1：一个研究电脑游戏的实验

本研究案例描述一个经典实验，测试在协作性计算机游戏中与朋友对阵和与计算机对阵的不同反应。案例提供了在实验中使用各种测量指标的简明而清晰的描述。一款游戏想要取得成功，就必须吸引用户，并为其带来挑战。因此，需要这些方面用户体验的评估标准。在本案例中，生理反应被用来评估用户在与朋友对战时以及与计算机对战时的体验。研究者推测生理指标可能是衡量玩家体验的有效方法，为此设计了一个实验来评估被试在玩在线冰球游戏时的参与度。

10 个有经验的游戏玩家参加了实验。传感器用于收集被试的生理数据，包括手和脚上的汗液分泌情况以及心率和呼吸频率的变化。此外，他们对被试进行了视频记录，要求他们在实验结束时完成用户满意度调查问卷。为了减轻学习的影响，一半被试先和朋友对战，然后和计算机对战，另一半则相反。

研究人员对两种情况下的生理反应记录数据进行比较，结果表明，被试在与朋友对战时的兴奋程度更高，与朋友对战更受欢迎。研究人员还比较了被试的生理记录，其结果大致表现出相同的趋势。生理数据的收集和分析是有效的评估方法。虽然这两种方法并不完美，但它们提供了一种超越传统可用性测试的方法，可以在实验环境中获得对用户体验目标的更深入理解（图 14-2）。

2. 案例 2：在展览会上收集民族志数据

在本研究案例中，研究人员开发了一个名为 Ethnobot 的机器人，用于在一个大型户外展览中鼓励参与者回答关于其体验的问题。实地观察，包括野外研究和民族志研究，被用来提供有关用户在自然环境中与技术进行交互的数据。此类研究通常可以得到实验室环境中无法获得的结果，但用户的想法、感受和意见却很难收集。因此，这需要观察及要求用户在事件发生后进行回顾，如通过访谈和日记方式。

图 14-2　实验室研究电脑游戏

在本案例中，人们使用一种新颖的评估方法，利用一台实时聊天机器人（见图 14-3）来收集人们在展会中参观和活动时的经历、印象和感受。聊天机器人 Ethnobot 是一款在智能手机上运行的应用程序，在展会期间，被试四处走动时，可以向他们预先提出设定好的问题，并提示他们扩充答案并拍照记录。它还引导被试参与展览会中研究人员认为被试感兴趣的特定部分。这种策略还允许研究人员从同一地点的所有被试处收集数据。人类研究人员也进行了访谈，以补充 Ethnobot 在线收集的数据信息。

图 14-3　聊天机器人

该实验主要收集了以下两种类型的数据。

（1）被试从 Ethnobot 提供的按钮（称为体验按钮）形式的预定义评论列表（如“我获得了一些乐趣”或“我学到了一些东西”）中选择对预定问题的回答，以及被试提供的开放式在线评论和照片，以响应 Ethnobot 的更多信息需求。被试可以在数据收集期间的任何时间提供这些数据。

（2）被试当面回答研究人员的问题。这些问题关注的是没有被 Ethnobot 记录下来的被试体验，以及他们对使用 Ethnobot 的反应。

实验收集并分析了大量数据。研究人员通过统计回答的数量对 Ethnobot 聊天记录中的预定义评论进行了定量分析。面对面的访谈被录音、转录和编码，这是由两名研究人员完成的，他们交叉检查了分析的一致性。开放式在线评论的分析方法与面对面访谈的数据分析方法类似。

一般而言，被试都很享受使用 Ethnobot 的体验。在比较 Ethnobot 收集到的数据与人收集到的访谈数据时，研究人员发现被试在回答面对面的访谈问题时提供的关于其体验和感受的细节要多于 Ethnobot 提供的。这项研究的结果使研究人员得出结论，即尽管使用机器人收集现场评估数据存在一些挑战，但它也有一些优势，特别是当研究人员不能在场干涉被试时。使用机器人收集数据，并用研究人员来补充数据的方式提供了一个很好的解决方案。

14.4　检查、分析和建模

这里介绍一些基于以下信息了解用户的方法。

（1）用启发法得到的知识。

（2）远程收集的数据。

（3）预测用户表现的模型。

这些方法都不要求用户在评估期间在场。检查方法通常涉及研究人员扮演产品的设计对象，分析界面的各个方面，并识别潜在的可用性问题。最著名的方法是启发式评估和走查法。

14.4.1　将设计原则转换为启发式原则

开发用于评估多种类型数字技术的一种方法是将设计指南转换为启发式原则。还可以让设计师和研究人员将设计指南转化为问题。如应用程序是否包含可见的标题页、节或站点；用户是否总是知道他们的位置；用户是否总是知道系统或应用程序在做什么；链接是否有明确的定义；所有的动作是否都可以直接可视化（即不需要其他操作）。每个启发原则都将被分解成一组类似的问题，这些问题可以进一步用于评估特定的产品。

人们创建启发式原则（如指南或规则），用于设计和评估范围广泛的产品，包括共享群件、视频游戏、多人游戏、在线社区、信息可视化方法、验证码和电子商务网站等。经常被用作评估的启发式原则，即“八条黄金法则”如下。

（1）争取一致性。

（2）寻求普遍的可用性。

（3）提供信息反馈。

（4）设计对话框，以产生闭包。

（5）防止错误。

（6）使逆转动作容易进行。

(7) 保持用户的控制。
(8) 减少短期记忆负荷。

14.4.2 A/B 测试

评估整个网站、网站的一部分、应用程序或在移动设备上运行的应用程序的另一种方法是通过执行大规模实验来评估两组用户使用两种不同设计的表现——一种作为控制条件,另一种(即正在测试的新设计)作为实验条件。这种方法称为 A/B 测试,它基本上是一种受控实验,但通常涉及数百或数千个被试。与实验设计一样,A/B 测试涉及"主体间"的实验设计,即从一个大型用户群体中随机选择两组相似的被试,例如来自微信、推特、脸书等社交媒体网站的用户群体。

A/B 测试通常是远程在线执行的。预测建模包括分析在界面上执行特定任务所需的各种物理和心理操作,并将其作为量化度量进行操作。要进行 A/B 测试,需要确定感兴趣的变量,如广告设计。设计 A(当前设计)服务 A 组,设计 B(新设计)服务 B 组。然后确定一个可信赖的度量标准,如每个组(A 组和 B 组)中的被试在特定时间段(如一天、一周或一个月)内单击他们所设计广告的次数。因为这是一个受控实验,所以可以对实验结果进行统计分析,以确定观察到的结果差异是因为设计的不同而不是因为偶然原因。

A/B 测试(图 14-4)提供了一种有价值的数据驱动方法,用于评估 Web 和社交媒体网站设计中差异的影响。从前端用户界面更改到后端算法,从搜索引擎(如谷歌、必应)到零售商,社交网络服务(如微信、脸书、领英和推特),旅行服务(如携程、Expedia、Airbnb、Booking.com)和许多初创公司,很多公司都利用在线受控实验进行数据驱动的决策。

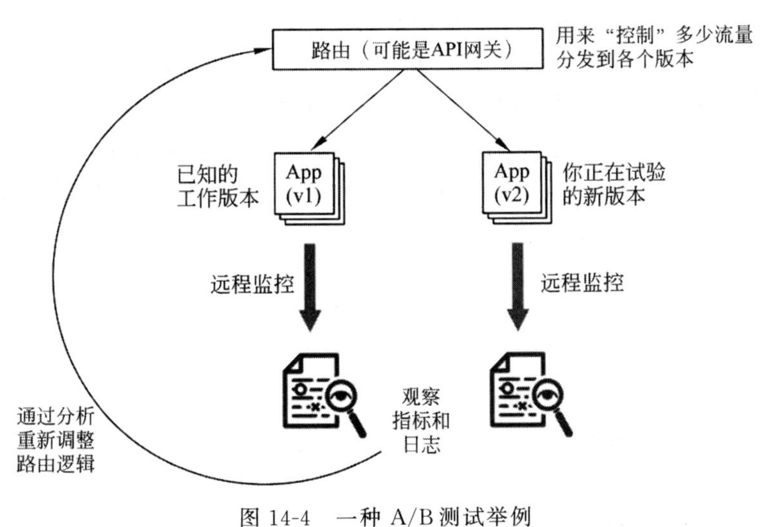

图 14-4 一种 A/B 测试举例

为了使在线 A/B 测试发挥最大作用,有研究者建议首先执行 A/A 测试。这里所有被试群体都将看到相同的设计，应该有相同的体验。然后检查 A/A 测试的结果，它们应该没有显著的统计学差异。按照这个程序，可以确保随机选择的两个群体确实是随机的，并且实验运行的条件确实是相似的。这一点很重要，因为互联网的用户交互可能会受到意想不到的影响，降低 A/B 测试的价值，甚至可能使其失效。

建议应该仔细检查 A/B 测试的计划，以确保正在测试所期望的内容。例如，在对 Microsoft Office 2007 主页早期的两个设计版本进行 A/B 测试时，是为了测试一个新的、看起来更现代的主页的有效性，以增加下载点击量。结果下载点击量并没有像预期那样上升，反而下降了 64%。研究人员想知道是什么导致了这样意想不到的结果。仔细检查这两款设计后，他们注意到新设计中的文字是"立即购买"，且标明售价为 149.95 美元，而旧设计的文字是"免费试用 2007"和"立即购买"。被要求支付 149.95 美元影响了实验结果，尽管新设计实际上可能更好。虽然此后 Microsoft Office 经历了许多修订，但之所以再讨论这个例子，是因为它展示了设置 A/B 测试时需要注意的事项，以确保实际测试的是预期的设计特性。其他设计特性，尤其是涉及用户付费的特性，可能会产生强大的、意想不到的后果。

14.4.3 预测模型：菲茨定律

与检查方法和分析类似，预测模型在评估系统时不需要用户参与。预测模型不是像在检查中那样，让专家评估者扮演用户角色来参与，或者跟踪分析他们的行为，而是使用公式来预测用户的执行情况。预测建模可用于估计各种任务中不同系统的效率。例如，智能手机设计者可以选择使用预测模型，因为它可以使其准确地确定手机按键的最佳布局，以满足特定的操作。

菲茨定律是影响人机交互和交互设计的一种预测模型，能够预测使用某种定位设备到达目标所需的时间。它最初用于人员因素研究，分析在移向屏幕上的某个目标时速度和精确度之间的关系。在交互设计中，人们经常使用这个定律，根据目标的大小以及至目标的距离计算指向该目标所需的时间。它的主要优点是能够指导设计人员设计物理或数字按钮的位置、大小和密集程度。在早期，它主要用于设计物理笔记本电脑/个人计算机的键盘和移动设备（如智能手机、手表和遥控器）上物理键的位置，还被用于设计触摸屏界面的数字输入显示器的布局。

菲茨定律的公式如下。

$$T = \mathrm{k}\log_2(D/S + 1.0)$$

其中，

T——将指针移向目标的时间。

D——指针至目标的距离。

S——目标的大小。

k——大约为 200ms/b 的常数。

简而言之，目标越大，移向目标就越容易，速度也越快。这就是带有大型按钮的界面要比带有密集小型按钮的界面更容易使用的原因。根据菲茨定律可以推断，在计算机屏幕上,最容易抵达的位置是屏幕的4个角。这是因为它们具有“限制性”,即屏幕的边界限制了用户不能超越目标。

菲茨定律可评估这样一类系统:系统中定位对象物理位置的时间对于其任务至关重要。它能帮助设计人员确定对象在屏幕上的摆放位置以及对象间的位置关系。菲茨定律对于移动设备的设计也非常有用,因为这些设备上放置图标和按钮的空间非常有限。例如,为了找出通过手机键盘输入文本的最佳方法,诺基亚公司使用了菲茨定律预测用户使用不同方法输入文本的速度。设计人员通过这项研究确定了手机的许多特性,包括按键大小、位置和通用任务的按键次序等。

14.5 软件人机界面的评价

用户界面设计评价有很多方法,进行大规模用户调查前,必须准备用户调查表。它以调查清单为基础,由一系列用于评价可用性的具体问题组成。这些问题为界面评价人员提供了一个标准和系统化的方法,使他们能找出并弄清存在问题、待提高和特别优良的内容等。这是一种费用少、管理人员和用户双方都能接受的方法。

调查表要求用户按照以下评价尺度回答表中提出的问题。

1——很不满意、2——不满意、3——中立、4——满意、5——非常满意

根据需要,也可以将评价级别分为7级。

调查表中列出的用户界面评价条目如下。

1. 屏幕

(1) 屏幕上字符的可读性:易读/难读。

(2) 屏幕布局:合理/不合理。

(3) 各帧屏幕次序:合理/不合理。

(4) 色彩搭配:美观/不美观。

(5) 颜色使用是否改善显示状况:清晰/模糊。

(6) 颜色搭配是否考虑色盲者使用:是/否。

2. 术语和系统信息

(1) 整个系统术语使用:一致/不一致。

(2) 术语选择:易懂/难懂。

(3) 使用的术语是否熟悉:熟悉/生疏。

(4) 术语是否与任务相关:相关/不相关。

(5) 缩略词用法:合适/不合适。

(6) 屏幕上的信息:清晰/模糊。

(7) 屏幕上说明性的描述或标题:清晰/模糊。

(8) 重要的信息是否突出:突出/不突出。

(9) 信息组织的逻辑性:强/弱。

（10）屏幕上不同类型信息的区分：清晰/模糊。
（11）用户输入信息的位置和格式：清晰/模糊。

3. 帮助和纠错

（1）始终由用户帮助告知在做什么：是/否。
（2）出错信息的有用程度：有用/没用。
（3）纠正用户错误：容易/困难。
（4）屏幕上的求助信息：清晰/模糊。
（5）出错信息用词：愉快/不愉快。
（6）求助信息获得：容易/困难。
（7）纠正打字错误的能力：简单/复杂。
（8）对误操作的复原：容易/困难。
（9）对输入信息的修改：方便/不方便。
（10）系统反馈：有效/无效。
（11）错误的避免：有效/无效。
（12）综合考虑生疏型、熟悉型用户需求：合理/不合理。

4. 学习

（1）学习系统：简单/困难。
（2）记忆命令的名称和使用：简单/困难。
（3）信息编排符合逻辑：符合/不符合。
（4）屏幕信息：足够/不够。
（5）联机求助的内容：合适/不合适。
（6）提供的联机手册：完整/不完整。
（7）提供的参考资料：易懂/难懂。
（8）联机求助的使用：方便/不方便。
（9）图标与符号形象：明确/模糊。

5. 系统能力

（1）系统响应时间：快/慢。
（2）响应信息速率：快/慢。
（3）对破坏性操作的保护：合理/不合理。
（4）兼容性：好/坏。
（5）系统故障发生：极少/频繁。

6. 对系统总的反应

（1）系统功能：足够/不够。
（2）系统使用：满意/不满意。

(3) 系统可靠性：可靠/不可靠。

(4) 用户认为系统：灵活/呆板。

(5) 用户对系统的控制：灵活/勉强。

在清单每一部分的结尾，要为评价者留出空间，不管这些评论是好是坏，只要与本部分出现的问题有关即可。其后是从“非常满意”到“非常不满意”的5项可选表格，评价者可以对照标准及本部分的问题给界面一个一般的评论。

各种评价方法各有利弊，最好是将多种方法综合使用，互相取长补短。例如，在开发阶段，首先与用户进行座谈，了解需求，在此基础上确定调查表的内容，并发出调查表。进入调查阶段后，对回收的调查表进行统计分析，初步得出调查结论，再挑选部分用户进行跟踪座谈，请他们继续提供补充意见。其中调查表与座谈相互补充，使结论更可靠。类似地，系统监控也可以与原记录相互结合，形成更可靠的综合评价方式。

14.6 人机交互的法律问题

随着用户界面变得越来越重要，法律问题就显现出来了。每个软件和信息的开发者都应该对可能影响到设计、实现和市场营销的法律问题进行评审。

每当计算机用于存储数据或监视活动时，隐私总是一个值得关注的问题。医疗的、法律的、财经的和其他数据必须得到保护，以防止未经批准的访问、非法篡改、不慎丢失或恶意损害。隐私保证法律，诸如强加给医疗和金融群体的法律，能够产生复杂的、难以理解的政策和规程。禁止访问的物理安全措施是基本的。此外，隐私保护能够包括控制口令访问、身份检查和数据校验等功能。有效的保护提供高等级的隐私权，只有最少的混乱和入侵渗透。网站开发人员应该提供易于访问且可理解的隐私政策。

第二个关注的问题是安全性和可靠性。飞机、汽车、医疗设备、公共设施控制室等的用户界面能够影响到生死攸关的决定。如果空中交通管制人员被显示的状况搞乱，就可能犯致命的错误。如果此类系统的用户界面经证明是难以理解的，就可能给设计者、开发者和操作者带来指控设计不当的诉讼。设计人员应该争取制作遵守最新设计指南、经过反复测试的高质量界面。记载测试和使用情况的准确记录在问题出现时将保护设计者。

第三个关注的问题是软件的版权或专利保护。花费时间和金钱开发软件包的软件开发人员在试图收回成本和获利时，如果潜在用户非法复制该软件包而不是采取购买方式，就有可能面临麻烦。已经有相应的技术方案可以用来防止复制，但黑客通常能规避这些障碍。虽然因复制程序而受到起诉的个人案例还不多见，但企业和大学已经有了相关诉讼案例。某些免费软件联盟反对软件版权和专利，强调知识共享，相信广泛传播是最好的政策。一些开放源代码的软件产品，如Linux操作系统和Apache网络服务器，已经获得成功并获得相当的市场份额。

第四个关注的问题是在线信息、图像或音乐的版权保护。如果用户访问了在线资源，他们有权以电子形式保存信息并供以后使用吗？能把电子副本发送给同事或朋友吗？谁在社交网站拥有"好友"列表和其他共享数据呢？个人、机构或网络操作者拥有电子邮件消息中所包含的信息吗？具有大规模数字图书馆的因特网的扩大，已使得版权讨论升温并且节奏加快。发布者寻求保护知识资产，而图书管理员夹在为顾客服务的愿望和对出版者的职责之间备受折磨。如果有版权的作品被自由散布，那么对发布者和作者将有什么激励呢？如果未经许可或付费就传播有版权的作品是非法的，那么科学、教育和其他领域将受到损害。为了个人和教育的目的而有限复制的合理使用原则有助于处理由影印技术引起的问题。然而，因特网许可的、完美的快速复制和广泛的散布要求考虑周到的修订。

第五个关注的问题是电子环境中的言论自由。用户有权利通过电子邮件或列表服务器发表有争议的或有潜在攻击性的言论吗？网络是像街角一样，言论自由得到保证；还是像电视广播一样，社会标准必须受到保护呢？网络操作者应该有责任还是被禁止去删除那些有攻击性的或淫秽的笑话、故事或图像呢？因特网服务提供商是否有权利禁止那些用于组织客户反抗他们的电子邮件消息？网络操作者是否有义务封锁种族主义者的电子邮件评论或发帖到公告栏？如果诽谤言论被传播，人们能控告网络操作者连同来源吗？

网站是一个有关隐私法规和相关问题的优秀信息源，其中包括了已经意识到的很多其他法律问题，包括反恐怖主义、伪造、垃圾邮件、间谍软件、债务、互联网税收等。这些问题需要引起注意，且最终可能需要立法。

习题

1. 对服务质量的关注源于一个基本的价值观，即(　　)是宝贵的。

A. 功能　　B. 时间　　C. 价值　　D. 利润

2. 服务质量的第三个方面是减轻用户的(　　)。

A. 工作负担　　B. 工作责任　　C. 财富消耗　　D. 挫折感

3. (　　)被定义为从用户发起动作(按回车键或鼠标按钮)到计算机开始呈现结果(显示、打印、发声等)所花的秒数。

A. 工作方式　　B. 工作时间　　C. 响应时间　　D. 响应方式

4. 一般认为，用户可接受的等待计算机响应的适当的限制时间是2秒。影响可接受响应时间的第一个因素，是人们基于以前完成给定任务所需时间的经验而建立起来的(　　)。

A. 评估　　B. 期望　　C. 容忍　　D. 能力

5. 影响响应时间期望的第二个因素是个人对延迟的(　　)。

A. 评估　　B. 期望　　C. 容忍　　D. 能力

6. (　　)是设计过程不可或缺的一部分，它涉及收集和分析有关用户或潜在用户在与设计工件交互时的体验数据。

A. 评估　　B. 期望　　C. 容忍　　D. 能力

7. 有很多不同的评估方法，使用哪种方法取决于评估目标。评估可以发生在很多地方，如(　　)和工作场所。

A. 实验室　B. 家庭　C. 户外　D. A、B和C

8. 评估的内容种类繁多。(　　),都可以进行评估。

A. 从低技术含量的原型到完整的系统

B. 从一个特定的屏幕功能到整个工作流程

C. 从美学设计到安全特征

D. A、B和C

9. 评估地点取决于被评估的对象。有一些特性,如网站的可访问性,通常在(　　)中评估。

A. 实验室　B. 家庭　C. 户外　D. A、B和C

10. (　　)是实验室的人工控制环境与野外不受控自然研究的一种折中。

A. 工业实验室　B. 生活实验室　C. 野外研究　D. A、B和C

11. 为评估已完成的产品成功与否所做的评估称为"(　　)评估"。

A. 工业化　B. 阶段性　C. 过程性　D. 总结性

12. 人机交互界面的评估分为三大类,每种评估类型各有利弊。但(　　)不属于其中。

A. 直接涉及用户的受控环境　B. 涉及用户的自然环境

C. 不涉及用户的自然环境　D. 任何不直接涉及用户的环境

13. (　　),包括野外研究和民族志研究,提供有关用户如何在自然环境中与技术进行交互的数据。

A. 实地观察　B. 民族研究

C. 过程分析　D. 实验设计

14. (　　)不是从受控实验室到自然环境进行的评估研究中人们所关注的内容。

A. 在可用性实验室和其他受控的类似实验室的环境中进行的可用性测试

B. 野外实地观察中所进行的实验

C. 在研究实验室中进行的实验

D. 在自然环境(如人们的家、学校、工作和休闲环境)中进行的实地研究

15. 在研究环境中,(　　)涉及检查两个事物之间的关系,称为变量。

A. 调查　B. 观察　C. 假设　D. 分析

16. (　　)中的一个问题是确定需要哪些被试参与实验中的哪些条件。

A. 实地观察　B. A/B测试　C. 过程分析　D. 实验设计

17. 由于办公环境之外的实验技术逐渐成熟,越来越多的评估研究在(　　)下完成,且很少控制甚至不控制用户的活动。

A. 实地观察　B. A/B测试

C. 自然环境　D. 实验设计

18. 通过执行大规模实验来评估两组用户使用两种不同设计的表现——一种作为控制条件,另一种(即正在测试的新设计)作为实验条件。这种方法称为(　　)。

A. 实地观察　B. A/B测试

C. 自然环境　D. 实验设计

19. 费茨(Fitts)定律是影响人机交互和交互设计的一种(　　)模型，它能够预测使用某种定位设备到达目标所需的时间。

A. 法律　　B. 计算　　C. 计划　　D. 预测

20. 随着用户界面变得越来越重要，开发者应该对可能影响到设计、实现和市场营销的(　　)问题进行评审。

A. 法律　　B. 计算　　C. 计划　　D. 预测

21. (　　)报告类似于环境影响报告，有助于在与政府相关的应用领域中开发出高质量的系统。

A. 经济发展　　B. 社会影响

C. 环境保护　　D. 市场预测

22. 每当计算机用于存储数据或监视活动时，(　　)是一个值得关注的问题。医疗、法律、财经和其他数据必须得到保护，以防止未经批准的访问、非法篡改、不慎丢失或恶意损害。

A. 法律　　B. 计算　　C. 隐私　　D. 预测

实验与思考：典型软件人机界面设计评价

1. 实验目的

(1) 了解人机交互的质量要求与测评方法。

(2) 熟悉14.5节“软件人机界面的评价”介绍的评价指标与评价方法，并应用此方法对软件产品进行测试评价，提高自己对人机交互界面设计水平的鉴赏能力。

2. 工具/准备工作

在开始本实验之前，请回顾课文的相关内容。

需要准备一台能够访问因特网的计算机。

3. 实验内容与步骤

光影魔术手(图14-5)是一个改善数码照片画质及效果的免费软件。用户无须任何专业的图像技术，就可以制作出专业胶片摄影的色彩效果，是摄影作品后期处理、图片快速美容、数码照片冲印整理时必备的图像处理系统。它可在Windows的各个版本下运行。它简单、易用，能制作出精美相框、艺术照和专业胶片的效果。

请通过网络搜索下载安装最新版本的光影魔术手软件，尝试学习使用。

请记录：你下载的光影魔术手软件的版本是：______________________

请对照14.5节“软件人机界面的评价”介绍的“软件用户界面的评价条目”，尝试对该典型软件人机界面的设计进行评价，并将评价结果填入表14-1。

图 14-5　光影魔术手界面

表 14-1　软件用户界面评价

软件名称		软件大小	MB
软件版本		软件授权	
适用平台		评测时间	

序号	内　　容	评　　价				
		1 很不满意	2 不满意	3 中立	4 满意	5 非常满意
	屏幕					
1	屏幕上字符的可读性					
2	屏幕布局					
3	各帧屏幕次序					
4	色彩搭配					
5	颜色使用是否改善显示状况					
6	颜色搭配是否考虑色盲者使用					
	术语和系统信息					
1	整个系统术语使用					
2	术语选择					
3	使用的术语是否熟悉					

续表

	术语和系统信息					
4	术语与任务是否相关					
5	缩略词用法					
6	屏幕上的信息					
7	屏幕上说明性的描述或标题					
8	重要信息是否突出					
9	信息组织的逻辑性					
10	屏幕上不同类型信息的区分					
11	用户输入信息的位置和格式					
	帮助和纠错					
1	始终由用户帮助告知在做什么					
2	出错信息的有用程度					
3	纠正用户的错误					
4	屏幕上的求助信息					
5	出错信息用词					
6	求助信息的获得					
7	纠正打字错误的能力					
8	对误操作的复原					
9	对输入信息的修改					
10	系统反馈					
11	错误的避免					
12	综合考虑生疏、熟悉型用户的需求					
	学习					
1	学习系统					
2	记忆命令的名称和使用					
3	信息编排符合逻辑					
4	屏幕信息					
5	联机求助的内容					
6	提供的联机手册					
7	提供的参考资料					
8	联机求助的使用					
9	图标与符号形象					

续表

	系统能力					
1	系统响应时间					
2	响应信息速率					
3	对破坏性操作的保护					
4	兼容性					
5	系统故障发生					
	对系统总的反映					
1	系统功能					
2	系统使用					
3	系统可靠性					
4	用户认为系统					
5	用户对系统的控制					
备注	本次测评满分共240分，您的评价得分是：________分					

4. 实验总结

____

____

____

____

课程学习与实验总结

至此，我们顺利完成了本课程有关人机交互技术的全部学习与实验。为巩固了解和掌握的相关知识和技术，请就本课程作一个系统总结。

1. 学习与实验的基本内容

(1) 本学期学习的人机交互技术课程内容主要有(请根据实际完成情况填写)：

① 第1章的主要内容是______________________________________

____

____

② 第2章的主要内容是______________________________________

____

____

③ 第3章的主要内容是______________________________________

④ 第4章的主要内容是

⑤ 第5章的主要内容是

⑥ 第6章的主要内容是

⑦ 第7章的主要内容是

⑧ 第8章的主要内容是

⑨ 第9章的主要内容是

⑩ 第10章的主要内容是

⑩ 第11章的主要内容是

⑩ 第12章的主要内容是

⑩ 第13章的主要内容是

⑩ 第14章的主要内容是

(2) 通过学习与实验，你认为自己主要掌握的人机交互技术的知识点是：

① 知识点：

简述：

② 知识点：

简述：

③ 知识点：

简述：

2. 实验的基本评价

(1) 在全部实验中，你印象最深，或者相比较而言你认为最有价值的实验是：

①

你的理由是：

②

你的理由是：

(2) 在所有实验中，你认为应该得到加强的实验是：

①

你的理由是：

②

你的理由是：

(3) 对于本课程的学习与实验内容，你认为应该改进的其他意见和建议是：

答：

3. 课程学习能力测评

请根据你在本课程中的学习情况，客观地对自己在人机交互技术知识方面作一个能力测评。请在表14-2的"测评结果"栏中合适的项下打"√"。

表 14-2 课程学习能力测评

关键能力	评价指标	测评结果					备注
		很好	较好	一般	勉强	较差	
课程主要内容	1. 了解本课程的主要内容						
	2. 熟悉本课程的全部或大多数基本概念,了解本课程的理论基础						
	3. 熟悉本课程的网络计算环境						
相关学科知识	1. 了解认知心理学的基本知识						
	2. 了解人机工程学的基本知识						
	3. 了解人机界面艺术设计						
交互设计原则 界面设计技术	1. 熟悉硬件人机界面设计						
	2. 熟悉概念化交互、社会化交互和情感化交互的相关知识						
	3. 掌握发现需求的方法,熟悉交互设计过程						
	4. 熟悉交互设计指南与原则						
	5. 熟悉原型设计、敏捷设计技术,掌握直接操纵、命令等设计方法						
自我管理能力	1. 了解通过网络自主学习的必要性和可行性						
	2. 掌握通过网络提高专业能力、丰富专业知识的学习方法						
交流能力	1. 培养责任心,掌握、管理自己的时间						
	2. 知道尊重他人的观点,能和他人有效沟通,在团队合作中表现积极						
	3. 能获取并反馈信息						
解决问题能力	1. 学会欣赏人机界面设计的作品和运用人机交互技术课程的知识						
	2. 能发现并解决一般问题						
设计创新能力	1. 能根据现有的知识与技能创新地提出有价值的观点						
	2. 使用不同的思维方式						

说明:“很好”为 5 分,“较好”为 4 分,其余类推。全表栏目合计满分为 100 分,你对自己的测评总分为______分。

4. 课程学习与实验总结

____

____

5. 总结评价（教师）

附录A　部分作业参考答案

第1章

习题

1. D	2. A	3. B	4. D	5. B	6. A
7. D	8. A	9. B	10. D	11. A	12. C
13. D	14. B	15. A			

实验与思考

(1) ① **答**：如平面交互设计师、展览馆管理人员、教育顾问、软件工程师、软件设计师和工效学家。

② **答**：电视制片人、平面交互设计师、教师、视频专家、软件工程师和软件设计师。

除此之外，这两个系统的开发都是为了供公众使用。因此，学龄儿童和家长等用户代表也应该参与到设计中。

在实践中，设计小组往往规模庞大，尤其是在大型项目且有固定时间限制的情况下。例如，一个健康应用程序的新产品，其设计组通常多达15人，甚至更多。这意味着具有不同专长的人员都将作为项目组的一员。

(2) **答**：简单性无疑是一个重要的设计原则。许多设计者试图把过多的信息塞进有限的屏幕空间内，从而造成用户很难找到自己感兴趣的东西。移除那些不会影响网站总体功能的元素是一个有益的举动。舍弃没有必要的图标、按钮、对话框、线条、图形、阴影和文本可以使网站更加清洁、清晰且更容易浏览。然而，一定数量的图形、阴影、色彩和格式能够增加网站的美感，对用户而言也是一种享受。只列出了文本和几个链接的普通网站可能不会具有吸引力，让某些访问者望而却步，再也不会回来。好的交互设计就要在网站外观的吸引力与内容的数量和每页信息的类型间取得平衡。

第2章

习题

1. B	2. A	3. B	4. C	5. D	6. C
7. A	8. B	9. C	10. A	11. B	12. C
13. D	14. D	15. B	16. A	17. C	18. D
19. A	20. A	21. C	22. B	23. C	

实验与思考

(6) **答**：相对于你的家人和朋友的生日(大多数人现在依靠脸书或其他在线应用程序提醒他们)，你可能更容易记住你最新下载的应用程序的图像和颜色。人们非常善于记住关于事物的视觉提示，如条目的颜色、对象的位置(如书在顶部的架子上)以及对象上的标记(如手表上的划痕、杯子上的缺口)。相比之下，人们发现其他类型的信息难以学习和记住，特别是如生日和电话号码之类的随机性材料。

(7) **答**：计算机视觉和生物识别技术的进步意味着现在可以取代每次输入密码的需要。例如，可以在较新的智能手机上配置面部和触摸ID，以启用无密码的手机银行。一旦设置完成，用户只需将他们的脸部放在手机摄像头前，或将手指放在指纹传感器上。这些替代方法将识别和验证人的责任放在了电话上，而不是让人学习和记住密码。

(8) **答**：① 当被问到第一个问题时，大多数人会选择第一种方法。典型的解释是将温度设置得尽可能高，以增加房间加热的速率。虽然许多人可能相信这一点，但这是不正确的。调温器的工作方式是：打开阀门，让热气以固定速度流入，当室温达到预设温度时关闭热气。可见，调温器无法控制中央供暖系统的散热速度。设定了温度之后，调温器将不停地打开、关闭热气，以保持恒温。

② 回答第二个问题时，大多数人会说把烤箱调到指定温度，达到合适的温度后，再放入比萨饼。也许会有人把温度调到更高，希望它能快速升温。电烤箱的工作原理与中央供暖系统是相同的，所以把温度调得更高并不会加快升温的速度，而且温度过高也可能把比萨饼烤焦。

第3章

习题

1. B	2. A	3. D	4. C	5. B	6. C
7. A	8. D	9. A	10. B	11. C	12. A
13. D	14. B	15. C			

实验与思考

(1) **答**：例如，当用户选择编辑功能时，iPhone屏幕底部显示基本功能图标。带有延长线和两个箭头的方框是用于裁剪图像的图标；三个重叠的半透明圆圈代表“可以使用的滤镜”；右上角的魔法棒代表“自动增强”；一个圆圈里有三个点则代表更多的功能。

(2) **答**：时尚公司的网站，如Nike，经常给用户带来一种电影般的体验，其中使用丰富的多媒体元素，如视频、声音、音乐、动画和互动。品牌是其核心。在这个意义上，它和常规网站很不一样，而且违反了许多可用性原则。具体来说，该网站旨在吸引访问者进入虚拟商店，观看高品质和创新的、展示其产品的电影。通常多媒体交互被嵌入网站，以帮助观众移动到网站的其他部分，如单击图像或正在播放的视频的一部分。它还提供屏幕小组件,如菜单、跳过和下一个的按钮。访客很容易沉浸在这种体验中,忘了它是一个商店。这也很容易让人迷路,不知道"我在哪里""这里有什么""我可以去哪里"。但这正是Nike等公司想要其访客做的事情和享受的体验。

第4章

习题

1. C	2. B	3. D	4. A	5. A	6. D
7. C	8. B	9. D	10. A	11. C	12. A
13. B					

第5章

习题

1. A	2. D	3. C	4. B	5. B	6. D
7. A	8. B				

实验与思考

(1) **答**:每种对话各有优缺点。面对面的对话从一个话题到另一个话题,以无法预测的方式自发地流动。参与对话的人可能会有很多欢笑、手势和快乐。在场的人会注意说话的人,然后当其他人开始说话时,所有的目光都会移向他。与发短信者在短时间内来回发送断断续续的消息相反,眼神交流、面部表情和肢体语言可能会产生很多亲切感。发短信也是可以预先决策的:人们可以决定要说些什么,并可以回顾他们所写的内容。人们可以编辑消息,甚至决定不发送消息。有时人们按"发送"按钮时,没有过多考虑消息对对方的影响,而这可能会导致将来的遗憾。

表情符号通常用作一种表达形式,以补偿非语言交流。尽管这些符号可以通过添加幽默感、感情或个人风格来丰富信息,但它们却不像对话中关键时刻的真实微笑或眨眼。另一个不同之处是,人们在对话中说的和彼此问对方的事情可能是他们永远不会通过文本交流的。一方面,这种坦诚和直率可能会更吸引人、更令人愉悦,但另一方面,这可能有时会令人尴尬。所以,选择面对面交谈还是发短信取决于具体的语境。

(2) **答**:接听电话的人将通过说"你好"或更正式地报出公司/部门的名称来发起对话。大多数电话(座机和智能手机)都具有显示呼叫者姓名(呼叫者ID)的功能,因此,接听电话者的回答可以更加个性化,如"你好,约翰。"电话聊天通常以相互问候开始,以告别结束。相比之下,在线聊天时发生的对话形成了新的习惯。人们在加入和离开对话时很少使用开头和结尾的问候语;取而代之的是大多数人只是从他们想谈论的话题开始传达信息,而在得到答案后就停止说话,就像谈话只进行了一半一样。

(3) **答**:由于人们通过电子邮件或短信交流时通常无法看到对方,因此当事情漏说或没有说清楚时，他们必须依靠其他方式来纠正对话。例如，当某人提议的会面时间含糊不清，其中给定的日期和星期几与该月不匹配时，接收该消息的人可以通过礼貌地询问“你是说本月还是 6 月”来回复，而不是突兀地指出对方的错误，如“5 月 13 日不是星期三”。

如果发送者期望某人答复电子邮件或短信，而某人并没有回复，则发送者可能左右为难，不知道下一步该怎么做。如果某人在几天之内未回复电子邮件，那么发件人可能会向他发送礼貌的催促消息，从而避免指责，如“我不确定你是否收到了我的最后一封电子邮件，因为我正在使用其他账户”，而不是明确询问他为什么没有回复发送的电子邮件。发短信时，则取决于发送的短信是与约会、家庭还是业务相关。开始尝试约会时，有些人故意等待一段时间，然后以试探的形式回复短信，并尽量避免显得过于热衷。如果他们根本不回复，则一个普遍接受的想法是他们并不感兴趣，并且不应再发送短信。相比之下，在其他情况下，重复发送短信已成为一种可以接受的社交规范，用于在听起来不太粗鲁的情况下提醒人们进行回复。这暗示着发送者知道接收者已经忽略了第一条短信，因为他们当时太忙或正在做其他事情，从而挽回了面子。

电子邮件和短信也可能会变得模棱两可，尤其是在话语不完整的情况下。例如，在句子的末尾使用省略号可能很难弄清发送者使用时的意图。是表示最好不要说些什么、发件人并不真心同意某件事，还是仅仅是发件人不知道该说些什么？这种电子邮件或短信约定由接收者来决定省略号的含义，而不由发送者来解释它的含义。

第 6 章

习题

1. A	2. C	3. D	4. B	5. B	6. A
7. D	8. C	9. D	10. B	11. A	12. A
13. B	14. C	15. D	16. B	17. C	18. B
19. A	20. D				

实验与思考

(1) **答**：数字 404 来自 HTML 语言。第一个 4 表示客户端错误。服务器告诉用户他们可能哪里做得不对，比如 URL 拼写错误或请求的页面不存在。中间的 0 指的是一般语法错误，如拼写错误。最后的 4 表示具体的错误类型。但是对于用户来说，它只是一个随机的数字。有人可能会认为在这之前还有 403 个错误。

早期的研究表明，计算机应该像人一样对用户有礼貌。他们发现，当一台计算机声明为一个错误感到抱歉时，人们会更加宽容和理解。许多公司现在提供可替换的、更加幽默的“错误”页面，目的在于隐藏这种尴尬局面，并将责任推离用户。

(2) **答**：大多数人喜欢抚摸宠物，所以他们很可能更喜欢柔软的机器宠物，这样他们也可以抚摸它。使机器宠物变得可爱的一个动机是通过使用它们的触觉来增强人们的情感体验。例如，一种模仿宠物的机器人，它可能会坐在你的腿上，如猫或兔子。它由身体、头部和两个耳朵组成,同时其呼吸、振动时发出呜咽声以及体温机制都是模拟真实生物的。机器人通过遍布整个身体的(大约60个)触摸传感器阵列和一个加速度计来检测它被触摸的方式。当机器宠物被抚摸时,会相应地使用耳朵、呼吸和呜咽声响应并传达其情绪状态。另一方面,传感器也被用于根据人们的触摸来检测其情绪状态。注意它没有眼睛、鼻子或嘴。面部表情是人类传达情感状态最常见的方式。由于机器宠物仅通过触摸来传达和感知情感状态,所以人们移除了其面部状态,以防止用户试图从其中"读取"情绪。

第7章

习题

1. C	2. B	3. D	4. A	5. C	6. D
7. A	8. B	9. C	10. B	11. D	12. A
13. B	14. C	15. A	16. B	17. A	18. C
19. C	20. B	21. A	22. D	23. C	

实验与思考

(1) ① 答:

功能需求:该产品将定位购物中心的位置,并为用户提供到达目的地的路线。

数据需求:该产品需要访问用户的GPS定位数据、购物中心地图以及购物中心所有地点的位置。还需要了解地形和路径,以满足不同需求的人。

环境需求:产品设计需要考虑环境的几个方面。用户可能很着急,也可能更悠闲,是在到处闲逛。物理环境可能是嘈杂和拥挤,用户使用产品时可能正与朋友和同事交谈。针对使用该产品的支持或帮助可能并不容易获得,但如果应用程序无法工作,用户则可以向路人问路。

用户特征:潜在用户是拥有自己移动设备的人群中的一员,他们可以访问该中心。这表明用户的能力和技能各不相同,教育背景和个人偏好各不相同,年龄也各不相同。

可用性目标:该产品需要易于学习,以便新用户可以立即使用它,而且对于使用更频繁的用户来说,它应该是易记的。用户不愿等待产品加载花哨的地图或提供不必要的细节,所以它的使用需要高效和安全,也就是说,它需要能够轻松地处理用户的问题。

用户体验目标:在第1章列出的用户体验目标中,最有可能与其相关的是令人满意、有帮助和提高社交能力。虽然其他的一些目标可能是合适的,但对于这个产品来说,它们并不是必需的,如刺激认知。

② 答:

功能需求:该产品将能够采集小样本血液并测量血糖指标。

数据需求:该产品将需要测量和显示血糖读数,但可能不会永久存储,也可能不需要个人的其他数据。这些问题将在需求活动期间进行探讨。

环境需求:物理环境可以是个人可能身处的任何地方——家里、医院、公园等。该产品需要能够适应广泛的条件和情况，并适于佩戴。

用户特征：用户的年龄、国籍、能力等不限，可以是新手或专家，这取决于他们患上糖尿病的时间。大多数用户将很快从新手变成普通用户。

可用性目标：该产品需要展示所有可用性目标。你会需要一个医疗产品是有效、高效、安全、易于学习和记住如何使用的，并具有良好的效用。例如，来自产品的输出，特别是任何警告信号和显示，必须是清晰和明确的。

用户体验目标：与此相关的用户体验目标包括设备的舒适性，而美观或令人愉快可能有助于鼓励继续使用该产品。但是，要避免让产品令人惊讶、具有挑衅性或挑战性。

（2）**答**：下面的示例是此过程的通用视图。你可能会有不同的方案，但可能已经确定了类似的问题和优先事项。

> 我要做的第一件事是观察路上的汽车，特别是混合动力汽车，并找出那些我觉得有吸引力的汽车。这可能需要几周时间。我也会尝试找出任何包含混合动力汽车性能评估的消费者报告。我希望这些初步的活动能帮我找到一辆合适的车。
>
> 下一个阶段是去汽车展厅，亲眼看看车的样子，并亲身体验坐在里面的感觉。如果仍然对那辆车有信心，我就会要求试驾。即使是短暂的试驾也能帮助我了解汽车的操控情况：发动机是否有噪音、齿轮是否平稳等。一旦自己开过这辆车，我通常就能知道我是否想拥有它。

从这个场景来看，这个任务大致有两个阶段：研究不同的汽车，获得潜在购买的第一手经验。在前者中，观察道路上的车辆并得到专家对它们的评价是重点。在后者中，试驾具有相当重要的意义。

对于许多正在购买新车的人来说，汽车的外观与内饰的气味和触感以及驾驶体验本身是选择特定车型的最大影响因素。其他属性，如油耗、内部宽敞程度、可选颜色、价格也可能排除某些产品和车型，但最终，人们往往根据汽车的操纵难易程度和舒适程度来选择。这使得试驾成为选择新车过程中的一个重要部分。

在这些评论的基础上提出以下场景，它描述了一个新车“一站式商店”的运作方式。本产品采用沉浸式虚拟现实技术，该技术已应用于其他应用程序（如建筑设计和炸弹处理专家培训）。

> 我想买一辆混合动力汽车，所以我沿街去了当地的“一站式汽车商店”。商店里有很多展台，我一进去，就被领到了一个空展台。那里有一个很大的座椅，让我想起了赛车座椅，座椅前面有一个大屏幕。
>
> 当我坐下时，显示屏亮了起来。它让我选择浏览过去两年发布的新车视频剪辑，或者通过汽车的品牌、型号或年份来搜索汽车的视频剪辑。我想要多少就可以选多少。我还可以选择在消费者报告中搜索我感兴趣的汽车。
>
> 我花了大约一小时浏览材料，然后决定体验一下几辆看起来很有前景的汽车的最新型号。当然，我可以离开一会儿再回来，但是我现在想去看看我找到的一些车。只要轻轻按一下扶手上的开关，就可以调出我感兴趣的任何一辆车的虚拟现实模拟选项。这个设备真的很棒，因为它让我可以试驾这辆车，并模拟这辆车从道路控制到挡风玻璃显示、从踏板压力到仪表盘布局的所有驾驶体验。它甚至重现了车内的气氛。

请注意,本产品包括对原场景中提到的两项研究活动的支持,以及重要的试驾设施。这仅仅是第一个场景,然后应通过讨论和进一步调查对其加以完善。

第8章

习题

1. C	2. B	3. A	4. C	5. D	6. A
7. B	8. D	9. C	10. A	11. C	12. B
13. D	14. D	15. A	16. B	17. C	18. B

实验与思考

(1) 答:① 对用户和任务的早期关注 ② 基于经验的测量 ③ 迭代设计。

这些原则也是交互设计的关键。

(2) 答:① 第一阶段的重点是发现有关这个问题的见解,但是问题的确存在吗?如果问题的确存在,那么它是什么?虽然大多数人都能设法通过正确的签证和舒适的方式预订旅行和前往目的地,但经过反思,这个过程和其结果都可以得到改善。例如,旅途中的饮食需求并不总能得到满足,并且住宿并不总是在最佳位置。有很多可用的信息可以帮助规划旅行,也有许多代理商、网站、旅游书籍和旅行社可以提供帮助。问题是,面对这么多的选择,用户可能会眼花缭乱。

第二阶段是定义要关注的领域。旅行的原因(如个人原因或家庭原因)有很多,但根据经验,规划全球商务旅行是很有压力的,因此最大限度地减少其中涉及的复杂性是值得的。如果产品能够从许多可能的信息来源提供建议,并根据个人偏好定制建议,其体验将得到改善。

第三阶段的重点是开发解决方案。在本案例中,它是设计本身的草图。

② 最初,尚不清楚是否存在需要解决的问题,但经过反思,可用信息的复杂性和定制选择的好处变得更加清晰。第二阶段引导我思考要关注的领域。规划全球商务旅行是最困难的,因此通过定制降低信息源的复杂性肯定会有所帮助。如果产品了解我的偏好就太好了,例如,推荐我最喜欢的航空公司的航班,并找到吃纯素餐的地方。

开发解决方案(第三阶段)让我思考如何与产品进行交互——在大的屏幕上查看细节会很有用,但也需要可以在移动设备上显示的摘要。支持的类型还取决于举行会议的地点。规划出国旅行需要对签证、疫苗接种情况和旅行建议进行仔细检查,还需要一个有关会议地点与住宿地点之间的距离和具体航班时间的详细视图。规划一个本地旅行则要简单得多。

创建产品所采取的具体步骤因设计师、产品、组织的不同而大相径庭。通过草图或书面描述来获得具体想法,有助于将注意力集中在设计内容、设计背景以及预期的用户体验上。然而,草图只能让你获得设计的某些元素,你还需要其他形式来获得所有预期的内容。在本练习中,你所做的是在替代方案之间做出选择、详细探索需求,以及完善你对产品功能的想法。

(3) **答**:对于我们的设计来说,现有的信息来源及其缺陷具有很大影响。例如,有太多关于旅行、目的地、酒店的可用信息,这可能是令人崩溃的。但是,旅游博客包含有用且实用的见解,而比较备选选项的网站也提供了丰富的信息。我们还受到一些最受欢迎的移动应用程序和桌面应用程序的影响,例如英国国家铁路局在智能手机上的应用程序的实时更新,以及 Airbnb 网站简洁和细致的融合。

也许你会受到经常使用的东西的启发,比如一款特别有趣的游戏或你喜欢使用的设备。我不确定我们的想法有多么新颖,但我们的主要目标是让应用程序可以根据用户的喜好来定制建议。也可能还有其他方面使你的设计独特,并且或多或少地具有创新性。

(4) **答**:找到其中一些可测量的特征并不容易。以下是一些建议,但不是全部。在可能的情况下,可测量的和具体的标准是更可取的。

- 有效性:确定这一目标的可测量标准特别困难,因为它是其他目标的组合。例如,系统是否支持旅行规划、选择交通路线、预订住宿等?换句话说,产品是否会被使用?
- 高效性:产品的推荐入口是否清晰?它能以多快的速度确定适合的路线或目的地的详细信息?
- 安全性:数据丢失或选择错误选项的频率是多少?这可以被测量。例如,可以测量其在每次旅行中发生的次数。
- 效用性:用户在每次旅行中使用了多少功能?有多少功能根本没被使用?有多少任务因为缺少功能或没有支持正确的子任务而难以在合理的时间内完成?
- 易学性:新用户需要多长时间才能完成一系列设定的任务?例如,在巴黎预订会议地点附近的酒店房间,确定从悉尼到惠灵顿的合适航班,确定去中国是否需要签证。
- 易记性:如果用户一个月未曾使用该产品,那么用户可以记住多少功能?记住如何执行最常见的任务需要多长时间?

找到用户体验标准的可测量特征更加困难。应该如何测量满意度、乐趣、动机或审美?对一个人来说有趣的事,对另一个人来说可能很无聊。这些标准是主观的,因此不能客观地测量。

第9章

习题

1. A	2. B	3. C	4. A	5. B	6. C
7. D	8. A	9. B	10. D	11. C	12. B
13. A	14. C	15. B	16. D		

第10章

习题

1. A　2. C　3. B　4. D　5. B　6. A
7. C　8. D　9. B　10. C　11. D　12. A
13. C　14. B　15. D　16. A　17. B

实验与思考

(2) 餐厅隐喻的缺点之一是,当团体成员在不同的地点时,他们需要有共同的体验。团体旅行组织软件另一个可能的界面隐喻是旅行顾问。旅行顾问与旅行者讨论需求,并相应地调整度假计划,提供两三种选择,但大多数决定都是代表旅行者做出的。请在该隐喻的基础上回答五个问题。

① 答:是的。这个隐喻的主要特点是旅行者指定他们想要的东西,顾问研究这些选择。它依赖于旅行者向顾问提供足够的信息,以便其在适当的范围内搜索,而不是让顾问去做关键决策。

② 答:把搜索合适度假计划的责任交给别人的想法可能对一些用户很有吸引力,但其他用户可能会感到不舒服。但是,根据用户的偏好,可以调整顾问承担的责任级别。个人根据网络搜索来安排度假是很常见的,但这可能是耗时的,并且会降低计划度假的兴奋感。如果为这些用户进行初始搜索和筛选,那么它对一些用户将是有吸引力的。

③ 答:是的,它可以由软件助理或具有复杂的数据库条目和搜索工具来表示。但问题是,用户是否喜欢这种方法?

④ 答:是的。

⑤ 答:人的奇妙之处在于他们是灵活的,因此,旅行顾问的隐喻也是相当灵活的。例如,可以要求顾问根据旅行者需要的尽可能多的不同标准完善其度假建议。

(3) 答:在迭代开发之前就应该对汽车司机和驾驶体验进行描述,这也是合适的用户研究。虽然很多人会开车,但是随着汽车本身以及个人驾驶能力的不同,其驾驶体验也不一样。收集与分析合适的数据来帮助产品开发很可能超过了时间盒允许的时间上限。而以上的用户研究可以罗列很多角色(可能对于每一种汽车都有一组角色),并且可以加深其对驾驶体验的理解。

虽然汽车性能与驾驶设备不断进步,但是对于驾驶体验的理解将会对后续的用户研究产生帮助。

第11章

习题

1. B　2. C　3. A　4. C　5. D　6. A

7. C　8. B　9. C　10. B　11. D　12. A
13. C

第12章

习题

1. D　2. A　3. C　4. B　5. D　6. B
7. A　8. B　9. D　10. C　11. A　12. B
13. D　14. C　15. B

第13章

习题

1. A　2. D　3. B　4. C　5. B　6. A
7. B　8. D　9. C　10. B　11. A　12. D
13. B　14. D　15. A　16. D　17. A　18. C

第14章

习题

1. B　2. D　3. C　4. B　5. C　6. A
7. D　8. D　9. A　10. B　11. D　12. C
13. A　14. B　15. C　16. D　17. C　18. B
19. D　20. A　21. B　22. C

参考文献

[1] 周苏，王文. 人机交互技术[M]. 北京：清华大学出版社，2016.
[2] 王文，周苏. 人机界面设计[M]. 2版. 北京：科学出版社，2011.
[3] 海伦·夏普. 交互设计：超越人机交互[M]. 5版. 北京：机械工业出版社，2020.
[4] 王宏安. 人工智能：智能人机交互[M]. 北京：电子工业出版社，2020.
[5] Butz. A. 人机交互[M]. 北京：科学出版社，2019.
[6] 周苏. 数字艺术设计基础[M]. 北京：清华大学出版社，2011.
[7] Shneiderman B, Plaisant C. 用户界面设计：有效的人机交互策略[M]. 5版. 北京：电子工业出版社，2014.
[8] 金振宇. 人机交互：用户体验创新的原理[M]. 北京：清华大学出版社，2014.
[9] 骆斌. 人机交互：软件工程视角[M]. 北京：机械工业出版社，2012.
[10] Pressman S R. 软件工程：实践者的研究方法[M]. 郑人杰，译. 北京：机械工业出版社，2011.
[11] 周苏. 数字媒体技术基础[M]. 北京：机械工业出版社，2015.
[12] 周苏. 现代软件工程[M]. 北京：机械工业出版社，2015.
[13] 周苏. 创新思维与 TRIZ 创新方法[M]. 2版. 北京：清华大学出版社，2019.

图书资源支持

感谢您一直以来对清华版图书的支持和爱护。为了配合本书的使用，本书提供配套的资源，有需求的读者请扫描下方的“书圈”微信公众号二维码，在图书专区下载，也可以拨打电话或发送电子邮件咨询。

如果您在使用本书的过程中遇到了什么问题，或者有相关图书出版计划，也请您发邮件告诉我们，以便我们更好地为您服务。

我们的联系方式：

地　　址：北京市海淀区双清路学研大厦 A 座 714

邮　　编：100084

电　　话：010-83470236　010-83470237

客服邮箱：2301891038@qq.com

QQ：2301891038（请写明您的单位和姓名）

资源下载：关注公众号“书圈”下载配套资源。

资源下载、样书申请

书圈

获取最新书目

观看课程直播